建筑物电气装置
600问

中国航空规划建设发展有限公司

□王厚余　编著

中国电力出版社
CHINA ELECTRIC POWER PRESS

内 容 提 要

我国有关建筑电气规范不少引用了建筑电气国际标准 IEC 60364 的规定，但多只摘录了条文规定，缺乏条文说明，在应用中不明白规定的制定意图，影响了规范的正确执行。本书作者从事 IEC 60364 标准归口工作逾 30 年，作了大量的调查研究。本书以问答方式结合一些案例深入浅出地阐述国际标准条文制定的依据。对低压电气装置的接地、等电位联结、电气分隔、雷电和操作过电压防护、工频过电压防护、过电流和电气火灾防护、"断零"防护、抗电磁干扰以及特殊场所的提高要求等国际标准制定的缘由等都进行了介绍。

本书可供建筑电气的设计、安装、检验、监理、维护、规范编制人员以及建筑电气专业师生参考使用。

图书在版编目（CIP）数据

建筑物电气装置 600 问/王厚余编著. —北京：中国电力出版社，2013.6（2024.11重印）
ISBN 978 – 7 – 5123 – 4372 – 6

Ⅰ. ①建…　Ⅱ. ①王…　Ⅲ. ①房屋建筑设备 – 电气设备 – 问题解答　Ⅳ. ①TU85 – 44

中国版本图书馆 CIP 数据核字（2013）第 086239 号

中国电力出版社出版发行

北京市东城区北京站西街 19 号　100005　http：//www.cepp.sgcc.com.cn
责任编辑：葛岩明　周　娟　　责任印制：扬晓东　　责任校对：罗凤贤
北京雁林吉兆印刷有限公司印刷·各地新华书店经售
2013 年 6 月第 1 版·2024 年 11 月第 12 次印刷
700mm×1000mm　1/16·19.25 印张·326 千字
定价：58.00 元

前　言

　　建筑电气是用电的技术，它是一项关系到人民生命财产安全和国家经济发展的重要电气技术。发达国家都采用国际上通用的 IEC 60364 建筑电气国际标准。采用这一标准既保证了建筑电气的安全性和功能性，也消除了因各国标准不同在对外工程承包中出现的技术障碍。我国人大通过的标准化法虽然有"国家鼓励积极采用国际标准"的规定，但在我国有关建筑电气规范中，对标准化法这一规定的执行却不尽如人意。例如，有的建筑电气规范以"靠拢"国际标准之名，行偏离国际标准之实。又如，有的建筑电气规范，虽然引用了国际标准，但因引用错误反而起到误导作用。由于未统一和正确采用国际标准，我国建筑电气规范出现了一个怪异现象，即规范之间互相矛盾。因为都无条文说明，所以难辨是非，使执行规范者左右为难，无所适从。由于不符合国际标准，设计和安装欠妥，在建筑工程中难免造成大量浪费，并留下事故隐患，成为我国电气事故多发的重要原因之一。另外，在国外建筑工程承包中，除翻译转化 IEC 60364 标准为我国的国家标准 GB 16895 标准外，其他有关建筑电气规范因水平不高都不予认可，严重影响了我国的大国声誉。

　　综上所述，提高我国建筑电气水平的当务之急是认真执行我国标准化法的规定，积极采用国际标准。笔者有幸于 20 世纪 80 年代初即参加建筑电气国际标准的归口工作，得以先行一步学习国际标准，深感学习 IEC 60364 标准和更新观念的艰辛。该标准包含数十个分标准，理清这些分标准之间的相互关系就需用两三年的时间。笔者学习该标准无师可从，只能勤查国外有关文献资料，求索条文制定缘由。有些条文久久不得其解，笔者只得借出国参加国际标准年会之机，面询条文制定人或通过信函求教（当时尚无 E-mail）。笔者非常感谢德国 W·鲁道夫先生，是他给了笔者最多的帮助。我国建筑电气规范的编制虽然也摘录了一些国际标准条文，但编制组未必经历学习国际标准和更新陈旧观念的过程。在规范中往往只见条文规定，不见条文说明，知其然不知其所以然。建筑电气同行对此颇有微词，多有质疑。这是我国建筑电气规范编制中值得重视的一个问题。

笔者对建筑电气国际标准的理解也很肤浅，但30多年来从事该标准的归口工作不无点滴体会。不敢藏拙，常在有关电气杂志上撰稿介绍低压建筑电气国际标准制定的来龙去脉。后应读者要求出版《低压电气装置的设计安装和检验》及《建筑物电气装置500问》两书，较全面系统地进行介绍，供同行参考。承读者厚爱，两书出版后不胫而走，一再重印，成为建筑电气同行了解国际标准条文编制意图的参考资料。不少读者对两书提出了许多热诚中肯的批评意见，对此笔者深为感谢。近蒙中国电力出版社不弃，约笔者对《建筑物电气装置500问》进行修订。因国际标准的不断更新和充实以及国内一些电气事故的启发，原来的500问已难以包容，且原来一些不妥的问答也需加以纠正。为此在前两书的基础上作了不少修改和补充，并将500问扩展为600问，撰写了本书。笔者孤陋寡闻，水平有限，谬误在所难免。衷心希望读者一如既往，直言不讳，不吝批评指正。

王厚余

2013.4

目 录

第 8 章 TT 系统的自动切断电源防电击措施 ·············· 52

第 23 章 建筑物电气装置的检验

第24章 特殊场所和特殊电气装置的补充和提高的电气安全要求 ·········· 211

第1章 接　　地

1.1　何谓接地?

人们使用的各种电气装置和电气系统都需取某一点的电位作为其参考电位,但人和装置、系统通常都离不开大地,因此一般以大地的电位为零电位而取它为参考电位,为此需与大地作电气连接以取得大地电位,这被称作接地(earthing)。但大地不是像电气设备那样配置有连接导线的接线端子的,为此需在大地内埋入接地极引出接地线来实现与大地的连接。所以接地极即是用作与大地相连接的接线端子。所不同的是电气设备接线端子的接触电阻很小,以若干 mΩ 或 μΩ 计;而作为与大地连接用的接地极与大地间的接触电阻(即接地电阻)则大得多,以若干 Ω 计,所以和与设备连接相比,与大地连接的接触电阻要大得多,连接效果差得多。

现在接地的内涵已扩大,与代替大地的金属导体相连接也是接地,它以导体电位为参考电位,这种接地就不存在接地电阻过大的问题。

1.2　飞机上的电气装置如何接地?

飞机上的电气装置也需取某一点的电位为参考电位,但飞机起飞后脱离了大地,不能取大地电位为参考电位,而是取飞机的金属机身这一导体的电位为参考电位。因此将飞机上电气装置的某一点与机身相连接既实现了等电位联结,也实现了接地。这样,接地不限于接大地,与代替大地的金属导体(例如飞机的金属机身)相连接也是接地。这种接地是通过金属导体间的接触来实现,其连接电阻和电抗通常很小,所以接地效果很好。因此飞机上接金属机身的电气装置,包括工作频率很高的信息技术装置,就安全性和功能性而言,其接地效果远优于打接地极接大地的电气装置。汽车、船舶以至建筑物等电气装置接地的情况也相同。

1.3　何谓接地故障?

接地故障是指相线、中性线等带电导体与地间的短路,如图1.3所示。这里的"地"是指电气装置内与大地以及与大地有连接的外露导电部分、PE线和装置外导电部分。接地故障引起的间接接触电击事故是最常见的电击事故。接地故障引起的对地电弧、电火花和异常高温则是最常见的电气火灾和爆炸的根源。就引起的电气灾害而言,接地故障远比一般短路更具危险性,而对接地故障引起的间接接触电击的防范措施则远比对直接接触电击防范措施复杂。为便于区别和说明，国际电工标准（简称 IEC 标准）不将它称作"接地短路"而称作"接地故障"（earth fault）。

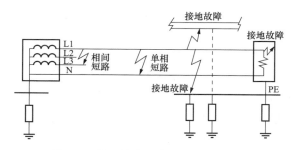

图 1.3　接地故障和带电导体间的短路

1.4　配电系统的接地如何设置？

每一配电系统都需考虑两个接地如何设置的问题。如图 1.4 所示，一个是电源端带电导体的一点〔通常是电源处自电源星形结点（中性点）引出线上的一点〕的接地的设置；另一个是电气装置内外露导电部分（例如电气设备的金属外壳）的接地的设置。前者称系统接地，后者称保护接地。两个接地各有其作用，不能混淆。

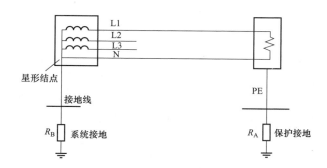

图 1.4　系统接地和保护接地

1.5　在问答 1.4 中电源的中性点为何又名之为星形结点？

就电源设备本身而言，其三相星形绕组的结点确是中性点。但在低压电气装置中自该点引出的导体实际上是 PEN 线而非中性线，在概念上容易误导。IEC 标准每将该点称作星形结点（star point），详见问答 1.12。在本书中的中性点一词按建筑电气技术要求称作星形结点更为合适。否则自中性点引出的只能是中性线而非 PEN 线，难以自圆其说。

1.6　系统接地的作用是什么？

系统接地的作用是给配电系统提供一个参考电位并使配电系统正常和安全地运行。一 220/380V 的配电系统的星形结点接地后，相线对地电位就大体"钳住"在 220V 这一电压上从而降低系统对地绝缘的要求。当发生雷击时配电线路感应产生大量电荷，系统接地可将雷电荷泄放入地，降低线路对地的雷电瞬态冲击过电压，避免线路和设备的绝缘被击穿损坏。又如高低压共杆的架空线路，如果高压线路坠落在低压线路上，将对低压线路和设备引起危险。有了系统接地后，就可构成高压线路故障电流通过大地返回高压电源的通路，使高压侧继电保护检测出这一故障电流而动作，从而消除这一危险。当低压配电线路发生接地故障时，系统接地也提供故障电流经大地返回电源的通路，使低压线路上的防护电器动作。它既具功能性的作用，也具保护性的作用。

如果不做系统接地，如图 1.6 所示，当系统中一相发生接地故障时，另两相对地电压将高达 380V。由于没有返回电源的导体通路，故障电流仅为两非故障相线对地电容电流的相量和，其值甚小，通常的过电流防护电器不能动作，此故障过电压将持续存在，人体如触及无故障相线，接触电压将为线电压 380V，电击致死危险很大。另外电气设备和线路也将持续承受 380V 的对地过电压，对设备绝缘安全也是不利的，有时为此需提高对地绝缘水平。

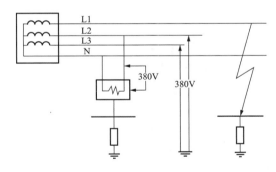

图 1.6　无系统接地时一相故障接地另两相对地电压达 380V

也有不做系统接地的配电系统，那是为了特殊的需要，它需补充一些安全措施。这将在以后有关 IT 系统的第 9 章中予以说明。

1.7　保护接地的作用是什么？

保护接地的作用是降低电气装置的外露导电部分在故障时的对地电压或接触电压。如图 1.7 所示，低压电气设备发生碰外壳短路接地故障，如果未做保护接地，设备外壳上的接触电压 U_t 可高达 220V 相电压，电击致死的危险非常大。如果按图 1.4 做了保护接地，建立故障电流 I_d 返回电源的通路，则 U_t 立即

减少为故障电流 I_d 在图 1.4 中接地电阻 R_A 和保护接地线（PE 线）上产生的电压降 $I_d（R_A + Z_{PE}）$，其值比 220V 小许多，同时故障电流还能使配电线路首端的防护电器动作而及时切断电源，接触故障设备的人可不致电击致死。同理，为防止常见的接地电弧火灾、电气爆炸等事故也必须设置保护接地。

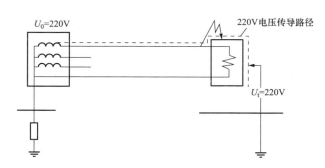

图 1.7　不作保护接地发生接地故障时间接接触电压达 220V

保护接地起保护性作用，对电气安全是十分重要的，除某些情况外（例如电气设备为双重绝缘的 II 类设备，或是用特低电压供电的 III 类设备，或虽是金属外壳的 I 类设备，但其供电采用了隔离变压器作保护分隔等，见后文中的有关问答。）电气装置的外露导电部分必须做保护接地，并且必须保证保护接地的导通，在 PE 线上不允许串接开关或熔断器以杜绝 PE 线开断。

1.8　10/0.4kV 变电所的接地是系统接地还是保护接地？

10/0.4kV 配电变电所既是低压配电系统的电源端，也是 10kV 高压配电系统的负荷端。因此它既有配电变压器低压侧中性点的系统接地，也有电气设备外露导电部分的保护接地。过去我国 10kV 配电系统广泛采用不接地的小电流接地系统，变电所内 10kV 侧发生接地故障时故障电流小，电气危险不大，这两个接地可共用同一接地装置，即它既用作低压配电系统的系统接地，也用作变电所外露导电部分的保护接地。政策开放后我国一些大城市 10kV 网络内配电电缆线路剧增，接地故障电容电流大幅度增加，导致 10kV 电网接地方式的改变。有些 10kV 配电变电所已将这两个接地分开设置，使它们在电气上互不影响，详见第 13 章。

1.9　在变电所（发电机站）内如何实施系统接地？

进入信息时代后 IEC 标准对重要信息设备的系统接地的实施有严格的要求，它不允许在变压器处或发电机处将星形结点就地直接接地。图 1.9 所示的接地方式被 IEC 认为是最经济方便有效的系统接地方式。它规定自变压器（发电机）星形结点引出的 PEN 线必须绝缘，并只能在低压配电盘内一点与接地的 PE 母排

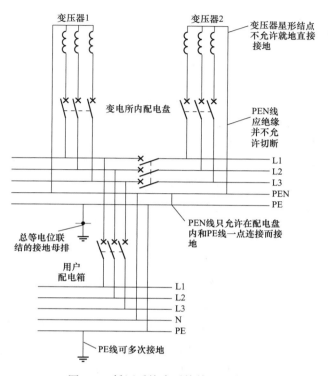

图 1.9 低压系统中系统接地的实施

连接而实现系统接地，在这点以外不得再在其他处接地，不然中性线电流将通过不正规的并联通路而返回电源。这部分中性线电流被称作杂散电流，它可能引起下述电气灾害：

（1）杂散电流可能因不正规通路导电不良而打火，引燃可燃物起火。

（2）杂散电流如以大地为通路返回电源，可能腐蚀地下基础钢筋或金属管道等金属部分。

（3）杂散电流将产生杂散电磁场，它可能干扰信息技术设备的正常工作。它是电磁干扰（electromagnetic interference，简称 EMI）常见的起因。

显而易见，杂散电流也可使电气装置内的藉剩余电流动作的"漏电"火灾报警器（RCM）拒动或误动。

从 PEN 线引出的 PE 线因不承载工作电流，它可多次接地而不产生杂散电流，而且其接地多多益善。

1.10 请举例说明上一问答中杂散电流产生杂散电磁场引起的电磁干扰。

某一现场出线端未接线路的断路器用数字式电压表测得其出线端电压不是 0V 而是 9V。在出线端接一根 10m 长的电线后，电线末端电压达 40V。改用磁电式指针电压表却未测出这个电压。这说明该现场存在杂散交变电磁场。断路器内瞬时脱扣线圈是一个电感，电线上也有约 $1\mu H/m$ 的电感。现场中杂散交变电磁场的 $d\phi/dt$ 在该电感 L 上感应产生了上述电压。数字式电压表内阻大，可测出该等电压。而指针式电压表内阻小，测不出电压。杂散电磁场在导体上感应产生的电压能量虽然不大，但足以干扰信息技术系统的正常工作。

现另举一例来说明这种干扰。某单位的变电所原采用老式的有接点的继电保护、测量、报警、控制等系统，后因技术更新，改用新式的信息系统管理。但改造后功能混乱无法工作，说明变电所内存在杂散电磁场干扰。按 IEC 标准和发达国家标准，将变电所系统接地的原来的多点接地改为图 1.9 所示的一点接地后，消除了杂散电磁场引起的电磁干扰，变电所信息技术系统即开始高效有序地运作。

1.11 如果两台变压器不在一个变电所内，如何为防止杂散电流干扰信息系统电气装置而实施电源 PEN 线的一点接地？

IEC 十分重视杂散电流对重要敏感信息技术设备的干扰。为了满足抗电磁干扰要求，避免干扰引起的巨大损失，IEC 对供电给重要信息技术设备的电气装置的多变电所的系统接地仍要求在一点接地，但接地点不在变电所配电盘内，而是在该电气装置电源进线总配电箱内。由于我国抗电磁干扰技术在理论上和应用上还相对落后，这一问题值得我们进一步学习和认识。

1.12 一般变电所的变压器中性点套管出线为何不是中性线而是 PEN 线？

变压器中性点套管引出的导体，包括变压器内至三个相绕组星形结点的一段导体，既通过中性线的三相不平衡电流，也通过低压系统的正常对地泄漏电流和故障时的接地故障电流，因此它兼起中性线和 PE 线的作用，自然是 PEN 线。按 IEC 标准 PEN 线上是不允许插入开关触头的，因此图 1.9 中变压器出线开关以及母联开关都只能是三极开关。它有利电气安全且可节约投资。

1.13 从变压器引出的既然是 PEN 线，那么是否只能从变电所引出 TN-C-S 系统和 TN-C 系统，不能引出 TN-S 系统和 TT 系统？

否。TN-S 系统内 N 线和 PE 线的分开是从变电所或发电机站低压配电盘出线处开始的。因为从变压器或发电机到低压配电盘的一段线路很短，可将变电所看成一个电源点。与配电线路全长的阻抗相比，变压器内部和外部的一小段 PEN 线的阻抗可忽略不计。只要电源的星形结点是直接接地的，则从电源的低压配电盘可同时引出相线、中性线、PEN 线和 PE 线。换言之，可同时引出除中性点不接地的 IT 系统以外的 TN-S、TN-C、TN-C-S 至 TT 等不同接地系统的供电线路，如图 1.13 所示。我国现在的多点接地的做法常只能引出 TN-S 和 TT 系统。

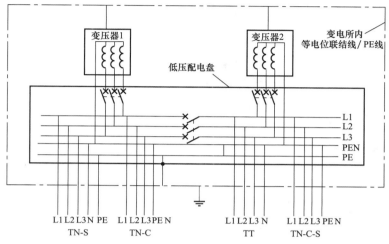

图 1.13 同一变电所可引出 TN-S、TN-C、TT 和 TN-C-S 系统

1.14 变电所系统接地的接地电阻值按我国接地规范规定为不大于 4Ω 或不大于 10Ω。这一接地电阻值能否满足系统接地的安全性和功能性要求？

否。需要说明我国有关国家标准接地规范是由电力部门编制的。由于业务面的限制这一系统接地的接地电阻值只适用于电力部门，不适用于用户，尤其是一般老百姓用户。我国电力部门重视高压，但不重视低压的用电安全。要知道系统接地是否合格是直接关系低压用户的用电安全的。在电力部门的发电厂、变电所内，电力设备前铺有绝缘垫，熟悉电气安全的操作人员还穿戴有绝缘靴、橡皮手套进行操作，因此 4 ~ 10Ω 的系统接地电阻是安全的。但在低压用户内，特别是在不熟悉电气安全的老百姓家是不具备这些条件的，因此是难以确保安全的。在发达国家为减小转移故障电压危害以 TN 系统给用户供电的变电所系统接地的接地电阻取值都比我国小，通常为不大于 2Ω。在具备总等电位联结条件的电气装置内达到这一接地电阻值并不困难。困难在孤立的不具备等电位联结条件的杆上变压器和箱式变电所的接地。关于这一问题在以下的一些问答中还将作具体分析和讨论。

1.15 配电系统对保护接地的设置有何要求？

保护接地的设置主要为防人身电击，要求在发生接地故障时回路上的防护电器能迅速自动切断电源，使人免受电击或受电击人不致电击致死。这要求回路的故障电流足够大，为此需尽量减少故障回路的阻抗。特别是对于 TN 系统，其故障电流往返通路为相线和 PE 线，而其防电击电器常利用熔断器、断路器之类的过电流防护电器来兼司。故障电流越大，切断电源越迅速，防电击的效果越好。应尽量减少相线和 PE 线组成的故障回路阻抗。为此对于 TN 系统的保护接地，要求将 PE 线尽量靠近相线敷设以减少故障回路的电抗。采用包含 PE 线的电缆回路或穿同一套管的电线回路都有利于减少故障回路电抗。

1.16 我国在给一排靠墙布置的设备以 TN-C 系统配电时，将三根相线架空走线，而 PEN 线则用不绝缘的扁钢沿墙脚明敷。这一做法妥否？

不妥。这一做法使 PE 线远离相线，增大了感抗，降低了过电流防护电器对接地故障的动作灵敏度，而不绝缘的 PEN 线上的对地电位又将产生杂散电流，所以这一布线方式对保护接地是十分不妥的。

保护接地的设置还有许多要求，在下面的问答中将逐一叙述。

1.17 我国原采用的接零系统、接地系统、不接地系统、零线等术语为什么被废止不用而改用 TN-C、TN-S、TN-C-S、TT、IT 等接地系统和中性线、PE 线、PEN 线等术语？

被废止的术语是 20 世纪 50 年代采用前苏联电气规范时用的术语。大家知道由于用电技术的发展，IEC 标准将接地系统科学细致地进行了划分。前苏联的"接零系统"仅是 IEC 标准中 TN 系统之一的 TN-C 系统，显然"接零系统"这一术语不能说明全部 TN 系统的内涵。又如前苏联规范内的"接地系统"就是 IEC 标准的 TT 系统，但是"接零系统"也需接地，何尝不是接地系统？这样在概念上就十分模糊不清。又如"零线"这一术语前苏联规范定义为接地的中性线，还要求零线作重复接地，它实际只是指 TN-C 系统中的 PEN 线。由于零线的概念不清，原本不应重复接地的中性线在我国常被错误地重复接地，产生杂散电流而导致许多不应有的事故。名不正则言不顺，言不顺则事不行。由于术语不严谨导致的技术错误不胜枚举。为此这些过时的术语在我国已停止使用，但由于建筑电气技术对外交流沟通不够，我国有些国家标准和部颁标准的电气规范仍在因循旧习使用这些旧术语，在执行这些规范时应加注意以免被误导。

1.18 请说明 TN、TT 和 IT 这三种接地系统文字符号的含义。

这些接地系统的文字符号的含义是：

第一个字母说明电源的带电导体与大地的关系，也即如何处理系统接地：

T：电源的一点（通常是中性线上的一点）与大地直接连接（T 是"大地"一词法文 Terre 的第一个字母）。

I：电源与大地隔离或电源的一点经高阻抗（例如 220/380V 配电系统内取为 1000Ω）与大地连接（I 是"隔离"一词法文 Isolation 的第一个字母）。

第二个字母说明电气装置的外露导电部分与大地的关系，也即如何处理保护接地。

T：外露导电部分直接接大地，它与电源的接地无联系。

N：外露导电部分通过与接地的电源中性点的连接而接地（N 是"中性点"一词法文 Neutre 的第一个字母）。

1.19　在 TN 系统中又分为 TN-C、TN-S 和 TN-C-S 三种系统，它们之间有何不同？

IEC 标准将 TN 系统按 N 线和 PE 线的不同组合又分为三种类型：

TN-C 系统——在全系统内 N 线和 PE 线是合一的（C 是"合一"一词法文 Combine 的第一个字母）。注意，此处的全系统是从电源配电盘出线处算起。下同。

TN-S 系统——在全系统内 N 线和 PE 线是分开的（S 是"分开"一词法文 Separe 的第一个字母）。

TN-C-S 系统——在全系统内，通常仅在低压电气装置电源进线点前 N 线和 PE 线是合一的，电源进线点后即分为两根线。

1.20　TN-C 系统较适用于哪些场所？

从图 1.20 - 1 可知，TN-C 系统内的 PEN 线兼起 PE 线和 N 线的作用，可节省一根导线，比较经济。但从电气安全着眼，这个系统存在以下问题。

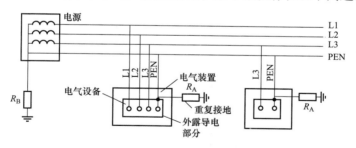

图 1.20 - 1　TN-C 系统

（1）如系统为一个单相回路，当 PEN 线中断时，设备金属外壳对地将带 220V 的故障电压，电击死亡的危险很大，220V 电压传导路径如图 1.20 - 2 虚线所示。

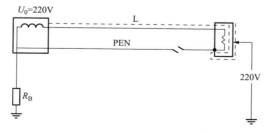

图 1.20 - 2　PEN 线折断后单相设备金属外壳对地带 220V 危险电压

（2）如 PEN 线穿过剩余电流动作保护器 RCD，因接地故障电流产生的磁场在 RCD 内互相抵消而使 RCD 拒动，所以在 TN-C 系统内不能装用 RCD 防电击，失去一道有效的防护屏障。

（3）进行电气维修时需用四极开关来隔断中性线上可能出现的故障电压的传导。因 PEN 线含有 PE 线而不允许被开关切断，所以 TN-C 系统内不能装用四极开关作电气隔离来保证维修人员的安全，见问答 17.5。

（4）PEN 线因通过中性线电流产生电压降，从而使所接设备的金属外壳对地带电位。此电位可能在爆炸危险场所内打火引爆。按 IEC 标准易爆场所内是不允许出现 PEN 线和采用 TN-C 系统的。另外，带电位的与地接触的设备金属外壳可在地内产生杂散电流，在一定程度上腐蚀地下金属结构和管道，为此 IEC 标准要求 PEN 线应按可能遭受的最高电压加以绝缘。

另外，由于 PEN 线通过电流，各点对地电位不同，它也不得用于信息技术系统，以免各信息技术设备地电位的不同而引起干扰，详见问答 15.31。

由于上述一些不安全因素，除特殊情况外，现时 TN-C 系统已很少采用。

1.21 TN-S 系统较适用于哪些场所？

从图 1.21 可知，在整个 TN-S 系统内，PE 线和 N 线被分为两根线。除非施工安装有误，除不大的对地泄漏电流外，PE 线基本不通过电流，也不带电位。它只在发生接地故障时通过故障电流，因此电气装置的外露导电部分对地平时几乎不带电位，比较安全，但它需在回路的全长多敷用一根导线。

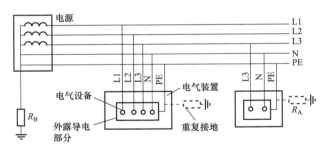

图 1.21　TN-S 系统

TN-S 系统适用于内部设有变电所的建筑物。因为在有变电所的建筑物内为 TT 系统分开设置在电位上互不影响的系统接地和保护接地是比较麻烦的。即使将变电所中性线的系统接地用绝缘导体引出另打单独的接地极，但它和与保护接地 PE 线连通的户外地下金属管道间的距离常难满足要求。而在此建筑物内如采用 TN-C-S 系统，其前段 PEN 线上中性线电流产生的电压降将在建筑物内导致电位差而引起不良后果，例如对信息技术设备的电磁干扰。因此在设有变电所的建筑物内接地系统的最佳选择是 TN-S 系统，特别是在有爆炸危险和大量信息设备的场所，为避免电火花和电磁干扰的发生，更宜采用 TN-S 系统。

1.22 TN-C-S 系统较适用于哪些场所？

从图 1.22 – 1 可知，TN-C-S 系统自电源到另一建筑物用户电气装置之间节省了一根专用的 PE 线。这一段 PEN 线上的电压降使整个电气装置对地升高 ΔU_{PEN} 的电压，但由于电气装置内设有总等电位联结，且在电源进线点后 PE 线即和 N 线分开，而 PE 线并不产生电压降，整个电气装置对地电位都是 ΔU_{PEN}，在装置内并没有出现电位差，当发生接地故障人体遭受电击时，其接触电压 U_t 和 TN-S 系统一样，都是建筑物内故障电流 I_d 在 PE 线上的电压降 $\Delta U = I_d Z_{PE}$ 而没有差别，如图 1.22 – 2 所示，两者防电击的水平是相同的。

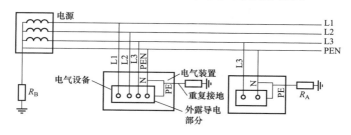

图 1.22 – 1 TN-C-S 系统

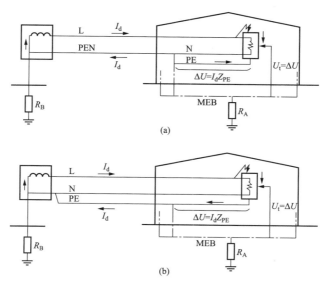

图 1.22 – 2 在相同接地故障条件下，TN-C-S 系统较
TN-S 系统接触电压 U_t 相同，但共模电压干扰较小

（a）TN-C-S 系统；（b）TN-S 系统

就信息技术设备的抗干扰而言，因为在采用 TN-C-S 系统的建筑物内同一信息系统内的诸信息技术设备的"地"即其金属外壳，都是连接只通过正常泄漏电流的 PE 线的，PE 线上的电压降很小，所以 TN-C-S 系统和 TN-S 系统一样都能使各信息技术设备取得比较均等的参考电位而减少干扰。但就减少共模电压干扰而言 TN-C-S 系统内的中性线和 PE 线是在低压电源进线处才分开，不像 TN-S 系统在变电所出线处就分开，所以在低压用户建筑物内 TN-C-S 系统内中性线对 PE 线的电位差或共模电压小于 TN-S 系统。因此就信息技术设备的抗共模电压干扰而言 TN-C-S 优于 TN-S 系统。

综上所述可知，当建筑物以低压供电如果采用 TN 系统时宜采用 TN-C-S 系统而不宜采用 TN-S 系统。一些发达国家都是这样做的。

1.23　TT 系统较适用于哪些场所？

从图 1.23 可知，TT 系统的电气装置的保护接地各有其自己的接地极和 PE 线，它和电源端的系统接地是不连通的。正常时装置内的外露导电部分为大地电位，电源侧和各装置出现的故障电压不互窜。但发生接地故障时因故障回路内包含两个接地电阻 R_A 和 R_B，故障回路阻抗较大，故障电流较小，一般不能用过电流防护兼作接地故障防护。因此为防人身电击事故需装用 RCD 来快速切断电源，增加了电气装置的投资和复杂性。

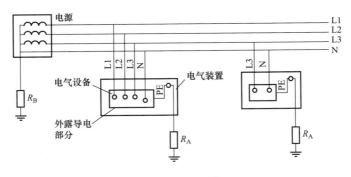

图 1.23　TT 系统

从图 1.23 也可知，TT 系统的中性线除在电源的一点作系统接地外，为防杂散电流的产生不得在其他处再接地。我国有些供电部门不理解 IEC 标准，要求用户在电源进线处除图示 R_A 的保护接地外，还仿照过去的 TN-C 系统，将 TT 系统的中性线作重复接地，认为可借 TT 系统中的接地通路，防范中性线中断（俗称"断零"）引起的三相四线系统中烧坏大量单相用电设备的事故。殊不知由于大地通路与中性线通路的阻抗值相差悬殊，这一措施在理论上就不成立（这在问答 16.4 中将予说明）。相反，中性线的重复接地非但浪费人力物力，还可产生杂散电流而引起种种事故，对供电部门这一不当要求在电气装置的设计安装中应予注意。

TT系统内各个电气设备或各组电气设备可各有自己的接地极和PE线。各PE线之间在电气上没有联系。这样在TT系统供电范围内的接地故障电压就不会像TN系统那样通过PE线的导通而在全配电系统内传导蔓延，导致一处发生接地故障，多处发生电气事故，必须在各处设置等电位联结或采取其他措施来消除这种传导电压导致的事故。因此TT系统较适用于无等电位联结的户外场所，例如农场、施工场地、路灯、庭园灯、户外临时用电场所等。

1.24 IT系统较适用于哪些场所？

从图1.24可知，IT系统配电时电源端不做系统接地，只做保护接地。在发生第一次接地故障时由于不具备故障电流返回电源的通路，其故障电流仅为两非故障相对地电容电流的相量和，其值甚小。因此在保护接地的接地电阻R_A上产生的对地故障电压很低，不致引发电击事故。不需也不会切断电源而使供电中断。但它一般不引出中性线，不能提供照明、控制等需用的220V电源，且其故障防护和维护管理较复杂，加上其他原因，使其应用受到限制。它适用于对供电不间断要求很高的场所，在我国矿井下、钢铁厂以及其他怕停电的场所均采用IT系统配电。发达国家电气安全要求高，诸如玻璃厂、发电厂的厂用电、钢铁厂、化工厂、爆炸危险场所、重要的会议大厅的安全照明、计算机中心以及高层建筑的消防应急电源、重要的控制回路等都采用IT系统配电。我国对IT系统不甚熟悉，还不习惯采用IT系统配电，尤其是民用建筑行业和消防部门。这从一个侧面说明我国建筑电气与发达国家水平上的差距。

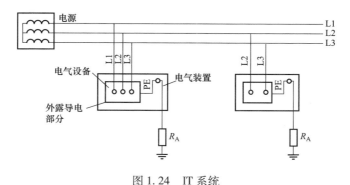

图1.24 IT系统

1.25 岩石山洞内对不间断供电无要求的一般电气装置打低阻值的系统接地十分困难，是否可采用IT系统？

这是一个适于采用IT系统的一个特例。IT系统本不需作系统接地，这就免除了在岩石洞里打低阻值系统接地的麻烦。由于 IT 系统的接地故障电流十分小，防电击的保护接地的接地电阻较大时也能满足接触电压小于 50V 的要求。既然电气装置对不间断供电无要求，它就可以引出中性线来提供 220V 用电电压，不需装设昂贵的绝缘监测器，在发生第一次接地故障时就报警来及时排除故障。如果发生了中性线接地故障而不报警，此 IT 系统不过是转变为按 TT 系统或 TN 系统来运作。需注意在回路的首端必须安装额定剩余电流动作值 $I_{\Delta n}$ 不大于 30mA 的 RCD，用以在发生第二次接地故障时切断电源。

附带说明，有的北欧国家出于同样的考虑，在地区公用电网内也采用了 IT 系统。

1. 26 TN 系统和 TT 系统孰优孰劣？

TN 系统有优于 TT 系统之处，例如：

（1）TN 系统往往可利用过电流防护电器兼作接地故障防护，比较简单，而 TT 系统通常需装设 RCD 作接地故障防护，比较复杂。

（2）TN 系的 PE 线自中性线分支引出，发生对地过电压时，设备绝缘承受的应电压（voltage stress）较小；而 TT 系统的 PE 线引自就地的零电位的接地极，设备对地绝缘较易受过电压损害。

（3）TN-C-S 的共模电压干扰小于 TT 系统。

TN 系统有逊于 TT 系统之处，例如：

（1）在同一变压器供电范围的 TN 系统内 PE 线都是连通的，任一处发生接地故障，其故障电压可沿 PE 线传导至他处而可能引起危害；而在 TT 系统内，可视情况就地设置电气上互不联系的单独的接地极和 PE 线，消除或减少故障电压的蔓延。因此 TN 系统必须作等电位联结来消除沿 PE 线传导来的故障电压的危害，因此一般不适用于无等电位联结的户外场所；而 TT 系统则可适用于户外场所。

（2）TT 系统往往就地接地引出 PE 线，而 TN 系统则需自电源端引来 PE 线，因此在某些场所 TN 系统设置 PE 线的投资往往较大。

世上没有最好的接地系统，应根据具体情况选用合适的接地系统。

1. 27 TN-C-S 系统的 PEN 线在建筑物电源进线处应先接中性线母排，还是先接 PE 线母排？

IEC 标准要求 TN-C-S 系统在用户电源进线处（例如总配电箱处）PEN 线必须先接 PE 母排，然后通过一连接板（线）接中性线母排，如图 1.27 所示。这是因为如果连接板（线）导电不良，中性线电路不通，设备不工作，故障可及时发现加以修复，不致发生电气事故。如 PEN 线先接中性线母排，如果连接板导电不良，则这时整个装置内的设备都失去 PE 线的接地，而设备仍工作正常，存在的不接地隐患将不被发现，这对人身安全是十分不利的，而人身安全则是头等重要的。

1. 28 "三相五线制"是否就是 TN-S 系统？

否。所谓"三相五线制"是我国建筑电气技术中的一个错误的名词。IEC 标准对低压配电系统有两种独立的分类体系：一是问答 1. 18 和问答 1. 19 中所述的接地系统分类；二是按配电系统中的相数和带电导

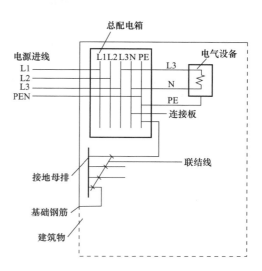

图 1. 27　PEN 线先接 PE 母排后接 N 母排

体数进行的分类，它被称作带电导体系统分类。所谓带电导体是指正常工作时通过负载电流的相线和中性线，而不是指不带负载电流的 PE 线。图 1. 28 所示为常见的几种带电导体系统。

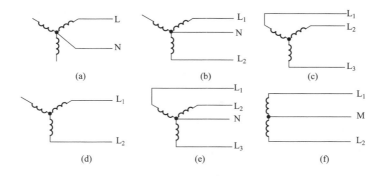

图 1. 28　低压带电导体系统示例

（a）220V 单相两线系统；（b）220/380V 两相三线系统；（c）380V 三相三线系统；
（d）380V 单相两线系统；（e）220/380V 三相四线系统；（f）120/240V 两相三线系统

以我国通用的 220/380V 配电系统为例，图 1. 28（a）为 220V 单相两线系统，例如给一套住宅供电的系统。图 1. 28（b）为 220/380V 两相三线系统，例如为减少电压损失给庭园灯供电的系统。图 1. 28（c）为 380V 三相三线系统，例如给没有控制回路的电动机配电的系统。图 1. 28（d）为 380V 单相两线系统，例如给单相大功率电焊机之类的大功率单相设备配电的系统，注意勿将这一系统误称为两相两线系统。图 1. 28（e）为我国广泛采用的 220/380V 三相四

线系统，它用以给建筑物电气装置配电。图 1.28（f）为有些发达国家采用的 120/240V 两相三线系统，它从变压器 240V 二次侧绕组的中点抽出一根中线，从而取得 120V 和 240V 两种单相电压。它多用于住宅配电，120V 用于电击危险大的小功率插座回路和照明回路，240V 用于电热之类的大功率回路。这种系统由于两 120V 单相回路电流的相位差 180°，所以它被称作两相三线系统而非单相三线系统。

图 1.28 所示的诸带电导体系统只表示相数和带电导体数，都不表示如何接地。任一带电导体系统都可采用任一接地系统。例如三相四线带电导体系统，可采用 TN-S 接地系统，也可采用 TN-C-S 或 TT 接地系统。这三种接地系统的末端都是五根线，都可称作"三相五线制"，那又如何将它们加以区分呢？因此"三相五线制"是一个混淆接地系统和带电导体系统两个互不关联的系统的错误名词，在编制电气规范和设计文件时应注意避免采用。

1.29　在同一变电所配电系统内是否不应混用不同的接地系统？

否。在同一配电系统内有时必须混用不同的接地系统。例如 TN 系统需依赖等电位联结来完善其防电击措施，在 TN 系统的无等电位联结部分（例如在户外），则需视具体情况将这一部分改为 TT 系统，否则将导致电击危险。但需注意这部分 TT 系统的设置不应影响 TN 系统的防电击效果。又如中性线接地的 TN 或 TT 系统内可能存在有电击危险特别大的部分，则在这一局部范围内根据需要装设隔离变压器在二次侧另起一个带电导体不接地的 IT 系统来防止电击事故的发生，例如在医院手术室里就需采用这种局部的 IT 系统。此 IT 系统的始点（origin）不是变电所的配电变压器而是变比为 1:1 的隔离变压器的二次绕组。

1.30　一个建筑物内除配电系统外还有防雷系统、防静电系统以及各种信息技术系统，它们应采用单独接地还是共用接地？

除极个别情况外，这些电气系统应采用共用接地，例如飞机上的各种电气系统都是通过接机身而共用接地，既安全，运作也很正常。建筑物内各电气系统如单独接地，发生故障时，各电气系统间将出现电位差而引起人身电击之类的种种电气危害。这在以下的有关问答中将作进一步的说明。

1.31　重复接地的作用是什么，应如何设置？

在诸接地系统中只有 TN 系统有重复接地的设置，它是电源端的系统接地的重复设置。在 TN 系统中负荷端的外露导电部分通过 PE 线与接地的电源中性线的连接已实现了保护接地，本不需再将 PE 线作重复接地。但如果有现成的自然接地体可利用来作重复接地的接地极，使 PE 线在故障时的对地电位更接近地电位，则对电气安全是有好处的，特别是对 TN－C－S 及 TN－C 系统的 PEN 线。与 PE 线连通的总等电位联结的地下金属结构管道等是现成的良好的自然接地体，所以作总电位联结后自然也实现了 PE 线的重复接地，通常可不必另打人工接地极作重复接地。当然，如果电源进线处还有其他自然接地体可利用作接地极，利用它提高重复接地的效果当然更好。

应明确，TN 系统的重复接地是 PE 线和 PEN 线而非中性线的重复接地。还有，在任何情况下中性线（N 线）是不允许作重复接地的（见问答 1.23 及问答 8.4）。

1.32 我国电气规范中常规定各种用途的接大地的接地电阻值，但在 IEC 标准中鲜少这样的规定，原因何在？

过去的接地认为只限打接地极于接大地。因接大地是以大地电位为参考电位的，必须考虑接地极上产生的电位差。又因 50Hz 工频的频率低，为简化就只对接地极的工频接地电阻而非接地阻抗提出了要求。由于用电技术的发展，接大地因对地的电阻和高频下的电抗过大，接大地常不能满足电气安全和功能上的要求。为此不得不采用以与代替大地的导体相连接，以导体电位为参考电位的另一种接地方式，这涉及第二章内将讨论的等电位联结系统。这一非接大地的接地，由于不存在接大地的高接地电阻和高接地电抗产生的大幅值工频或高频的电位差，电气装置的安全性和功能性得以大大提高。在此情况下，既然不取大地电位为参考电位，IEC 自然没有必要规定这些与电气应用无关的接地电阻值了。

我国一些规范规定的接地电阻值往往提不出其来由和根据。例如包含有信息技术系统的电气装置的共用接地，我国规范规定其接大地的接地电阻不得大于 1Ω，但却不能说明其依据。岂不知接大地的高频下的高电抗值远不能满足信息技术系统高频低阻抗接地要求。耗费大量财力物力追求不大于 1Ω 的低值接地电阻实际上毫无意义。因此 IEC 不规定接地电阻为多少，只规定采取多种措施降低代替接大地的等电位联结系统的阻抗来实现高频低阻抗的非接大地的接地。

我国 1Ω 的共用接地的接地电阻源于 20 世纪 60 年代前苏联过时的防雷资料，我国长期将其套用却无人能说明其理论依据。这从一个侧面说明我国多年来对外交流不够，信息闭塞，导致今日我国建筑电气的大量浪费却无实效。这一问题将在问答 15.25 中加以说明。

1.33 何谓保护性接地、功能性接地？

就接地的作用而言有保护性接地（protective earthing）和功能性接地（functional earthing）之分。前者是为了电气安全的目的而作的接地；后者是为电气安全之外的目的而作的接地。本章所陈主要为前者、后者将在第 15 章内结合实例作介绍。

1.34 UPS 出线端中性线的接地是否是重复接地？

否。UPS 经整流和逆变后的出线端是另起的一个系统的始点（origin）。其中性点的接地是该另起系统（separately derived system）的系统接地而非重复接地。该接地的另起系统是 TT 系统或 TN 系统。如果不接地则是 IT 系统。

需知三相 UPS 的进线中并没有中性线，其出线中的中性线是在双绕组变压器的二次绕组中建立的。单相 UPS 经整流和逆变后的出线中并无相线和中性线的区分，只是将其作系统接地的一根导线称作中性线而已。UPS 进出线端的两中性线间在电气上并无关联。

第 2 章　等电位联结

2.1　何谓等电位联结？

将可导电部分之间用导线作电气连接，使其电位相等或接近，称之为等电位联结（equipotential bonding），或简称联结（bonding）。

2.2　"联结"与"连接"有何不同？

将两个导体人为地使其接触，以满足导电的要求，称为"连接"。"联结"也是一种"连接"，但其作用主要是传递电位而非传送电流。

2.3　等电位联结与接地有何关系？

在问答1.2中已举飞机的例子说明，在飞机上将其电气装置的某点与机身相连接就实现了接地，但这种连接同时也实现了与机身的等电位联结。同样，在大地上作接地也可理解为电气装置与地球这个巨大的导体作等电位联结。因此，就这个概念而言两者是等同的。在国外电气文献中"接地"和"联结"两个术语常是通用的，或同时表达，写成"接地/联结"（earthing/bonding）。两者也有不同处，例如接大地可以对大地泄放雷电流和静电荷，而与大地绝缘的等电位联结则不能。

2.4　建筑物电气装置为什么要作等电位联结？

飞机内的电气装置以机身代替大地，与其连接后既实现了接地也实现了等电位联结。其低频或高频的接地或联结的阻抗都非常小，所以飞机上用电十分安全，各种信息技术系统工作也很正常。这一措施的效果也可移植和体现在建筑物内。如果将建筑物内的大件金属物体，诸如金属的结构件、管道、电缆外皮以及接电气设备外壳的 PE 线等互相联通，并根据需要辅以其他措施，以使建筑物形成近似飞机机身那样内部电位相等或接近的准等电位法拉第笼，以此准法拉第笼的电位作为参考电位，以等电位联结代替接大地，也可达到接近飞机电气装置的电气安全和抗干扰水平。这就是 IEC 标准要求建筑物电气装置必须作等电位联结而不要求必须作重复接地的原因。

2.5　建筑物内的等电位联结就其作用而言有哪些类别？

建筑物内的等电位联结有两类：一类是起保护性作用的等电位联结，其作用是防人身电击、电气火灾和爆炸等电气灾害；另一类是起功能性作用的等电位联结，其作用是使各类电气系统正常运作，发挥其应有的作用。

2.6 保护性等电位联结分哪几种？其作用有何不同？

保护性等电位联结就其等电位联结的范围又分三类：

（1）总等电位联结。指将建筑物内下列部分在电源进线处互相连接而形成的等电位联结系统，如图2.6所示。

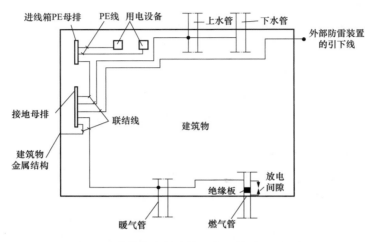

图2.6 建筑物内的总等电位联结平面图示意

1）电源进线箱内PE母排，各电气设备的外露导电部分通过连接PE线而实现等电位联结，不必另接联结线。这时PE线同时也起联结线的作用。

2）接地装置的接地母排。

3）建筑物内的各类公用设施的金属管道，例如瓦斯管、水管等。

4）可连接的金属构件、集中采暖和空调的干管。

5）电缆的金属外皮（通信电缆外皮的联结须征得电缆业主或管理人员的同意）。

6）外部防雷装置的引下线。

就防电击而言，它比接大地有更好的减少接触电压的效果。

（2）辅助等电位联结。指将人体可同时触及的可导电部分连通的联结，用以消除两不同电位部分的电位差引起的电击危险。

（3）局部等电位联结。指视具体情况将局部范围内的可同时触及的可导电部分互相连通的联结。在具备总等电位联结条件下它可在局部范围内进一步降低接触电压至接触电压限值 U_L 以下。

2.7 如果一个建筑物有多个低压电源进线，是否每个电源进线处都要实施总等电位联结？

是。每个电源进线处都要在电源进线箱（总配电箱）近旁安装接地母排，实施总等电位联结，以使每一电源进线所供范围内的电气设备的金属外壳和其邻近的装置外可导电部分之间，在发生接地故障时呈现的电位差降低。应注意各个总等电位联结系统之间必须连通，如果不连通，当某一电源进线供电范围内发生接地故障，该范围内电气装置可导电部分和装置外可导电部分的电位升高，而其他电源进线供电范围内则没有升高，两者间的电位差将引发电气事故。不必设专线将各个接地母排直接连通，将不同总等电位联结系统靠近的两联结线互相连通即可。

2.8 作总等电位联结后是否还要打人工接地极作接地或作重复接地？

通常情况下不需再打接地极。因为一般水泥是导电的，而总等电位系统内的地下基础钢筋和金属管道以及电缆的金属外皮等都是量大面广的自然接地体，能起到良好的接地极作用，其接地电阻通常在 1Ω 以至 0.5Ω 以下。这些自然接地体被基础水泥包裹，不会因与酸性或碱性的泥土接触而受其腐蚀。其寿命几乎是无限长，不需定期检验或更换接地极，可节省大量维护工作和费用。无需再打人工接地极来作接地或重复接地，我国忽视总等电位联结的自然接地的作用，热衷于打人工接地极并要求多少欧的接地电阻是普遍和巨大的人力物力的浪费。

2.9 是否可在户外靠近建筑物外墙埋设一圈扁钢，将进出建筑物的金属管道与它连通，既实现了接地，也实现了等电位联结？

不可。等电位联结须保证其导通的持续可靠，需在规定周期内卸开连接端子进行检测。如果在地下泥土内进行联结，就无法进行视检和测试，它如因受腐蚀而不导通也无从发觉。因此总等电位联结必须在户内地面上可见和可操作处进行联结。

2.10 总配电箱内 PE 母排既然需和接地母排相联结，是否可省去接地母排，将各联结线直接接至 PE 母排？

不可。为便于连接联结线，如图 2.6 所示，需在进线总配电箱旁安装一个具有多个接线端子的铜质接地母排，它即是总等电联结系统内的参考电位点，需在其上进行检测。如果以总配电箱的 PE 母排来代替它，因总配电箱内有带危险电压的相线母排和其他金属可导电部分，检测时易不慎触及而引起接地故障和人身电击等事故，故必须将接地母排单独设置。它可装在一个单独的箱（盒）内，并嵌装在墙内。箱（盒）上应有用钥匙或工具才能开启的门，以防无关人员触动。

2.11 当建筑物由其内设的变电所供电时，总等电位联结系统的接地母排应设在何处？

可将内设变电所的低压配电盘视作图2.6的电源进线总配电箱。在其旁设接地母排。如果变电所和建筑物低压电气装置同归一个单位管理，接地母排应设在变电所内靠近低压配电盘处。如果非同一单位管理，则应将接地母排设在靠近配电盘的变电所墙外处，以便建筑物电气管理人员检视。

2.12 在建筑物内地下钢筋和金属管道稀少的地面，如何满足地面等电位的要求？

在一般干燥场所的建筑物内，如离人站立处的地下等电位联结金属部分不超过10m，即可认为满足地面电位平坦的等电位的要求，否则应增设地下等电位联结金属部分，以满足此10m最大距离的要求，图2.12即为一个示例。图中紧贴多层建筑物附设一副楼，建筑物地下无金属管道。电气设计中利用两者外墙下基础钢筋兼作接地和地面等电位联结。副楼地下钢筋，如点划线所示，已满足上述不大于10m的要求，但建筑物主楼的地下钢筋则未满足此不大于10m的要求。为此需在建筑物主楼内隔墙下原无钢筋的基础内专门增埋一根钢筋或扁钢，如图2.12中虚线所示，以满足地面等电位要求。

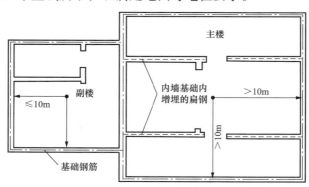

图2.12 地面下等电位联结密度要求

如果建筑物地下金属部分极其稀少，可在地下埋入网眼不大于20m×20m的扁钢网格以满足上述地面等电位要求。

2.13 两金属管道连接处裹有黄麻或聚乙烯薄膜，是否需做跨接线？

两金属管道连接处虽包有黄麻或聚乙烯薄膜，但不需做跨接线。除自来水管的水表两端需做跨接线外，金属管道连接处一般不需跨接。因管道在做丝扣连接时这些包裹材料被破损而失去绝缘作用，所以连接处电气上依然是导通的。但施工完毕后必须对管道全长进行一次导通性的检测，如发现某一管道连接处

不导通或接触电阻过大（详见问答 23.6），应在该处加做跨接线。

2.14 现时有些管道系统以塑料管代替金属管，对此应如何处理等电位联结问题？

做等电位联结的目的是使人体可同时触及的导电部分的电位相等或接近，以消除或减少电击危险。塑料管不是可导电物质，它不能传导或呈现电位，因此不需对它做等电位联结。但对金属管道系统内的小段塑料管需做跨接。

2.15 在等电位联结系统内是否要对管道系统做多次重复联结？

只要通过测试说明管道全长导通良好，原则上对一种管道系统只需做一次联结，例如在水管进入建筑物处的干管上做一次总等电位联结。

2.16 建筑物作总等电位联结后，如果建筑物内发生接地故障，其内的地下金属部分和地面的电位升高，而户外地面电位未升高，是否会在建筑物出入口处出现危险的跨步电压？

在低压电气装置内接地故障引起的户内外地面的电位差不足以引起危险的跨步电压，不必为防危险跨步电压而在建筑物出入口处采取电位均衡措施。

2.17 等电位联结是否必须接地？

否。我国有一种"等电位联结接地"的提法，似乎等电位联结必须加作人工的接大地，不然就不起作用，这是一个不当的提法。按 IEC 标准等电位联结和接地是两个独立的电气安全性和功能性举措，通常的接大地就是在大地上作等电位联结，而在建筑物内作了等电位联结往往也同时实现了有效的接大地。但并非不接大地等电位联结就不能起到应有的作用。在 IEC 标准中有一种"不接地的等电位联结"的电气安全措施，在采用这一措施时如果与大地连接反而使等电位联结失去其电气安全保护作用。在电气装置的设计安装中应注意澄清这些模糊不清的概念。

2.18 局部等电位联结和总等电位联结之间是否需要连通？

否。局部等电位联结只要求该局部范围内可同时触及的导电部分之间的电位差为零或小于接触电压限值。它与总等电位联结的关系并非总配电箱与分配箱之间上下级的连系关系，完全不必连通。如果连通，不但浪费，反而可能在该局部范围内导入不同电位，引起电气危险。

2.19 为什么 IEC 60364 标准内只有辅助等电位联结，而在我国《低压配电设计规范》内从其中又分出局部等电位联结？

IEC 60364 标准内的辅助等电位联结是 2.5m 伸臂范围内可同时触及的导电

部分之间的联结。而实际应用中大都为大于2.5m的局部范围内的联结。为了便于规定和执行，也为了电气安全和节约投资，我国《低压配电设计规范》按IEC 61140标准规定了局部等电位联结的条文。

2.20 请将重复接地、总等电位联结、局部等电位联结降低预期接触电压的效果作比较。

这可用图2.20来说明。在图2.20（a）中，一TN-C-S系统只作了重复接地。当电气设备发生如图所示接地故障时，故障电流 I_d 经相线—设备外壳—PE线—PEN线返回电源变压器。人体如接触I类设备带故障电压的金属外护物时，图中人体预期接触电压高达 $U_t = I_d(Z_{ab} + Z_{bc})$，其值为 I_d 在PE线和PEN线上的电压降。虽然作了重复接地 R_A，但 $R_A + R_B \gg Z_{PEN}$，$R_A + R_B$ 对 I_d 的分流作用很小，降低 U_t 的作用不大（详见问答7.3）。

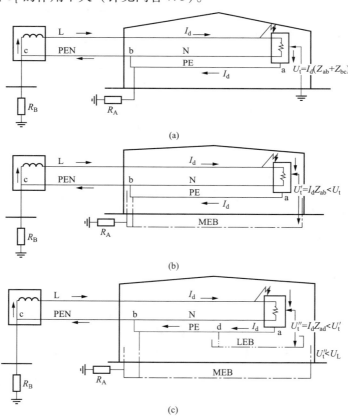

(a)

(b)

(c)

图2.20 重复接地、总等电位联结和局部等电位联结的比较

（a）作重复接地；（b）作总等电位联结；（c）作局部等电位联结

如果建筑物作了总电位联结 MEB 如图 2.20（b）所示。在建筑物电源进线处 PE 线与 MEB 连通，则如图示人体预期接触电压为 $U_t' = I_d \cdot Z_{ab}$。其值为建筑物内从电源进线处至故障电气设备的 PE 线上 I_d 产生的电压降。PEN 线上的电压降被排除在外。U_t' 虽大大下降，但仍可能大于 50V，必须使用开关防护电器自动切断电源来防电击。

如果在局部范围内作了局部等电位联结 LEB，如图 2.20（c）所示，因局部范围内产生预期接触电压的 PE 线更短，图中预期接触电压仅为 $U_t'' = I_d Z_{ad}$，IEC 标准要求其值小于接触电压限值 U_L。在干燥、潮湿、特别潮湿（例如水下）场所 U_L 值分别为 50V、25V、12V。即使开关防护电器失效拒动，人体也不致电击致死。必要时可增大 PE 线截面积以减少其阻抗。为策安全，IEC 仍要求为 I 类设备装用开关防护电器作故障防护来自动切断电源，LEB 只用作其附加防护。

概括言之，当 TN 系统建筑物内发生接地故障时，重复接地可在一定程度上降低 U_t。作 MEB 可更多地降低 U_t，但 U_t 仍可能大于 U_L。而在作 LEB 后，U_t 值要求降至 U_L 值以下。这三者的效果是不同的。

再次说明，MEB 的地下导电部分通常已有效地起到了重复接地的作用。

2.21　局部等电位联结和辅助等电位联结有何不同？

局部等电位联结可使发生接地故障时的预期接触电压降低到接触电压限值 U_L 以下；而辅助等电位联结可使 2.5m 伸臂范围内可能出现的电位差降低至零伏或接近零伏。

2.22　电气设备的金属外壳是否需作等电位联结？

否。I 类防电击电气设备的金属外壳接有 PE 线，而 PE 线原已纳入等电位联结系统，所以不必再作等电位联结。

第3章 电流通过人体时的效应

3.1 "电击"是否就是常说的"触电"？

否。"电击"是正规的术语，而"触电"则是不严谨的俗语，两者不能等同。

当人体同时触及不同电位的导电部分时电位差使电流流经人体，称之为电接触。视电流的大小和持续时间的长短，它对人体有不同的效应。电流小时于人体无害，用于诊断和治病的某些医疗电气设备接触人体时，通过的微量电流还能治病救人，对人体有益，这种电接触被称作微电接触。如通过人体的电流较大，持续时间过长，电流效应可使人受到伤害甚至死亡，这种电接触被称作电击。电击危及人身，因此电气专业人员应了解电击发生的起因，采取有效的防电击措施，避免发生人身伤亡事故。

"触电"这一俗语混淆了微电接触和电击，不宜在电气规范和设计文件中采用。

3.2 何谓电流效应中的感觉阈值？

感觉阈值是人体能感觉出的最小电流值，一般为 0.5mA，此值与电流通过的持续时间长短无关。

3.3 何谓电流效应中的摆脱阈值？

摆脱阈值是电流效应中应加注意的一个阈值。当人用手持握带电导体时，如流过手掌的电流超过此值，人体将发生肌肉痉挛，人体不能动弹和站稳，手掌心肌肉的反应将是不依人意地紧握带电导体而不是摆脱带电导体，从而使电流得以持续通过人体。导致此效应的最小电流称作摆脱阈值，此值因人而异，IEC 取值为 5mA。如不能摆脱带电导体，在较大电流长时间作用下人体将遭受伤害甚至死亡。人体接触带电导体时如能及时摆脱带电导体，可不致电击致死，但可能引起二次伤害，例如因电击而惊跳，自高处坠地而招致伤亡。

3.4 何谓电流效应中的心室纤维性颤动阈值？

电流通过人体时引起的心室纤维性颤动能使心脏停止泵血，是通常电击致死的主要原因，引起心室纤维性颤动的最小电流，称为心室纤维性颤动（以下简称心室纤颤）阈值。此阈值与通电时间长短有关，也与人体条件、心脏功能状况、人体与带电导体接触的面积和压力、电流在人体内通过的路径等有关，情况十分复杂，但与人的性别、肤色、种族无关。IEC 测试得出的导致心室纤颤的 15～100Hz 交流电流 I_b 与通电时间 t 的关系曲线如图 3.4 曲线 c 所示。

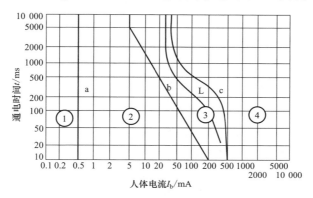

图 3.4 交流电流通过人体时的效应

从曲线 c 可知通过人体的电流越大，电流效应作用的时间越长，人体电击致死的危险越大。因此为避免人体电击致死，应尽量限制通过人体的电流，并尽量缩短电流通过人体的持续时间。也即在电气装置设计中应采用等电位联结、接地等措施，尽量降低接触电压，并在发生电击事故时使故障回路上的防护开关电器尽快切断电源。

3.5 在图 3.4 中有 4 个电流效应的区域，在各区域内人体对电流效应的生理反应是怎样的？

各区域内人体的生理反应如下：

① 区——直线 a 左侧的区域，通常无感觉。

② 区——直线 a 与折线 b 之间的区域，有电的感觉，但无病理反应。

③ 区——折线 b 至曲线 c 之间的区域，通常无器官损伤，可能出现肌肉痉挛、呼吸困难、心房纤颤、无心室纤颤的短暂心脏停搏，此等病理反应随电流和时间的增大而加剧。

④ 区——曲线 c 右侧的区域，除出现③区的病理反应外，还出现导致死亡的心室纤颤以及呼吸停止、严重烧伤等反应，它随电流和时间的增大而加剧。

从图 3.4 可知，如电击电流和其持续时间在④区内，人体就有死亡危险。但图 3.4 中的 c 曲线为在实验室内规定的外界条件下测定和绘制的曲线，在实验室外条件可能不同，例如电源电压可能高于标称电压 220V。为此在制定电气安全措施时，尚需为外界条件变化留出一些裕量，通常以③区内离曲线 c 一段距离的曲线 L 作为人体是否安全的界限，如图 3.4 所示。从曲线 L 可知，只要 I_b

小于30mA，人体就不致因发生心室纤颤而电击致死。据此国际上将防电击的高灵敏度剩余电流动作保护器（以下简称RCD）的额定动作电流值取为30mA。

3.6 在防电击计算中为什么不按通过人体的电流 I_b 而按预期接触电压 U_t 进行计算？

通过人体的电流 I_b 因施加于人体阻抗 Z_t 上的接触电压 U_t 而产生，它被称作接触电流。接触电压越大，I_b 也越大。在设计电气装置时计算 I_b 很困难，而计算接触电压比较方便。为此IEC又提出在干燥和潮湿环境条件下相应的预期接触电压 U_t—通电时间 t 曲线 L1 和 L2 的关系曲线，如图3.6所示。应该说明，图3.6曲线 L1 和 L2 非自图3.4曲线 L 按欧姆定理推算求得，因人体阻抗是随接触电压的增大而减小的，故此两曲线也系测试求得。还需说明，在防电击的计算中求出的是预期接触电压 U_t。对于从手到足的电击电流通路而言，它是施加于人体、鞋袜、地面等阻抗之和（鞋袜和地面的电阻约 200 ~ 1000Ω）上的电压，故人体实际接触电压常小于预期接触电压 U_t。但

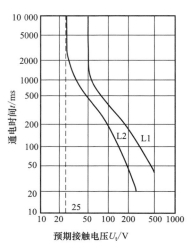

图3.6 干燥和潮湿条件下预期接触电压 U_t 和允许最大持续通电时间 t 间的关系曲线

在诸如赤足和金属地面之类的情况下，鞋袜和地面电阻可不计，这时实际接触电压即为预期接触电压，故预期接触电压为最大的接触电压。为确保电气安全和简化计算，在实际应用中接触电压都采用预期接触电压 U_t。

3.7 在问答3.4的图3.4中引发心室纤颤的只有一条曲线 L，为什么在问答3.6的图3.6中引发同样心室纤颤的有 L1 和 L2 两条接触电压限值曲线？

人体电击致死的元凶是电流，而电流是因施加在阻抗上的电压而产生。阻抗大，达到同样电流的电压就要大。人体的阻抗主要是皮肤阻抗，在干燥环境条件下皮肤干燥，人体阻抗大，达到 30mA 电击致死的接触电流一般需 50V 的接触电压。而在潮湿环境条件下达到同样 30mA 电流一般只需 25V 的接触电压。此 50V 和 25V 分别为干燥环境和潮湿环境内的接触电压限值 U_{L1} 和 U_{L2}。

如果人体在浴室和游泳池、喷水池的环境条件下，人体浸入水中，皮肤湿透，人体阻抗大幅下降，且接触电流也可通过人脑或其他器官而致死，接触电流通路也不限于四肢而更为短捷。情况十分复杂。详见问答3.11。

3.8 **我国用于防电击的特低电压设备的额定电压有 36V、24V、12V、6V 的划分，是否与上述外界环境条件有关？**

是。既然在不同潮湿程度环境条件下达到同样电击致死的接触电流的接触电压有所不同，从人身安全着眼，用于防电击的特低电压用电设备的额定电压也应有所不同。IEC 标准将特低电压用电设备的额定电压按问答 3.7 所述的接触电压限值规定为干燥环境内（如卧室、办公室）为 48V（我国仍沿用前苏联的 36V），潮湿环境内（如农田、施工场地）为 24V，水下（如游泳池、喷水池、浴池）为 12V 或 6V。我国有些电气规范不区分环境条件的不同，不妥当地规定了特低电压电气设备的额定电压。例如规定属于潮湿环境的煤矿井下特低电压电气设备的额定电压为不大于 36V，显然是不安全的。

3.9 **既然在潮湿环境内要求电气设备采用低于 25V 的特低电压，那么在浴室之类特别潮湿的环境内采用额定动作电流 $I_{\Delta n}$ 为 10mA、6mA 的 RCD 是否可更安全一些？**

没有必要。尽管不同潮湿环境对接触电压限值有 50V、25V、12V 的不同要求，但区分这些特低电压的目的都是为使通过人体的接触电流不超过 30mA。因引发心室纤颤的接触电流在任何潮湿程度的环境下都是 30mA，因此为防电击致死的 RCD 的 $I_{\Delta n}$ 值选用 30mA 和选用 10mA、6mA，其效果是相同的。所以没有必要在特别潮湿环境内装用昂贵的 $I_{\Delta n}$ 为 10mA、6mA 的 RCD。相反，太灵敏的 RCD 反易导致 RCD 不必要的跳闸，带来麻烦甚至引起事故。

3.10 **问答 3.3 中特别提到要注意电流效应中摆脱阈值 5mA，为什么？**

因为这关系到电气装置设计中 RCD 的装用问题。只有小功率的手电钻之类的手持式设备和落地灯之类的移动式设备才会在通电情况下被手持握，与手掌接触因肌肉痉挛而存在电击时不能摆脱故障设备的问题。而大功率的浴室电热水器之类的固定设备是不会被人手持握，一般不存在不能摆脱故障设备的问题。电击致死事故大多发生在小功率的手持式或移动式设备上，而这类设备通常是由插座供电的。因此为保证人身安全宜在这类设备的电源插座回路上安装瞬时动作的 RCD 来迅速切断电源。固定式设备因人手一般可摆脱设备，可采用熔断器或断路器在 5s 内切断电源。此 5s 时间的限制是为防故障电流的热效应不致损坏电气线路的绝缘而不是为防电击。应注意在水下大于 5mA 的接触电流引起的人体肌肉痉挛使人体不能动弹，人体倾倒水下的电击危险性。$I_{\Delta n}=30mA$ 的 RCD 在地上空气中能防电击，但不能杜绝水下电场内这一电击危险。

3.11 水下电气设备额定电压要求不超过 12V，请说明水下人体电流效应有何特殊危险。

电击时电流通过人体的通道，在水下和地面上是不同的。在地面上电流是经手、脚和不同电位导体的接触，途经心脏而引发电击事故的。而在水下情况要复杂和危险得多。在水下两不同电位的导体间可形成电场和电压梯度，人体在其间因不同部位的电位差而大面积多通道通过电流，此电流可直接在胸背间通过心脏，也可直接在头颅两侧通过人脑。所以姑且不论水下人体皮肤阻抗的下降，就电流通道而言其电流效应也更具危险性。因此 IEC 规定如人体进入水下，则此水下的电气设备的额定电压不得超过 12V，采用 6V 更好。

据以上分析可知，人体需进入水下的游泳池、浴池内不得装用电压超过 12V 的电气设备，而在水下装有 220V 水泵和照明灯的喷水池，当设备通电时人体绝对不允许进入水下，以防电气设备进水绝缘失效时水下电场电击伤人。

3.12 为什么为做好建筑电气设计必须深入了解电流通过人体时的效应？

IEC 建筑电气标准有两个主要目的：一是保证电气安全；二是保证电气装置正常发挥其功能。IEC 标准以人为本，人身安全是第一位的。因此 IEC 建筑电气标准中规定了大量防电击的条文，也花费了大量人力物力进行了电流通过人体时效应的试验。不深入了解这些效应是难以理解和正确执行 IEC 标准的。但在我国有的建筑电气设计规范中虽然抄录了 IEC 的电击防护条文，但却无片言只字引用电流通过人体的效应来说明该等条文的依据。使人知其然而不知其所以然，难以保证人身安全，这显然是需要改进的。

3.13 根据 IEC 关于电流通过人体效应的测试结果在建筑电气设计中可得到哪些启迪？

可以明白许多防电击的原理。例如明白手持式和移动式设备电击危险大于固定式设备，必须尽快切断电源。又如户外属潮湿场所，它的接触电压限值 U_L 为 25V 而非 50V，而水下的 U_L 值则为 12V。明白这些就能帮助我们正确进行建筑电气设计，减少人身电击危险。

第4章 直接接触电击防护

4.1 何谓直接接触电击?

所谓直接接触电击是指人体因种种原因直接触及带电部分而引起的电击。例如小孩无知,用铁丝插入插座相线插孔而引起的电击。

4.2 用覆盖绝缘物质防直接接触电击时应注意什么?

采用这种防护措施时,带电部分全被绝缘物质覆盖,以防人体与带电部分接触。只有在绝缘遭到破坏或年久寿命终了时这一防护措施才失效。

工厂生产的电气设备,其绝缘物质应符合产品标准对绝缘水平的要求。它应能在正常使用寿命期间耐受所在场所的机械、化学、电和热的影响。油漆、凡立水之类的物质不能用作防直接接触电击的绝缘。在施工现场安装中采用的防直接接触电击的绝缘物质,例如对高度不够的裸母排包裹的绝缘带,也应像工厂产品的绝缘物质那样,通过检验来验证其是否具有相同的绝缘性能。

4.3 用遮栏或外护物防直接接触电击时应注意什么?

这一措施是用遮栏或外护物来阻隔人体触及带电部分。

所谓遮栏是指只能从一通常接近的方向来阻隔人体与带电部分接触的措施,例如在车间内离地高处沿墙面敷设人体接触不到的裸母线,但母线经过一定高度的通风机平台时,裸母线离平台地面的高度如不足 2.5m 可能被维护管理人员不经心地触及。为此在工程安装时需在通风机平台靠近裸母线处安置遮栏,从面对墙的方向阻隔人体的接触。

外护物是指能从所有方向阻隔人体接触的措施,例如一台电气设备本身的外壳,在现场敷设导线时配置的槽盒、套管等都是外护物。应注意外护物不仅是电气设备的外壳。

这种措施应能防止大于 12.5mm 的固体物或人的手指进入,即其防护等级应至少为 IP2X(有关遮栏和外护物防护等级的分级见附录 B)。带电部分的上方如需防护,其防护等级应至少为 IP4X,即需防大于 1mm 的固体物进入。

遮栏和外护物应牢固地加以固定,只有在使用工具、钥匙或断开带电部分电源的条件下才能挪动。

4.4 用阻挡物防直接接触电击时应注意什么？

这一措施只能防人体无意地与带电部分接触，例如用栏杆、绳索、网屏、栅栏等阻拦人体接近带电部分。它对洞孔的尺寸没有要求，只是对接近带电部分的人起阻拦一下的提醒作用，不能防范人体有意的接触。

阻挡物不需使用工具或钥匙就可挪动，但需注意其固定的可靠性，以防被不知晓电气危险的人无意识地挪动位置。

4.5 将带电部分置于伸臂范围以外，也可防直接接触电击，这时应注意什么？

这一措施也只能用以防范人体与带电部分的无意的接触。它使人体可同时触及的不同电位（例如任一电位与地电位）部分之间的距离大于人体伸臂的距离。这一距离 IEC 标准规定为 2.5m，如图 4.5 所示。图中 2.5m 为人体左右平伸两臂的最大水平距离，或向上伸臂后与人体所站地面 S 间的最大垂直距离；1.25m 为人体向前伸臂与所站位置间的最大水平距离；0.75m 为人体下蹲，伸臂向下弯探的最大水平距离。这些距离都是对没有持握工具、梯子之类长物体的人而言的。如人手中持握有这类物体，则伸臂距离应相应加长，例如工厂车间内如用裸母排给设备配电，则此裸母排的离地高度应至少为 3.5m。

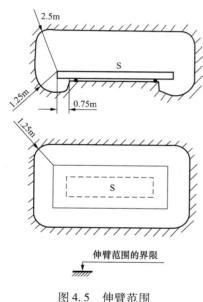

图 4.5 伸臂范围

如果人站立的水平方向有上述防护等级低于 IP2X 的阻挡物阻挡时，则伸臂距离应不自人体而自阻挡物算起。在向上伸臂的方向内，即使有上述阻挡物，伸臂范围仍自图 4.5 所示站立面 S 算起。

4.6 假如问答 4.2 至问答 4.5 所讨论的防直接接触电击措施因故失效，是否可用回路上装设的 $I_{\Delta n}$ 为 30mA 的瞬动 RCD 来防直接接触电击事故？

可以。如果上述四种防直接接触电击的措施因故失效，例如家用电器电源插头线上的绝缘破损芯线外露，又如防护用的遮栏被人挪走，这时如果回路上装有额定动作电流不大于 30mA 的 G 型瞬动 RCD，则这时 RCD 还可以迅速切断电源避免一次电击伤亡事故。这一措施称作前四种措施的附加防护。

需要说明它只能作为附加防护，不能替代前述四种防直接接触电击措施。

这是因为发生直接接触时，如人体同时触及同一回路两个不同电位的带电导体，例如触及一回路内的相线和中性线，人体遭受电击而 RCD 因互感器内磁场抵消是无法动作的。另外，当站立地面的人体一手触及 220V 相线时，假如人体阻抗为 1500Ω，则接触电流约 150mA，而按 IEC 的 RCD 新产品标准，人体接触电流也即剩余电流不小于 250mA 时 $I_{\Delta n}$ 为 30mA 的 RCD 才能保证在 0.04s 内切断电源，所以用 RCD 防直接接触电击，并非绝对可靠。因此绝不能因有 $I_\Delta = 30\text{mA}$ 的 RCD 作附加防护而忽视对上述四种防直接接触电击措施的有效设置。

4.7　请说明问答 4.6 中 IEC 标准内附加防护的含义。

在新版 IEC 标准内人身电击的防护有基本防护（basic protection）、故障防护（fault protection）、附加防护（additional protection）之分。例如，上一问答中将带电导体覆以绝缘是基本防护。如果基本防护失效，则如上述，$I_{\Delta n} \leqslant 30\text{mA}$ 的 RCD 可作基本防护失效后的附加防护。又如 I 类电气设备内绝缘损坏，金属外壳带危险故障电压，存在间接接触电击危险。这时借 RCD 之类的防护电器自动切断电源作故障防护。如果我国通常装用的电子式 RCD 因故障残压过低或因"断零"后失电压而失效拒动，作了局部等电位联结后，将接触电压限制在限值 U_L 以下，人身也不致电击致死。则此局部等电位联结即是故障防护的附加防护。

第5章 电气设备按间接接触电击防护措施的分类

5.1 何谓间接接触电击？

当电气装置因绝缘损坏发生接地故障，原本不带电压的外露导电部分因此带对地故障电压时，人体接触此故障电压而遭受的电击称作间接接触电击。

5.2 为什么要将电气设备按间接接触电击防护措施进行分类？

间接接触电击防护措施中的一部分措施系在电气设备的产品设计和制造中予以配置，但光靠产品中的措施是不够的，还必须在电气装置的设计安装中予以补充。因此电气工程设计人员必须了解电气设备本身具备的防间接接触电击的措施，再在工程设计中补充必要的措施，两者相辅相成，使防间接接触电击的措施臻于完善。

为此 IEC 产品标准将电气设备的产品按防间接接触电击的不同措施分为 0、Ⅰ、Ⅱ、Ⅲ 四类。分类的顺序并不说明防电击性能的优劣，它只是用以区分各类设备对防电击的不同措施。

5.3 何谓 0 类设备？它需在电气装置设计中补充哪些防电击措施？

0 类设备我国过去曾大量应用，它具有机械强度高的金属外壳，但它只靠一层基本绝缘来防电击，且不具备经 PE 线接地的手段。例如虽具有金属外壳但电源插头没有 PE 线插脚的台灯、电风扇等家用电器即属 0 类设备。当它唯一的一层基本绝缘损坏时就可能发生电击事故。IEC 规定这类设备只能在绝缘场所内使用，不然就需用隔离变压器作保护分隔来供电，借以防止电击事故的发生。绝缘场所就 220/380V 电气装置而言是指地板和墙的绝缘电阻都大于 50kΩ，且对与大地有电气连通的金属构件、管道采取隔离措施的场所，以免导入地电位而引发电位差。所谓隔离变压器对单相变压器而言是当相对地电压不大于 250V 时，其绝缘需通过 3750V 耐压 1min 的试验，或一、二次绕组间的绝缘为双重绝缘或加强绝缘，或一、二次绕组间置有接地屏蔽层的变比为 1:1 的变压器。由于满足这些条件花费太大，且难以发现，0 类设备已渐趋淘汰。

5.4 何谓 Ⅰ 类设备？它需在电气装置设计中补充哪些防电击措施？

Ⅰ 类设备是目前应用最广泛的一类设备。它也具有金属外壳，但它除靠一层基本绝缘来防电击外还另有补充措施，即它具有经 PE 线接地的手段。这样当基本绝缘损坏带电导体碰设备金属外壳时，外壳对地电位因接地而大大降低。同时经 PE 线构成的接地通路也可使产生的接地故障电流返回电源，这时回路上的防护电器即可检测出故障电流而及时切断电源。从图 3.4 和图 3.6 可知，增加接地措施后，由于接触电压的降低和人体通过电流时间的缩短，发生心室纤颤导致电击死亡的危险大大减少。由于这类设备具有机械强度高及耐高温的金属外壳和简单有效的防电击措施，它有较大的适用范围，这是 I 类设备能得到广泛应用的一个重要原因。

5.5   何谓 II 类设备？它需在电气装置设计中补充哪些防电击措施？

II 类设备除一层基本绝缘外还加有第二层绝缘以形成双重绝缘，或采用具有相当于双重绝缘水平的加强绝缘。例如带塑料外壳的家用电器都属 II 类设备。由于在产品设计中加强了绝缘能力，消除了发生接地故障的可能性，在电气装置设计中就没有必要再补充防间接接触电击措施。

II 类设备的绝缘外壳的机械强度和耐高温水平不高，其外形尺寸和用电功率都不能设计得过大，使它的应用范围受到一定的限制。

5.6   何谓 III 类设备？它需在电气装置设计中补充哪些防电击措施？

III 类设备的防间接接触电击原理是降低设备的工作电压，即根据不同环境的接触电压限值采用适当的特低电压供电，使发生接地故障时或人体直接接触带电导体时，接触电压都小于接触电压限值 U_L，因此这种设备被称作兼防间接接触电击和直接接触电击的设备。特低电压是指相对地或相对相间的标称电压为交流 50V 及以下的电压（直流为线对地或线对线间的标称电压为 120V 及以下的电压）。从图 3.6 可知，在产品设计中采用这种特低电压后，此电压本身不会引起人身电击伤亡的危险，但在工程应用中还需为它设置保护分隔措施。取得这种特低电压最通常的方法是将 220V 或 380V 电压经变压器降为特低电压。这台变压器必须是上述满足绝缘要求的隔离变压器，不能采用自耦变压器来做特低电压电源。

采用特低电压供电时，在回路上也应采取保护分隔措施，即将特低电压回路导体与包括一次回路导体在内的其他回路导体以高强度绝缘相分隔。换言之这些回路导体之间没有电的联系，用电设备金属外壳可与地接触，但不能通过 PE 线进行接地。

III 类设备的额定电压被规定为不大于 50V，其使用功率和应用范围不可避免地受到很大的限制。

5.7 请简要地概括表达电气设备和电气装置的组合防间接接触电击措施。

请见表5.7。

表5.7   电气设备和电气装置防间接接触电击的组合防护措施

电气设备防电击类别	防护措施		电气设备部分	电气装置部分	电气设备的防电击标志
	电气设备部分			电气装置部分	
	基本防护措施	补充防护措施			
0	基本绝缘	—		设置绝缘的场所	无标志
				设置电气回路的分隔	
Ⅰ	基本绝缘	连接PE线的接线端子		与接地的PE线连接和自动切断电源	⏚
Ⅱ	基本绝缘	附加绝缘		—	▢
	加强绝缘或等效的结构处理				
Ⅲ	采用特低电压	—		设置保护分隔的特低电压电源	⬙

从表5.7可知，最广泛应用的电气设备是Ⅰ类设备，它借自动切断电源和经PE线接地而实现间接接触电击防护，这种防护措施在理论和应用上比较复杂。其他3类设备应用较少，防护措施也较简单。据此对防间接接触电击而言可按其是否采用自动切断电源并连接PE线接地而划分为两大类措施。

5.8 为什么自耦变压器不能用作Ⅲ类设备的电源？

如图5.8所示，将自耦变压器用作24V Ⅲ类设备电源时，如果自耦变压器24V绕组部分因故不导通（例如绕组下端接线松脱、绕组内断线等），输出的电压将不是24V而是220V，势将引发电击事故。

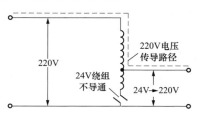

图5.8   用自耦变压器作Ⅲ类设备电源的电击危险

5.9 我国有些电气规范规定在木质地面的干燥房间内，电气设备可不作保护接地。是否可将该房间视作表5.7内的绝缘场所，使用0类设备？

不可。表5.7内的绝缘场所是指地板和墙的电阻大于50kΩ，且带地电位的导电部分（例如各种金属管道）被摒挡的场所。如地板和墙的电阻小于50kΩ，即按导电部分来处理。所提的干燥房间条件不完全，缺乏电阻值定量的概念。不能将其视作绝缘场所而在其内使用不作保护接地的0类设备。

第6章 自动切断电源并经 PE 线接地的防间接接触 电击的一些基本要求

6.1 自动切断电源和经 PE 线接地这两项防电击措施是否应结合应用？

是。自动切断电源和经 PE 线接地（或联结）这两个防电击措施应结合一起应用。这是因为如果电气设备不接地（或联结），如问答 1.7 中图 1.7 所示，在发生相线碰外壳故障时，设备外壳带 220V 故障电压，但不出现故障电流，故障回路上的过电流防护电器或 RCD 将无法动作来切断电源。另外，切断电源只能减少接触电流通过人体的时间，而接地（或联结）则只能降低接触电压。两个措施结合应用如问答 3.4 中图 3.4 所示才可最大限度地减少引发心室纤颤电击致死的危险。

采用自动切断电源措施时通常都要求接地（或联结），所以提及自动切断电源措施时，一般不再重复提接地。

6.2 请说明在干燥和潮湿环境条件下，自动切断电源防电击措施和接触电压限值以及切断电源时间的关系。

图 3.6 已说明干燥和潮湿环境条件下的接触电压限值是不同的。在发生接地故障时在干燥和潮湿环境条件下，如接触电压分别超过限值 50V 和 25V，都有可能发生电击致死的危险。为此自动切断电源防电击措施都应在图 3.6 曲线 L1 和 L2 的相应时间以内切断电源。

6.3 请说明手持式、移动式和固定式设备对自动切断电源防电击措施的切断电源时间的不同要求。

手持式、移动式设备绝缘损坏发生电击事故时存在人体因肌肉痉挛不能摆脱故障设备持续通电的危险，须在引发人体心室纤颤致死前尽快切断电源，其时间要求不大于图 3.6 曲线 L1 和 L2 的规定时间。固定式设备人手不能持握，除非接触电流过大，一般能立即摆脱与故障带电设备的接触，可在不超过 5s 的时间内切断电源。此 5s 时间的规定不是为防电击，而是为防接地故障电流持续时间过长，导致过大故障电流的热效应损坏线路绝缘。此时间也不宜过短，以免大功率设备起动时，大起动电流引起防护电器的误动作而导致不必要的断电。

6.4　哪些接地系统适宜采用自动切断电源防电击措施？

电源中性点直接接地，对供电不间断无特殊要求的 TN 和 TT 系统适宜采用自动切断电源的防电击措施。这类系统的接地故障电流较大，可简单地在回路上装用熔断器、断路器、RCD 等开关电器在发生第一次接地故障时及时切断电源，防止电击致死事故的发生。

电源中性点不接地或经高阻抗接地的 IT 系统通常不适宜采用自动切断电源措施。这种系统为保证供电的不间断不允许在发生第一次故障时就切断电源。因故障电流很小，不切断电源并不会引起危害，只需发出信号。它只是在第一次故障尚未排除又发生第二次故障时才需自动切断电源。

6.5　我国常用的自动切断电源防电击措施是否是最可靠的防电击措施？

IEC 规定有许多防电击措施，自动切断电源是最常用的防电击措施。现时最多用的电气设备是 I 类设备。对于 I 类设备、简单易行的防电击措施是用开关型防护电器自动切断电源，因此它成了最多用的防电击措施，但应注意它并非最可靠的措施。诸如熔断器、断路器、RCD 之类的开关型防护电器可能因种种原因拒动而不起防护作用。它在 TN 系统内不能防范沿 PE 线传导来的危险转移故障电压引发的电击事故，因此需尽可能地设置等电位联结来做附加防护，降低或消除电位差以弥补其不足。

第7章 TN系统的自动切断
电源防电击措施

7.1 请分析TN系统内发生接地故障时可能出现的电气灾害。

TN系统内发生接地故障时，其故障电流通过回路的PE线金属通路返回电源，故障电流幅值较大。可能有三种不同情况出现：一是故障处两个相接触的金属部分因通过大幅值故障电流熔化成团而缩回，从而脱离接触，接地故障自然消失而不引发事故；二是两金属部分虽脱离接触但却建立了大阻抗的电弧，相当大一部分的电压降落在电弧上，PE线上电压降形成的接触电压往往不足以引起电击事故，其电气危险常表现为接地电弧引燃起火；三是两金属部分熔化后焊牢，成为故障点阻抗可忽略不计的"死"故障。因故障电流大，过电流防护电器能迅速切断电源。但如果因故切断不及时，而PE线上大电流产生的大电压降形成的接触电压又超过接触电压限值，这时人体如触及带电的设备外露导电部分，就有可能导致间接接触电击事故。如果防护电器，例如熔断器被铁丝替换，断路器被短接，故障持续时间过长，回路导体产生的异常高温还将烤燃近旁可燃物而引起电气火灾。

7.2 在TN系统内，为防电击自动切断电源应满足的条件是什么？

在TN系统内选用的自动切断电源的防护电器和回路导体，应能满足在建筑物内发生接地故障时，在规定的时间内切断电源的要求。它可用下式表示

$$Z_s I_a \leq U_0 \tag{7.2}$$

式中 Z_s——故障回路阻抗，包括相线、PEN线、PE线和变压器（发电机）的阻抗（Ω）；

　　I_a——保证防护电器能在规定时间以内（在干燥和潮湿环境条件下，此时间分别为图3.6曲线L1和L2上的相应时间）动作的最小电流，它为断路器的瞬动电流或为熔断器熔体额定电流I_n的若干倍，即$I_a = K I_n$（A）；

　　U_0——相电压，即相线和中性线之间的标称电压（V）。

在发生故障点阻抗可忽略不计的接地故障后，故障电流I_d必须大于I_a才能使防护电器在规定时间内动作，即

$$I_d > I_a$$

而
$$I_d = \frac{U_0}{Z_s}$$

故
$$\frac{U_0}{Z_s} \geq I_a$$

从而得出式（7.2）。从式（7.2）可知在 TN 系统内发生上述接地故障时，电源的切断与低压系统接地的接地电阻的阻值大小无关。

7.3 请论证 TN 系统建筑物内作总等电位联结的降低接触电压效果远优于 PE 线的重复接地。

按我国习惯的做法，TN 系统在进线处设置接地极作重复接地似乎是必不可少的。但按 IEC 标准作总等电位联结后，这种做法的必要性已经不大了。重复接地是在建筑物低压电源进线处将电源端的系统接地重复做一次，以降低 PE 线的对地电位，从而降低发生接地故障时的接触电压。但做总等电位联结可以更多地降低接触电压，因此 IEC 标准并不要求人工的重复接地的设置，下文将对此作一分析。

图 7.3（a）为常用的 TN – C – S 系统，在电源进线箱处 PEN 线被分为 PE 线和 N 线，虚线所示为重复接地，点划线所示为总等电位联结。当没有做重复接地和总等电位联结时，如果发生图 7.3（a）所示的接地故障，故障电流 I_d 如图 7.3（b）等效图所示流经相线和 PE 线、PEN 线返回变压器低压绕组

$$I_d = \frac{U_0}{Z_s} = \frac{U_0}{Z_L + Z_{PE} + Z_{PEN}}$$

式中 Z_L、Z_{PE}、Z_{PEN}——相线、PE 线和 PEN 线阻抗。

变压器阻抗一般可忽略不计。假设人体阻抗为 Z_t，鞋袜和地板电阻为 R_s，变电所接地电阻为 R_B，因 $Z_t + R_s + R_B$ 总和以若干千欧计，而 $Z_{PE} + Z_{PEN}$ 总和以若干毫欧计，$Z_t + R_s + R_B$ 对 $Z_{PE} + Z_{PEN}$ 的分流可忽略不计，则施加于人体上的预期接触电压为

$$U_t = I_d (Z_{PE} + Z_{PEN}) \tag{7.3-1}$$

如果按图 7.3（a）虚线所示在电源进线处作重复接地，其接地电阻为 R_A，则其等效图如图 7.3（c）所示。从图可知 R_A 与 R_B 串联再与 Z_{PEN} 并联，也即 R_A 上的电压降为 Z_{PEN} 上电压降的分压，其值为 $I_d Z_{PEN} R_A / (R_A + R_B)$。做重复接地后，人体预期接触电压为 Z_{PE} 和 R_A 上电压降之和，即

$$U_t' = I_d Z_{PE} + I_d Z_{PEN} \frac{R_A}{R_A + R_B} \tag{7.3-2}$$

如按图 7.3（a）点划线所示作总等电位联结，PEN 线上的电压降已在等电位联结范围以外，对人体接触电压已不产生影响，只剩下 PE 线的电压降对人体

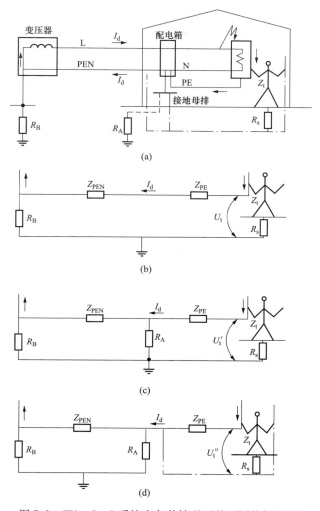

图 7.3　TN – C – S 系统在各种情况下的不同接触电压

（a）TN – C – S 系统建筑物内发生接地故障；（b）未做重复接地的接触电压；

（c）做重复接地后的接触电压；（d）做总电位联结后的接触电压

形成预期接触电压，其等效图如图 7.3（d）所示。做总电位联结后人体预期接触电压仅为

$$U_t'' = I_d Z_{PE} \qquad (7.3-3)$$

由式（7.3 – 1）和式（7.3 – 2）可知做重复接地后降低的预期接触电压为

$$U_t - U_t' = I_d Z_{PEN} \frac{R_B}{R_A + R_B} \qquad (7.3-4)$$

从式（7.3 – 1）和式（7.3 – 3）可知，做总电位联结后降低的预期接触电压为

$$U_t - U''_t = I_d Z_{PEN} \tag{7.3-5}$$

将式（7.3-4）和式（7.3-5）相除，并设 $R_A = 10\Omega$，$R_B = 4\Omega$，得

$$\frac{U_t - U''_t}{U_t - U'_t} = \frac{R_A + R_B}{R_B} = \frac{10 + 4}{4} = 3.5$$

它说明在这种情况下，就降低预期接触电压的数值而言，做总电位联结降低的值为做重复接地降低值的3.5倍，这充分证明做总等电位联结的效果远优于做重复接地。

在作总等电位联结后实际上已实现了 TN 系统 PE 线的重复接地，因与 PE 线联结的基础钢筋、金属管道、电缆金属外皮等本都是接地电阻低寿命长的自然接地极。

7.4　为什么220V TN 系统内手持式和移动式设备配电回路自动切断电源措施的允许最长切断时间在干燥环境条件下可统一规定为0.4s？

手持式和移动式设备因经常挪动，较易发生接地故障，而一旦发生故障时人手往往不能摆脱带故障电压的设备而使人体持续通过接触电流，为此其防护电器切断电源的时间不应超过图3.6曲线 L1 和曲线 L2 的相应时间值。计算各种情况下的接触电压是一项十分复杂费时的工作，为求简化，IEC 标准规定 TN 系统可不按接触电压而按电气装置的标称电压来确定一统一的允许最长切断电源的时间来防电击事故，其依据如下。

TN 系统内发生接地故障后的预期接触电压 U_t 值可依下式估算

$$U_t = U_0 c \frac{m}{m+1} \tag{7.4}$$

式中　c——与作有总等电位联结的建筑物电气装置的电源侧阻抗有关的系数，
　　　　　也即做总等电位联结后降低预期接触电压的系数，其值为0.6~1；
　　　　m——PE 线电阻与相线电阻的比值，也即其截面积比值的倒数，其值为
　　　　　1~3，按理 m 值应取阻抗的比值，IEC 考虑电线穿管回路和电缆回路
　　　　　中的相线和 PE 线十分靠近，与电阻相比，特别是截面积为95mm^2 及
　　　　　以下截面积的回路，电感可忽略不计，因此 m 值只取电阻的比值。

通常情况下 c 取为0.8，m 取为1，代入式（7.4）得

$$U_t = 220 \times 0.8 \times \frac{1}{1+1} = 88V$$

查图3.6的曲线 L1 得干燥环境条件下允许最长切断电源时间 t 为0.45s。按有关 IEC 电压等级标准，国际上现时通用的标准标称电压为230V 而非220V，故 IEC 取 t 值为0.4s。为与国际标准接轨我国迟早要将220V 标称电压改为230V。为使我国有关规范与 IEC 标准相一致，也取此时间值为0.4s。当标称电压为220V

时，此值略偏保守。

$t = 0.4$ s 系对正常的干燥环境而言，若为潮湿环境需查图 3.6 的曲线 L2，得 $t = 0.25$ s，但 IEC 标准对此类潮湿环境的 t 值未作出统一的规定。当相电压不为 230V 而为 127V、277V、400V 及大于 400V 时，IEC 标准规定干燥环境条件下的 t 值分别为 0.8s、0.4s、0.2s 及 0.1s。

7.5 在 TN 系统内应采用哪些防护电器来防电击？

在 TN 系统内应采用过电流防护电器或 RCD 来防电击。

当 TN 系统内发生故障点焊"死"的接地故障时，电击危险很大，但这时故障电流也很大，可兼用熔断器、断路器等防过电流的开关电器来切断电源，以简化设计和节约投资，这是 TN 系统的一个优点。其切断时间需分别满足固定式设备和手持式、移动式设备 $t = 5$ s 和 $t = 0.4$ s 的要求。如果采用熔断器作电击防护，接地故障电流 I_d 与熔体额定电流的倍数宜不小于表 7.5 所列值。

表 7.5　　　　　　　TN 系统内采用熔断器防电击的 I_d/I_n 值

I_d/I_n　　熔体额定电流 I_n/A　　切断电源时间 t/s	4 ~ 10	16 ~ 32	40 ~ 63	80 ~ 200	250 ~ 500
≤5	4.5	5		6	7
≤0.4	8	9	10	11	—

如果采用断路器作防电击电器，不论要求 $t \leqslant 5$ s 或 $t \leqslant 0.4$ s 都需借其瞬时动作的电磁脱扣器来切断电源。考虑我国产品制造 ± 20% 的误差和电网电压 ± 10% 偏差等因素后，接地故障电流 I_d 与瞬时动作整定电流 I_a 的倍数 I_d/I_a 应不小于 1.3，以确保电击防护的有效性。

与过电流防护电器相比，RCD 对接地故障引起的电击事故的防范具有很高的动作灵敏度，但在 TN 系统有 PEN 线的回路内 RCD 将不能动作，这时只能装用过电流防护电器来防电击。如需装用 RCD，则必须在 RCD 的电源侧将 PE 线自 PEN 线引出接设备外壳，以使 RCD 能有效动作。换言之，必须采用 TN – C – S 系统。

7.6 在 TN 系统中，PE 线和中性线有时因带危险对地电压而引发电气事故，原因何在？如何消除这种电气危险？

在 TN 系统中，如果任一相发生接大地故障，例如裸架空线的相线坠落（未中断）在与大地接触的金属构件上或水塘里，如图 7.6 所示，电源星形结点、中性线、PEN 线、PE 线以及电气装置的外露导电部分都将带对地故障电压 $U_f = I_d R_B$，它被称作转移故障电压 transfer fault voltage。在没有等电位联结作用的正

常干燥场所，如果 U_f 超过 50V 就有发生电击事故的危险。为避免这一危险，

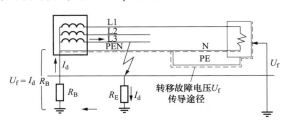

图 7.6　TN 系统内一相接大地时所有设备
外露导电部分都带转移故障电压

IEC 标准规定需满足下式的要求

$$\frac{R_B}{R_E} \leqslant \frac{50}{U_0 - 50}$$

(7.6 - 1)

式中　R_B——TN 系统中系统接地和与其并联的接地极的接地电阻（Ω）；

R_E——故障电流不是通过 PE（PEN）线而是通过大地返回电源的接地故障的故障点的最小接触电阻（Ω）；

U_0——回路对地交流方均根值标称电压（V）。

对式（7.6-1）可作如下理解，为使图 7.6 中 PE 线和设备外露导电部分对地故障电压不超过 50V，应使

$$U_f = I_d R_B \leqslant 50V \qquad (7.6 - 2)$$

而

$$I_d = \frac{U_0}{R_B + R_E}$$

代入式（7.6-2）得

$$\frac{U_0}{R_B + R_E} R_B \leqslant 50V$$

略加推导即可得出 IEC 标准要求满足式（7.6-1）。

以 $U_0 = 220V$ 代入式（7.6-1），可得 U_f 小于 50V 的条件为

$$R_B \leqslant 0.29 R_E$$

在没有等电位联结作用的潮湿场所，接触电压限值不是 50V 而是 25V，因此需满足下式要求

$$\frac{R_B}{R_E} \leqslant \frac{25}{U_0 - 25} \qquad (7.6 - 3)$$

依此式计算，U_f 小于 25V 的条件为

$$R_B \leqslant 0.13 R_E$$

因 R_E 是个随机值，难以对 R_B 值规定一安全限值。但有一点可以肯定，为降低转移故障电压，在可能条件下 R_B 值应尽量减少，为此应尽量降低变电所低压星形结点的接地电阻 R_B，并尽量在 TN 系统的 PEN 线和 PE 线上利用自然接地极作系统接地的重复接地与其并联以减小 R_B 值，例如利用总等电位联结的自然接地极。一些发达国家认为打人工接地极时 $R_B \leqslant 2\Omega$ 通常是不难做到的，我国取

R_B 为 4Ω 是偏大和不安全的。

当满足式（7.6 – 1）或式（7.6 – 3）要求后，可不必采用问答 7.9 或 7.10 所述的因 PE 线传导故障电压而采取的防电击措施。对于 TN 系统此两式非常重要。

7.7　当一个 TN 系统给一个建筑物供电时，系统内某处发生相线接大地故障，建筑物户外部分使用电动工具的人被电击致死，而建筑物内使用同一种工具的人却安然无恙，为什么？

不论是 TN – S 系统还是 TN – C – S 系统，当同一变电所供电范围内任一处发生不与 PE 线或 PEN 线相连通的接地故障时，由于变压器星形结点电位的升高，转移故障电压将延 PE 线或 PEN 线传导蔓延，可能在该供电范围内无等电位联结场所引起电击事故。如图 7.7 所示，建筑物由低压架空线路供电，因相线落入水塘而发生接地故障。受图 7.7 中变电所接地电阻 R_B 和故障点接地电阻 R_E 的限制，接地故障电流不大，假设为 20A，它不足以使变电所出线过电流防护电器切断电源。设 $R_B = 4\Omega$，则 R_B 上的持续电压降，即 PEN 线以及与其连接的 PE 线、中性线上的转移故障电压 $U_f = I_d R_B = 20 \times 4 = 80V$。当此 U_f 沿 PE 线传导到建筑物内所有外露导电部分上时，由于总等电位联结的作用，建筑物内电气装置外露导电部分和装置外导电部分都处于同一电位水平上。虽然整个建筑物对地电位升高至 $U_f = 80V$，建筑物内却不出现电位差，无由发生电击事故。但该电气装置的户外部分并不具备等电位联结作用，图 7.7 中户外的一台设备因 PE 线传导电位而带 $U_f = 80V$ 的故障电压，人站立的地面的电位却仍为 0V，接触此设备的人员不可避免地将遭受电击，即使回路上安装了 RCD 对转移故障电压的危害也无能为力。

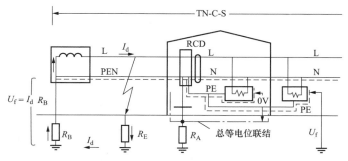

图 7.7　TN 系统沿 PEN 线、PE 线传导来的故障电压可在无总等电位联结作用的户外引起电击事故

7.8　建筑物户外需使用一些功率较小的电气设备，如何防止问答 7.7 论及的沿 TN 系统 PE 线传导来的转移故障电压电击伤人事故？

可在户外选用Ⅱ类电气设备。如问答 5.5 所述，这类设备具有双重绝缘或加强绝缘，不可能因绝缘损坏而发生接地故障，它也不必采用连接 PE 线的自动切断电源防电击措施。既然不接 PE 线，自然不会发生沿 PE 线传导转移故障电压引发的电击事故。

7.9 在问答 7.8 中，户外使用的设备中有一台设备只有 I 类设备可供选用，则这台设备又当如何处理？

如果不能满足式（7.6 – 3）的要求，这台 I 类设备可采用隔离变压器作保护分隔来供电。隔离变压器是绕组间或绕组与地间具有双重绝缘或加强绝缘的高度绝缘水平（相对地电压不大于 250V 时需通过工频 3750V 持续 1min 的耐压试验）或绕组间具有接地的屏蔽层的变压器，其变比通常为 1:1。这种变压器的一、二次回路在电气上可以做到完全的保护分隔。因此在 TN 系统的无总等电位联结作用区内，可利用它来分隔沿 PEN 线和 PE 线传导来的故障电压。在图 7.9 中，TN – C – S 系统因发生接地故障使 PEN 线和 PE 线带转移故障电压 U_f，回路首端的过电流防护电器因故障电流小而不动作，使 U_f 持续存在。图中户外无总等电位联结作用区内的设备 A 因此也带此故障电压，存在电击伤人的危险。在同一区内，设备 B 经一隔离变压器供电，变压器二次回路带电导体是不接地的，设备 B 的金属外壳也是不与 PE 线连接而不接地的。从图 7.9 可知，经隔离变压器供电后，切断了转移故障电压 U_f 传导至设备 B 金属外壳的路径，从而防止了这种电击事故的发生。这种经隔离变压器供电的防电击措施被 IEC 称作保护分隔。它也可有效防范设备本身故障引起的电击事故，详见问答 10.3。

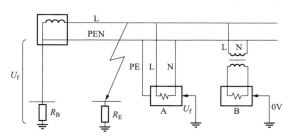

图 7.9 用隔离变压器分隔沿 PEN 线、PE 线传导来的故障电压

7.10 在问答 7.8 中，如果户外电气设备为庭园灯或路灯，其总功率较大而布置又分散，不适宜用隔离变压器供电，对此又当如何处理？

如不能满足式 7.6 – 1 或 7.6 – 3 要求，对此类电气设备可采用局部 TT 系统供电。如图 7.10 所示，在建筑物外无总等电位联结作用的户外部分不接前面的 TN 系统的 PE 线而另设置独立的接地极，并引出另一保护接地线（图 7.10 中的 PE′线）来做这部分电气装置的保护接地。从图 7.10 可知电源线路上的转移故障电压将无由传导至户外的设备外壳上，电击事故自然无从发生。此保护接地 R'_A 和电源端的系统接地 R_B 相距 10m 以上，在电气上基本无联系，故它被称作局部 TT 系统。此局部 TT 系统内发生接地故障时，故障电流受接地电阻 R_A' 和 R_B 的限制，其值不大，难以用熔断器和断路器来切断电源。为此在此回路的始点应装设 RCD，以保证在该回路发生接地故障时有效切断电源。也正由于此 RCD 能迅速切断电源，在局部 TT 系统内发生故障时，R_B 上产生的瞬间电压降不会在 TN 系统内引发电击事故。因此由于 RCD 的装用，在同一变压器供电的范围内 TN 系统和 TT 系统可以兼容而混用。应注意，户外局部 TT 系统不具备等电位联结作用，接触电压较高，其自动切断电源的时间应不大于 0.2s。

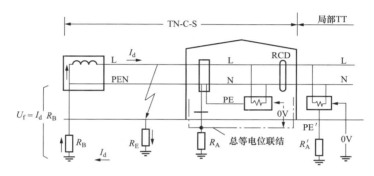

图 7.10　建立局部 TT 系统防范电击事故

需要说明，如果户外电气设备为金属杆或钢筋混凝土杆的庭园灯或路灯，其地下杆基部分的接地电阻往往可以满足 RCD 有效动作的要求，即将杆基用作自然的保护接地的接地极，不必另打人工接地极。当然这需通过现场测试来确定。

7.11　某高层建筑内，洗衣机因绝缘损坏，外壳带故障电压，使用人虽遭电击但能迅速摆脱而未致死，但旁边使用手电钻的人却电击致死，为什么？如何防止这种事故？

手持式设备、移动式设备和固定式设备、配电回路在发生接地故障时，对切断电源的时间要求是不同的。在 TN 系统内前两者要求不大于 0.4s，后两者要求不大于 5s。如果这两类设备的供电回路从同一配电箱或配电回路引出，可能因切断时间的差异而引起电击事故。现以图 7.11 为例作一分析。图中所示为一个高层建筑中的电气装置。其底层内有电源进线配电箱和总等电位联结用的接地母排 MEB。顶层的末端配电箱引出回路分别供电给手持式设备 H 和固定式设备 M。当设备 M 发生接地故障时，故障电流 I_d 经 a - b - c 一段 PE 线返回电源。因使用固定设备的人可摆脱固定设备可免于一死，但持握无故障的手持式设备的人却被电击致死。下文对此种事故试作分析。手持式设备的电位为 b 点的电位，通过结构钢筋的导通人站立的地面的 d 点的电位即为 c 点的电位，而 b − c 线段很长，TN 系统接地故障电流 I_d 较大，其上的故障电压降 $I_d Z_{b-c}$ 大大超过

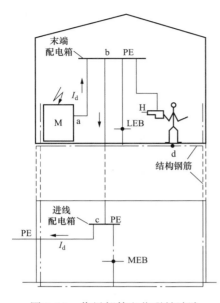

图 7.11 作局部等电位联结消除
TN 系统回路切断时间
不同引起的电击危险

50V，这一电压降正是通过 PE 线和导电地面在人的一手和两脚上施加的危险接触电压，使人体遭受电击。而有故障的固定式设备 M 的切断电源时间可长达 5s，它不能瞬时切断电源使使用手持式设备 H 的人免于死亡。虽然手持式设备回路上装有 RCD，但此回路本身并未发生接地故障，RCD 不动作。在此过高的接触电压和过长的人体通电时间作用下，使用手持式设备的人将因受电击且不能摆脱设备而招致死亡。

防范 TN 系统这类电击事故有几种措施可供选择。

一种措施是放大线路截面，以减小线段 b-c 的阻抗 Z_{b-c}，使其上的故障电压降小于 50V，以公式表示为

$$Z_{b-c} \leqslant \frac{50}{U_0} Z_s$$

式中 Z_s、U_0——接地故障回路的阻抗和相线对地标称电压。

另一种措施是在固定设备 M 的供电回路上加装 RCD，以保证在 0.4s 时间内切断电源。这两种措施都有其缺点而不实用。IEC 推荐采用的措施是在此楼层内作前述的局部等电位联结，如图 7.11 中点划线所示。图 7.11 中 LEB 为局部等电位联结的接线端子母排。做局部等电位联结后固定式设备上的预期接触电压仅为 a-b 一小段 PE 线上的电压降 $I_d Z_{a-b}$，而使用手持式设备的人的手足的电位都是 b 点的电位，预期接触电压几乎为 0V，不存在电击危险。

从图 7.11 还可知，此楼层作局部等电位联结后固定设备 M 的接触电压也大幅度地降低，从 $I_d Z_{a-b-c}$ 降为 $I_d Z_{a-b}$。

局部等电位联结可大大减少电击事故，还可有效减少雷害对人身和信息设备的伤害和干扰，而所增加的不过是寥寥几根不需复杂维护管理工作的联结线，因此在一些发达国家常在高层建筑的每一层楼做一次局部等电位联结。

7.12 **为简化防电击措施，在 TN 系统内用过电流防护电器兼防电击。但有时过电流防护电器虽然动作，却不能使被电击人免于死亡，是何原因？如何改进？**

在 TN 系统内，当采用熔断器、断路器等过电流防护电器兼作间接接触电击

防护时，如该电器动作时间不能满足图 3.6 所示时间的要求，使用手持设备的受电击人仍有因心室纤颤而死亡的危险。现试举图 7.12 所示的例子。图中末端回路用电设备发生接地故障，该设备距建筑物进线箱甚远，接地故障回路阻抗甚大，发生接地故障时 PE 线上全长所产生的电压降，也即设备处的预期接触电压，超过了其限值 50V。又由于回路阻抗大、故障电流不够大，末端配电箱上的过电流防护电器（断路器、熔断器）不能在规定时间内切断电源，这时人体若同时触及故障设备和其旁带地电位的水管就有遭受电击致死的危险。消除这一危险有多种方案可供选择，例如可加大导线截面积以增大故障电流，缩短切断电源时间，也可装用 RCD 迅速切断电源等。但最经济有效的方法是用短短的一根联结线，如图 7.12 中虚线所示将设备和水管进行联结，使两者的电位同时升高至同一电位水平上。由于不存在电位差，即使切断电源时间超过规定值，电击事故也无由发生。这一根短导线所实现的 2.5m 伸臂范围内的两导电部分间的等电位联结被称作辅助等电位联结。

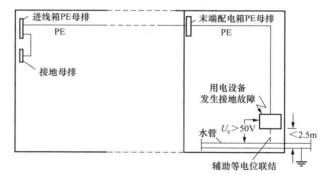

图 7.12　采用辅助等电位联结和局部等电位联结措施防间接接触电击

　　如果图 7.12 所示场所内有多台设备和多种金属管道结构，如都按上述做法作许多辅助等电位联结将十分烦琐。这时可按总等电位联结的做法在末端配电箱（或分配电箱）近旁设一端子板，用几根联结线将此局部场所内的 PE 线和各种金属管道结构互相联结，这时寥寥几根联结线就可将此局部场所内任一设备故障时的接触电压限制到接触电压限值以下，使电击致死事故无由发生。它还可消除沿 PE 线或金属管道结构从别处传导来的转移故障电压引起的危险电位差，完全避免因电位传导引起的电击危险。这种在局部场所的小范围内作等电位联结的防电击措施也即问答 7.11 所述的局部等电位联结。它被称作当自动切断电源故障防护失效时的附加防护。

7.13 这些年来我国一些城镇发生多起"电楼"现象，即楼内的电气设备麻电，浴室内沐浴人被电死。请对此"电楼"现象作一分析。

明白问答7.7和图7.7后就不难分析这种"电楼"现象。一TN系统某处如果发生接大地故障而使PEN线、PE线带转移故障电压U_f进入无等电位联结的楼房，将使楼房内电气设备都带U_f电压。如果U_f仅二三十伏，在干燥的卧室、客厅内人体仅有麻电感。而对于浑身湿透的躯体，阻抗大大下降的沐浴人，此二三十伏电压却可致人死命。即使将电源总开关切断，也只能切断相线和中性线，不能切断PE线，无从消除此"电楼"现象。一些居民无奈，只得迁出此"电楼"。其实大可不必迁走，只需按问答7.7在楼内实施总等电位联结，使全楼升高至同一电位，消除楼内的电位差，完全可杜绝"电楼"现象的发生。需知道电击危险不在全楼电位的升高，而在楼内出现的电位差。还需知道在低压系统内是不考虑因楼内电位的升高而导致的楼内外间的跨步电压的。

7.14 一些旧楼都未作总等电位联结，都从同一TN系统供电，为什么有的楼成了"电楼"，有的楼却没有？

旧楼内虽未作总等电位联结，但地下和墙内各种金属结构管道间自然的接触形成了自然的总等电位联结。它也能消除"电楼"现象，但并非绝对可靠。不是所有的旧楼都具有这种自然的总电位联结，自然接触不良未形成总等电位联结的旧楼就不幸成为"电楼"了。

7.15 从我国的"电楼"现象可得到什么启迪？

我国出现"电楼"现象的TN系统旧楼内都按我国规范做了重复接地，但未能防止"电楼"现象的发生。这是因为重复接地不具有等电位联结的效果。这从一个侧面说明为什么IEC和发达国家不要求打接地极作重复接地而只要求作总等电位联结。在发达国家未设置总等电位联结的新建筑物，供电公司是不予供电的。

7.16 我国某住宅小区曾发生移动门电死一个小孩的事故，事后却未测出该移动门所带的危险电压。请分析此事故的起因。

该小区移动门处装有录像机，录下了这起事故的全过程。录像内一个小孩蹦蹦跳跳地回家。经过移动门时，不经心地用手抓了下移动门。录像显示小孩瞬间被电击致死。但事后未测出移动门带有超过50V的危险电压。

根据录像可作如下推测和分析，给小区供电的TN系统内某回路发生相线接大地故障，转移故障电压经TN系统的PE线传导至金属移动门上。因故障电流不大，回路断路器未瞬动跳闸而是长延时跳闸。小孩恰在此长延时时间内抓及移动门，门上的危险电压使小孩电击身亡。当回路断路器经长延时跳闸后，移动门上危险电压消失，事故原因也就难以查明了。这起事故充分说明无等电位联结作用的户外电气装置的电击危险性。我国已一再发生移动门电死门卫的事故。

7.17 某高楼在打雷时第九层一位使用吸尘器的人被电死，尸体上有黑点，该人死因是吸尘器故障还是雷击？

因吸尘器是双层绝缘的 Ⅱ 类设备，其手柄是绝缘的，且不接 PE 线，不需自动切断电源防电击。不可能发生因设备绝缘损坏或因 PE 线传导故障电压而引起电击事故。高层建筑上设有外部防雷装置，其引下线每米约有 $1\mu H$ 的电感。通过强大雷电冲击电流时引下线上将产生 Ldi/dt 的高电位，从而引发对楼内的雷电高电位跳击事故。因此 IEC 要求对于高层建筑的防雷引下线自地面起（包括地面）每隔 20m 须与建筑物内电气装置作一次等电位联结，以防引下线上的高电位对楼内的跳击。看来该高层建筑未实施这一等电位联结措施，导致这次的雷电引起的电击事故。

第8章 TT系统的自动切断电源防电击措施

8.1 在TT系统内，为防电击自动切断电源应满足的条件是什么？

TT系统内发生接地故障时，其故障回路内除部分是金属导体外，还串联有电源侧的系统接地 R_B 和电气装置外露导电部分的保护接地 R_A 两个接地电阻，

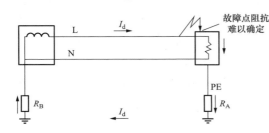

图 8.1 TT系统内的
接地故障电流 I_d 较小

如图 8.1 所示。其故障回路阻抗较 TN 系统的故障阻抗大，故障电流相对较小。在大多数情况下其故障点不易熔焊，故障点阻抗难以确定，故障回路阻抗也因此难以在设计时确定。就防电击而言，重要的是保护接地的接地电阻 R_A 和自接地极引至电气装置外露导电部分一段 PE 线上的电压降，因

为它是施加于人体的预期接触电压。在一般干燥场所当此电压超过预期接触电压限值 50V 时，防护电器必须及时切断电源以防止电击事故的发生。

为满足预期接触电压超过 50V 时防护电器能及时切断电源的要求，故障电流 I_d 应大于防护电器在规定时间内切断电源的可靠动作电流，即

$$I_d = \frac{50}{R_A} \geqslant I_a$$

或 $$R_A I_a \leqslant 50V \qquad (8.1)$$

式中 R_A——接地极电阻和自接地极接至外露导电部分的 PE 线电阻之和（Ω）；

I_a——使保护电器在规定时间内可靠动作的电流（A），当采用 RCD 时，I_a 为 RCD 的额定动作电流 $I_{\Delta n}$。

切断电源的规定时间对固定式设备和配电线路为 5s，在干燥环境内对手持式和移动式设备为图 3.6 中曲线 L1 的相应时间值。

8.2 在TT系统内应采用哪些防护电器来防电击？

在TT系统内应采用下列自动切断电源的防护电器：

（1）RCD，这是在 TT 系统内推荐采用的防电击电器。

（2）过电流防护电器。

为采用过电流防护电器设置很低接地电阻值的接地极，以满足式（8.1）的要求通常是很困难的，例如采用 20A 的熔断器防电击，接地电阻要求不大于 0.7Ω，采用 32A 断路器防电击，则不大于 0.5Ω。如此低的接地电阻值在施工中是难以实现的。为此在 TT 系统内推荐采用 RCD 防电击。采用 RCD 后对接地电阻的要求可放宽很多，例如常用的额定动作电流 $I_{\Delta n}$ 为 30mA 的高灵敏度 RCD，按式（8.1）计算，R_A 的电阻值可为 1666Ω；装在大建筑物内进线处的剩余电流监测器 RCM（见问答 12.12），如果 $I_{\Delta n}$ 为 1A，R_A 也不过 50Ω，这都是很容易实现的。

8.3　请说明总等电位联结在 TT 系统内的防电击的作用。

在 TT 系统建筑物电气装置内做总等电位联结后，其预期接触电压将比 TN 系统更大幅度地下降。图 8.3 中建筑物电气装置开始时只设置了 TT 系统的单独接地（图中的 R_A），未作图中点划线所示的总等电位联结。发生图 8.3 所示相线碰外壳接地故障时其预期接触电压 U_t 为故障电流 I_d 在接地电阻 R_A 和 PE 线上的电压降，即

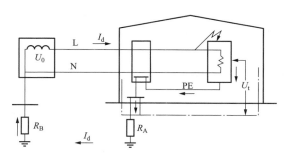

图 8.3　总等电位联结大幅度地降低 TT 系统的预期接触电压

$$U_t = I_d(R_A + Z_{PE}) = \frac{U_0}{R_A + Z_{PE} + R_B + Z_L + Z_f}(R_A + Z_{PE}) \quad (8.3-1)$$

式中　Z_f——故障点阻抗（Ω）。

在设置点划线所示的总等位电联结后，R_A 位于总等电位联结以外，预期接触电压将降低为

$$U_t' = \frac{U_0 Z_{PE}}{R_A + Z_{PE} + R_B + Z_L + Z_f} \quad (8.3-2)$$

从式（8.3-1）和式（8.3-2）可知做总等电位联结后预期接触电压下降百分数为

$$\frac{U_t - U_t'}{U_t} \times 100\% = \frac{R_A}{R_A + Z_{PE}} \times 100\% \quad (8.3-3)$$

试设 $R_A = 4\Omega$，$Z_{PE} = 0.5\Omega$ 代入式（8.3 - 3），得下降百分数为

$$\frac{4}{4 + 0.5} \times 100\% = 89\%$$

TT 系统内总等电位联结降低预期接触电压的效果十分明显，并为我国实测所证实。

TT 系统设备外壳的保护接地（图 8.3 中的 R_A）是用与电源端中性线系统接地（图 8.3 中的 R_B）无关连的单独接地极来实现的，它不依赖总等电位联结来防范沿 PE 线传导来的转移故障电压引起的电击事故，但需防治装置外导电部分传导来的转移故障电压危害。

8.4 TT 系统的中性线在电源进线处是否也应像 TN 系统的 PEN 线那样做重复接地？

否。TT 系统的中性线除在电源端做一次系统接地外，为避免产生杂散电流不得再接地。但我国有些地区供电部门却要求 TT 系统的用户除设置单独的保护接地外，还要求将电源进线处的中性线做重复接地，认为这样做可以避免中性线折断后，三相负载不平衡引起的三相电压不平衡烧坏单相设备事故。实际上，这一做法是错误的。TT 系统的中性线如果重复接地，部分中性线上的负载电流将经大地返回电源而成为杂散电流。这一杂散电流将引起种种不良后果，例如它能使回路首端的 RCD 误动，如图 8.4 - 1 中所示的 I''。所以在 TT 系统中性线重复接地的供电线路上是不能装设 RCD 用以在发生接地故障时切断电源或报警

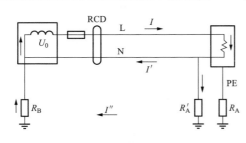

图 8.4 - 1　TT 系统中性线
重复接地引起杂散电流

的。而供电线路对接地故障不加防护往往是一些电气事故的起因。在图 8.4 - 1 中，接地电阻 $R'_A + R_B$ 以若干欧计，而中性线阻抗 Z_N 则以若干毫欧计，两者的阻抗值相差悬殊，所以用 $R'_A + R_B$ 来代替断裂的中性线来矫正三相电压不平衡，其作用是很有限的，并不能避免烧坏设备事故，只是烧坏设备的时间延长一些而已，这将在问答

16.4 中予以说明。而在建筑物和地下管道稠密地区为每一用户设置两个电气上互不影响的接地极是十分困难的。由于电源侧故障时 R_A 和 R'_A 间地电位的互相影响，因电源侧相线接大地故障而产生的电源侧故障电压将部分地传导至设备外壳上，如图 8.4 - 2 所示。最后实现的将是名义上的 TT 系统，实质上的 TN 系统。这一做法效果有限，问题却不少。根据发达国家经验，防止中性线折断（即"断零"）引起烧设备事故，切实有效的途径只有采取提高中性线的机械强

度，例如加大截面积，加强线路的机械保护，少用四极开关和提高导线的连接质量等措施，确保中性线的不折断。详见问答 16.6。

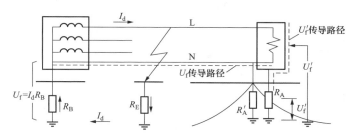

图 8.4－2　TT 系统中性线错误地重复接地，
电气设备外壳呈现电源侧的故障电压

8.5　当 TT 系统采用过电流防护电器防电击时应如何设置？

当 TT 系统接地故障回路的阻抗 Z_S 很小时，可不用 RCD 而用熔断器断路器等过电流防护电器来防电击。这时类似 TN 系统需满足下式要求：

$$Z_S I_a \leqslant U_0 \tag{8.5}$$

式中　Z_S——包括如图 8.1 所示的 I_d 所通过的诸阻抗（Ω）；

　　　I_a——过电流防护电器在规定时间内动作的有效动作电流，在 220/380V 系统内，此规定时间对于末端回路为表 8.1 所列值，因 TT 系统多用于无等电位联结的户外，IEC 取为 0.2s，对于配电回路为不大于 1s；

　　　U_0——回路标称电压。

8.6　为什么 TT 系统的过电压水平和共模电压干扰水平都较 TN 系统为高？

TT 系统内 PE 线的地电位取自零电位的大地，而 TN 系统 PE 线的地电位则取自非零电位的电源星形结点的电位，而电源星形结点对地是带有一定电位的，所以 TT 系统的过电压水平和共模电压干扰水平高于 TN 系统。为此 TN－S 系统较之 TT 系统更适用于怕高电压差产生电火引爆的爆炸危险场所以及怕共模电压干扰的信息技术系统电气装置。

8.7　发达国家对农业用电等无等电位联结作用的户外电气装置一般采用以 RCD 作接地故障防护的 TT 系统配电，对接地电阻的要求不高。请问它们接地电阻的取值为多少？

诚然，发达国家对农电等无等电位联结作用的户外电气装置一般都采用 TT 系统配电，而且都装用 RCD 防接地故障引起的事故。由于 RCD 具有很高的动作灵敏度，它对保护接地 R_A 的阻值要求不高。另外，农电电气设备多分散单独作保护接地，不像 TN 系统那样所有 PE 线是连通的并和电源星形结点（中性点）连通，像 TN 系统那样沿 PE 线传导转移故障电压，所以它对系统接地 R_B 的要求也不高。因此，当一个变电所所供全为 TT 系统用户时，有的发达国家的 R_A 值和 R_B 值可分别高达 30Ω 和 50Ω，这可大大节约人力物力。反观我国有关电气规范，不区分 TT 系统和 TN 系统的不同，将诸如农业用电的 TT 系统 R_A 值和 R_B 值一概和 TN 系统一样定为 10Ω 和 $4\sim10\Omega$。造成大量浪费，这也从一个侧面反映我国建筑电气技术的落后。

8.8 如果一个变电所用埋地铠装电缆以 TT 系统给用户供电，其铠装是否需在两端和系统接地 R_B 和保护接地 R_A 都连接而接地？

否。埋地电缆的铠装是很好的自然接地极，它应和变电所系统接地 R_B 相连接，以大大降低 R_B 值。这对电气安全大有裨益［见式（7.6 – 1）及式（7.6 – 3）］。由于 RCD 的装用，TT 系统对保护接地 R_A 阻值要求则不高。如果该铠装电缆两端都接地，R_A 和 R_B 被连通，TT 系统将成为 TN 系统，将失去采用 TT 系统的沿 PE 线传导转移故障电压危险小的优点。

8.9 为什么 IEC 要求 TT 系统内一 RCD 所保护的设备应共用接地？

这是出于对两个故障的考虑，如图 8.9 – 1 所示，一 RCD 所保护的诸设备为单独接地。如果设备 A 不是相线而是中性线先发生接地故障，因中性线对地几为零伏，RCD 不动作，此故障将持续存在。其后设备 B 如果再发生相线接地故障，故障电流 I_d 的一部分 I_{d1} 经 R_B 返回电源，另一部分 I_{d2} 则经中性线返回电源，它抵消了 RCD 内部分 I_d，RCD 可能因此拒动。这时设备 A 和设备 B 将持续带故障电压 $U_f = I_d R_A$ 而引发电击事故。如果如图 8.9 – 2 共用接地，则 I_d 全为金属性通路，I_d 值甚大。RCD 虽然仍拒动，但熔断器可瞬即动作，消除了电击危险。

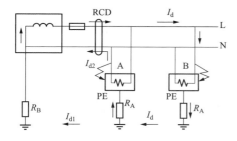

图 8.9 – 1 TT 系统回路内单独接地

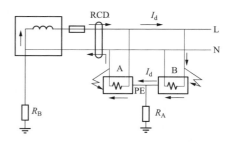

图 8.9 – 2 TT 系统回路内共用接地

第9章 IT系统的自动切断电源防电击措施

9.1 IT系统是否必要在发生第一次接地故障时就自动切断电源？

IT系统没有必要在发生第一次接地故障时就切断电源。因为IT系统在电源端不接地，或经高阻抗接地。当系统内发生第一次接地故障时故障电流没有直接返回电源的通路，只能通过另外两个非故障相导体对地的电容返回电源。由于容抗甚大，电容电流甚小，不引发电击危险，可只报警而不需切断电源，以维持供电的不间断，保证重要设备的连续供电。只有在发生第二次接地故障转变成相间短路时才切断电源。它与电源端直接接地的TN系统和TT系统有很大的不同。

9.2 IT系统在发生第一次接地故障时如果只作用于报警，这时需满足的条件是什么？

在正常环境条件下，IT系统发生第一次接地故障时既不切断电源，又不发生电击事故，只作用于报警，为此需满足下式要求

$$R_A I_d \leqslant 50V \tag{9.2}$$

式中　R_A——外露导电部分接地极的接地电阻（Ω）；

　　　I_d——发生第一次接地故障时，相线和外露导电部分间阻抗可忽略不计的故障电流，此电流计及正常时的泄漏电流和电气装置全部接地阻抗的影响。

在IT系统中需装设一绝缘监测器来检测接地故障，此绝缘监测器可通过一继电器作用于发出声、光信号。并在尽量短的时间内排除第一次接地故障以维持供电的不间断。如果第一次接地故障未排除又发生第二次接地故障，则需视具体情况按TN系统或TT系统的方式来切断电源。

绝缘监测器（insulation monitor device，简称IMD）可装在三根相线和地间，也可装设在电源星形结点和地间（图中未表示）。为了提高供电不间断性，通常不等发生第一次接地故障而是在电气装置绝缘水平降低到整定值时即发出报警信号，以便及早消除绝缘隐患。因IT系统投入使用后接用了大量用电设备，其对地绝缘电阻远较交接验收未接用设备时大大降低。这一整定值只需小于IT系统最大负载无故障运作时的对地绝缘电阻即可，其值一般小于100kΩ。例如，轮船IT系统通常取为20kΩ，局部医疗IT系统则为50kΩ均远小于本书问答

23.7 表 23.7 中所列初检时以 MΩ 计的绝缘电阻值。

9.3 如何估算问答 9.2 中式（9.2）内 IT 系统第一次接地故障的故障电流 I_d？

IT 系统第一次接地故障的故障回路阻抗主要为非故障相回路导体与地间的容抗 X_C 和外露导电部分保护接地的接地电阻 R_A，如图 9.3 所示。但 $X_C \gg R_A$，所以故障电流 I_d 主要取决于导体对地电容的容抗 X_C。从图 9.3 不难得出 IT 系统第一次接地故障的故障电流为

单相交流回路 $\qquad\qquad\qquad I_d = 2\pi f\, UC$

三相交流回路 $\qquad\qquad\qquad I_d = 2\sqrt{3}\,\pi f\, UC$

式中 　C——非故障相带电导体的对地电容（F）；

　　　U——单相时为回路标称电压，三相时为相间标称电压（V）；

　　　f——系统标称频率（Hz）。

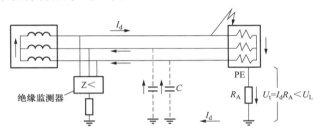

图 9.3　IT 系统第一次接地故障时故障电流走向

9.4 为什么有的 IT 系统的电源中性点需经一阻抗接地？此阻抗值又如何确定？

为了降低或衰减可能出现的过电压或谐振，有时需将电源端星形结点串

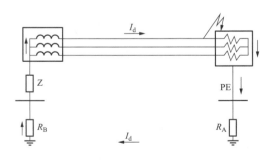

图 9.4　IT 系统经阻抗 Z 接地

接一阻抗 Z 后再接地，如图 9.4 所示。这时故障电流 I_d 有一经此阻抗 Z 返回电源的通路。因 $Z \gg R_A + R_B$，故障电流 I_d 的幅值取决于阻抗 Z。Z 值的确定需能防止过电压或谐振的发生，同时还应满足式（9.2）的要求。需注意 Z 值不宜过小，以避免第一次故障排除前过大的长时间持续流通的故障电流 I_d 引起 PE 线和接地极 R_A、R_B 的过热。一般情况下 Z 值约取为电气装置标称相电压的 5 倍，例如装置标称相电压为 220V 时，Z 值可取为约 1000Ω。

9.5　为什么 IEC 标准强烈建议 IT 系统不配出中性线?

IT 系统如果配出中性线，可直接取得单相电气设备的 220V 电源，但也带来许多麻烦问题。例如：

（1）如图 9.5－1 所示，当配出中性线的 IT 系统中的一相接地时，另两相对地电压将升高为 380V，中性线对地电压将为 220V，单相设备的绝缘可能招致损坏为此可能需提高设备绝缘水平。

（2）在上述情况下，人体的直接接触和间接接触的预期接触电压可高达 380V，电击死亡危险大增。

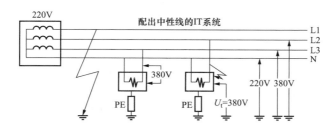

图 9.5－1　IT 系统配出中性线后故障时呈现的各种电压

（3）IT 系统通常需配出不同截面积的回路。当两个故障分别发生在两不同截面积回路上时，如图 9.5－2 所示，由于故障点是随机的，故障回路阻抗难以确定，给过电流防护电器的选用和整定带来困难。特别是小截面积回路的中性线，故障电流可能大于其载流量而不能跳闸，将导致该中性线的持续的过电流。

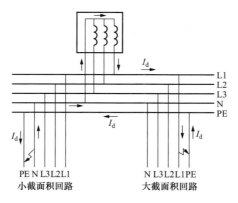

图 9.5－2　IT 系统配出中性线后过电流防护整定困难

（4）IT 系统配出中性线后，发生一个故障时寻找故障比较困难。

由于诸如上述种种麻烦问题，IEC 标准强烈建议 IT 系统不配出中性线。对这一问题我们了解还不深透，不能掉以轻心。

9.6 当 IT 系统内第一次接地故障未排除又发生第二次接地故障时，为什么发生第二次接地故障时的防电击要求有的按 TT 系统来处理，有的按 TN 系统来处理？

这需视 IT 系统电气装置外露导电部分接地的不同连接方式而作不同的处理。当 IT 系统电气装置的外露导电部分为单独地或成组地用各自的接地极接地时，如发生第二次接地故障，故障电流经两个接地极返回电源如图 9.6 - 1 虚线所示，其防电击要求和 TT 系统相同，即需分别满足各个回路的下式要求

$$R_{A1}I_a \leqslant 50V$$

$$R_{A2}I_a \leqslant 50V$$

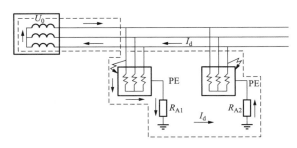

图 9.6 - 1　IT 系统内的不同外露导电部分用各自的接地极接地

当 IT 系统电气装置的所有外露导电部分都经一共用的接地系统用共同的接地极接地时，如发生第二次接地故障，故障电流经 PE 线金属通路返回电源如图 9.6 - 2 虚线所示，其防电击要求和 TN 系统相同，需分别满足各个回路的下列要求：

不配出中性线时

$$Z_sI_a \leqslant \frac{\sqrt{3}}{2}U_0$$

配出中性线时

$$Z'_sI_a \leqslant \frac{1}{2}U_0$$

式中　U_0——相线和中性线间的标称交流方均根值电压（V）；

　　　Z_s——包括相线和 PE 线在内的故障回路阻抗（Ω）；

　　　Z'_s——包括相线、中性线和 PE 线在内的故障回路阻抗（Ω）；

　　　I_a——防护电器切断故障回路的动作电流（A），当线路标称电压为220/380V 时，如不配出中性线为0.4s 内切断电源的动作电流；如配出中性线为0.8s 内切断电源的动作电流。

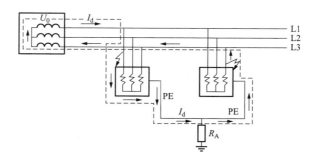

图 9.6 - 2　IT 系统内所有外露导电部分用共同的接地极接地

9.7　在 IT 系统内应采用哪些保护电器来防电击？

在 IT 系统内应采用下列保护电器来防电击：

（1）绝缘监测器：用以监测第一次接地故障，通常不等发生接地故障，当电气装置的绝缘水平降至整定值以下时它即动作于发出信号。

（2）过电流防护电器：用以在发生第二次接地故障时按过电流防护要求切断电源。

（3）RCD：用以在发生第二次接地故障时按接地故障防护要求切断电源。

9.8　请介绍绝缘监测器监测电气装置绝缘状况的工作原理。

绝缘监测器（insulation monitoring device，简称 IMD）有多种类型，下面介绍一种用直流电源来监测单相电气装置绝缘状况的简单工作原理。

图 9.8 为一单相绝缘监测器，它自 IT 系统取得 220V 输入电压，其接地端则接至与 IT 系统外露导电部分连接的 PE 线上。从图 9.8 可知，它经一个降压变压器降压至一甚低的电压，例如降压为 12V，然后经过桥式整流器输出一直流电压。从图 9.8 中虚线所示可知此直流输出回路中串接有检测绝缘水平的电阻 R，还有 IT 系统外露导电部分的接地电阻 R_A，以及电气装置内线路和设备的对地绝缘电阻 R_1 和 R_2。正常时 R_1 和 R_2 的阻值很大，此直流电流 $I_=$ 和它在 R 上产生的电压降 $I_=R$ 都很小。如果此 IT 系统内绝缘大幅下降或损坏，R_1 或 R_2 的阻值大幅度下降（例如降至 50kΩ），则此直流电流剧增。当它在检测电阻 R 上产生的电压降超过整定值时绝缘监测器即动作于报警。

从图 9.8 也可知这种绝缘监测器只能用来监测 IT 系统工作时的绝缘，不能用来监测 TN 系统和 TT 系统工作时的绝缘。因为这两种系统的电源中性点是直接接地的，这样图 9.8 中的 R_1 和 R_2 就被系统接地几欧的小接地电阻短路，无法反映装置的绝缘水平。

在绝缘监测器的安装、检验和维护管理中应特别注意其接地的导通的良好。

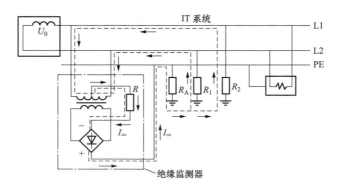

图 9.8 绝缘监测器的动作原理简图

否则当 IT 系统发生接地故障时它将无法报警，从而使 IT 系统不能体现其高供电可靠性。

9.9 IT 系统内采用 RCD 来防第二次接地故障电击事故时，其技术参数应如何确定？

当发生第一次接地故障时，此 RCD 不应动作，使该 IT 系统能继续供电。为此 RCD 的额定不动作电流 $I_{\Delta no}$ 应大于图 9.3 所示的第一次接地故障时的故障电流 I_d。

9.10 为什么我国有些工业企业传统地采用 IT 系统？

有些工业企业故障停电后果非常严重。例如煤矿井下，如因接地故障突然停电、井下的瓦斯和地下水无法排出，将危及工人生命。又如钢铁企业如果因接地故障突然停电，将无法供应冷却水，炼钢铁的炉体将被烧塌；灌注钢锭的钢水也将灌满而外溢，引起种种危险。类似这些工业企业都采用 IT 系统配电。根据统计，配电系统中引起事故跳闸的原因大多是接地故障，而 IT 系统能减少这一跳闸停电概率。

9.11 为什么我国民用建筑和消防系统未见采用 IT 系统配电？

发达国家民用建筑和消防系统不少采用 IT 系统作正常和应急电源的配电。例如有重大政治影响的集会场所和体育场馆，大商场、高层建筑消防电源等。而在我国迄今尚未见在民用建筑中应用 IT 系统配电。这显然是个技术水平的差距。原因可能是不了解和不会应用 IT 系统。相信作为在崛起中的大国，在不久的将来，IT 系统在民用建筑和消防系统中的配电在我国必将和发达国家一样得到应有的应用。

9.12 为什么在有的发达国家住宅配电也采用 IT 系统？

在北欧国家有这种情况。北欧国家冰天雪地，打接地极十分困难。特别是

TN 系统电源端的系统接地，要求很低的接地电阻，更为困难。采用 IT 系统给住宅配电，可不作系统接地，从而避免这一困难。出于同样的原因，我国和有些国家的南极考察站的配电也采用了 IT 系统。

需要说明，这类用电对供电不间断性的要求不高，可配出中性线以提供单相220V 电源。

9.13　请问 IT 系统内装用的绝缘监测器（IMD）是否即是工程竣工后交接验收用的兆欧表？

否。兆欧表（meg-ohm meter，旧式的兆欧表为配有手摇直流发电机的摇表，兆欧表现称为绝缘电阻表，习称兆欧表）是电气装置建成后未连接任何用电设备，测试电气线路绝缘电阻的仪表，其使用时间不过若干分钟，它是一种便携式仪表。而绝缘监测器则是 IT 系统带用电设备运作时一年 365 天持续监测电气装置对地绝缘的装在配电盘上的固定安装的仪表。两者测试电压值和预期测得的绝缘电阻值大小也不一样，如表 9.13 所示。

表 9.13　　绝缘监测器和兆欧表的测试电压和预计测得的绝缘电阻值

	绝缘监测器	兆欧表（摇表）
测试电压	不大于120V	按装置不同标称电压分 250V、500V、1000V 三挡
预计测得的绝缘电阻值	以 kΩ 计	以 MΩ 计
仪表类型	固定式	便携式

我国有的电气规范中错误地理解和引用 IEC 标准，将兆欧表的测试电压值套用在绝缘监测器上，将两者混淆了。在执行规范中应注意及之。需了解必须限制 IMD 的测试电压和测试电流，否则将干扰和影响 IT 系统的正常运行，甚至损坏系统内所接电气设备，例如防雷用的 SPD 被过高测试电压击坏。

9.14　配出中性线的 IT 系统是否应采用断开中性线的开关电器？

是。配出中性线的 IT 系统如果一相发生接地故障，在排除故障前其中性线电压不是零伏，而是持续对地带相电压，电击危险大。为策安全应采用同时断开中性线的开关电器。

第 10 章　不用自动切断电源的其他防间接接触电击措施

10.1　除自动切断电源外还有其他哪些防间接接触电击措施？

自动切断电源不是防间接接触电击的唯一措施，还有其他措施，例如采用Ⅱ类设备、用隔离变压器供电、用特低电压供电等。

10.2　Ⅱ类设备何以能防间接接触电击，采用这类设备时应注意什么？

Ⅱ类设备具有双重绝缘或加强绝缘，例如塑料外壳的台灯、电风扇等。这类设备的使用不考虑它因绝缘损坏而引起事故，因此它不需接地，电源插头没有 PE 插脚，也不需装用防护电器来切断电源。需注意的是其作为第二重绝缘的外护物若不用钥匙或工具就可开启时，则其内的带电部分需用绝缘的遮栏加以隔开，以防人体无意的触及。此遮栏的防固体物进入的防护等级应不低于 IP2X（见附录 B）。另外，还需注意不允许有可导电的物体穿过绝缘外护物进入设备内部，以防设备内部的危险电位传导至设备外部。IEC 标准还规定Ⅱ类设备不能使用与内部带电部分有接触的绝缘螺栓。因为一旦该螺栓被金属螺栓替换，则内部危险电位将沿金属螺栓传导至设备外部而酿成事故。只有在一开始时就采用金属螺栓并另采取有效的绝缘措施才能防止这类事故的发生。

有些Ⅱ类设备具有与内部电路连通的外露导电部分，例如电视机、录音机等电子设备的拉杆天线。有的同行担心如果内部电路绝缘损坏拉杆天线会将设备内的危险电压传导至设备外部引起电击事故。这一担心是不必要的，因在设备设计中对此已作处理。以拉杆天线为例，设备设计中已为此在天线电路中串联有两个容量仅几千 pF 的高耐压水平电容器。因 $X_C = 1/2\pi fC$，频率 f 越高，容抗 X_C 越小。对于频率以若干 MHz 计的电磁波而言，X_C 几乎为零，高频信号可以畅通无阻。但对 50Hz 的工频电流而言，X_C 几为无限大，这两个串联的电容器可起到双重绝缘的作用，它被称作保护阻抗（protective impedance），而这类设备则仍属双重绝缘的Ⅱ类设备，不必担心挪动拉杆天线时会发生电击事故。

10.3　采用隔离变压器作保护分隔给 0 类或 I 类设备供电时，为什么在设备发生接地故障时能防范电击事故而不需切断电源？

问答 7.9 内已叙及，用隔离变压器作保护分隔供电可防范从电源侧沿 PE 线传导来的转移故障电压引起的电击事故，利用隔离变压器还可防范本回路 0 类

或 I 类设备发生接地故障时引发的
间接接触电击，图 10.3 所示为用隔
离变压器 T 供电的电气回路。此电
气回路内的带电导体是不接地的，
所供设备可与地接触，但不得连接
PE 线接地。这样当回路发生如图
10.3 所示的接地故障，或人体直接
接触一带电导体时，故障电流 I_d 没
有返回电源的金属通路，只能通过

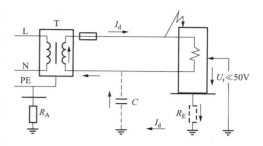

图 10.3　采用隔离变压器供电可防所
供回路内的间接接触电击

另一导体对地电容的极大的容抗返回电源。所以故障电流 I_d 和其所产生的预期
接触电压 U_t 都极小，不足以引起电击事故。

　　用隔离变压器供电 IEC 标准称之为保护分隔（protective separation）。它有很
好的防间接接触电击效果，常被用于电击危险大的特殊场所。例如浴室内以隔
离变压器给 220V 剃须刀供电即是常见的一例。采用隔离变压器供电作防电击措
施时应注意所供回路的总长度应加以限制，如果因所供回路的总长度过长，上
述故障时的电容电流也随之增大，可能达到危险值，就 220V 单相或 220/380V
三相电缆或穿管导线而言，回路总长度不宜超过 500m，回路标称电压（V）与
回路长度（m）的乘积不宜超过 100 000。

10.4　一台隔离变压器供多台设备时，为什么有时仍然发生电击伤人事故？如何改进？

　　隔离变压器应用中，最好采用一台隔离变压器供一台设备的方式，也可采
用一台多个二次绕组的隔离变压器，每个二次绕组各供一台设备的方式，以实
现回路间的保护分隔。但为节省投资和简化线路，有时也难免采用一台隔离变
压器绕组供多台设备的方式。应注意采用后一种方式时，各台设备的金属外壳
应用与二次回路导线等截面的绝缘导线互相连接以实现不接地的等电位联结，
如图 10.4 中点划线所示。如果不作此联结，当图 10.4 中两台设备都发生图示碰
外壳接地故障时，由于设备与地有自然接触，图中故障电流 I_d 将以两台设备与
地面的接触电阻及地面电阻之和 R_{E1} 及 R_{E2} 为通路返回电源，其值甚小不能使回
路的过电流防护电器（如图 10.4 中的熔断器）动作，这时 220V 电压将在 R_{E1} 及
R_{E2} 上按阻值分配，R_{E1} 及 R_{E2} 上的电压降即为人体的预期接触电压 U_{t1} 及 U_{t2}，它
将超过接触电压限值 U_L 而导致电击事故。如人体同时触及这两台设备，则接触
电压达 220V，将更危险。如按图 10.4 中点划线所示，在设备间设置不接地的等
电位联结线，则故障电流将不是以 $R_{E1} + R_{E2}$ 而是以此联结线作为返回电源的通
路。此金属性通路使故障电流剧增，从而使回路的过电流防护电器瞬时切断电

源，这时只是借自动切断电源措施防止电击事故的发生，防电击安全水平有所下降。如果人体同时触及两台设备，由于两设备外壳电位相同也不会发生电击事故。需注意这一联结线必须为绝缘导线，以防它与其他带电位的导体或带故障电压的一次侧 PE 线接触，而使隔离变压器所供设备外壳带危险电压。这一不接地的等电位联结在设计安装中往往被忽略，应加注意。在电气设计中应尽量采用一台变压器或一个二次绕组供一台电气设备的方式，以实现真正意义上的更为安全的保护分隔。

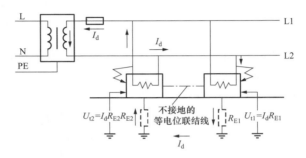

图 10.4　隔离变压器一个二次绕组供电给多台设备时需作不接地的等电位联结

10.5　在问答 10.4 中，一台隔离变压器供多台设备时各设备外壳间需设不接地的等电位联结线，增加不少安装工作量。能否简化？

能简化。可利用现时广泛使用的 I 类设备电源插头线中原来的 PE 线和隔离变压器箱上插座的 PE 插孔来实现不接地的等电位联结，如图 10.5 所示，不再赘述。

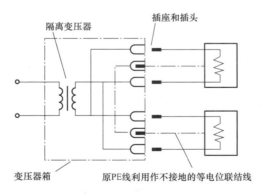

图 10.5　利用用电设备的 PE 线改作不接地的等电位联结线

10.6　采用隔离变压器供电时其二次回路的带电导体不接地，它是否就是 IT 系统？

否。隔离变压器供电时二次回路的带电导体不接地，但它并非 IT 系统。IT 系统所供电的电气装置内的外露导电部分，需通过与 PE 线的连接而作保护接地，其回路中需装设绝缘监测器以便在发生第一次接地故障时发出报警信号，IT系统的主要作用是在发生第一次接地故障时避免供电的中断。而隔离变压器只能作为有限设备的电源，其二次回路内的外露导电部分不连接 PE 线作保护接地，也不需装设绝缘监测器，其主要作用是实现保护分隔来防电击。这两者有很大的不同，不能误认为用隔离变压器供电就是采用了 IT 系统。

10.7　何谓特低电压？如何正确实施特低电压供电这一防电击措施？

工频 50V 及以下的电压，IEC 称之为特低电压（extra-low voltage，简称 ELV），它能有效地防直接接触电击和间接接触电击。按 IEC 标准特低电压设备的额定电压用于干燥场所者为 48V（我国仍沿用前苏联的 36V），用于潮湿场所者为 24V，用于水下者为 12V 及 6V。为防危险电压由降压变压器的一次绕组因绝缘损坏窜入二次绕组，这种特低电压回路必须由上述加强绝缘的隔离变压器降压供电。为策安全，在特低电压回路中其回路导体不接地，所供设备外壳可与地接触，但不得连接 PE 线而接地，如图 10.7 所示。这种特低电压回路在任一接地故障情况下，都不会发生电击事故，因此它不需要补充其他的防护措施。这种不接地的特低电压回路，IEC 称之为 SELV 回路。一些发达国家将其第一个字母"S"十分明确地理解为 self-sufficient（自满足），即不需补充其

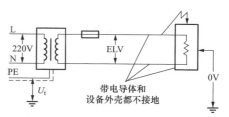

图 10.7　SELV 回路在任一接地故障情况下仍确保人身安全

他措施，自身即能满足安全要求的意思。也有理解为 safety（安全）的，但这不很确切。

SELV 回路适用于电击危险大的特殊场所，例如进入半埋地的金属罐体内进行维修时，所用的手提照明灯即应采用 SELV 回路供电。因这种罐体内属带地电位的狭窄导电场所，电击危险很大。

虽然 50V 以下接触电压不致引起人身心室纤颤致死的危险，但 IEC 为确保安全，仍规定 SELV 回路电压在 25V 及以下时，才可不包绝缘或不设置遮栏（或外护物）来防范直接接触电击。

给 SELV 回路供电的降压隔离变压器应安置在使用 SELV 回路的特殊场所之外。如果变压器外壳为金属的，则其外壳应连接 PE 线作保护接地。

10.8　我国工矿企业内广泛使用 36V 或 24V 的安全电压设备，但仍发生多起所谓"安全电压电死人"的事故，何故？

过去我国供电部门有一错误的概念，即回路导体只要实现接地或"接零"

即可达到地电位，就能满足安全要求了。受此影响我国过去供电部门编制的不与 IEC 标准接轨的接地规范内就规定所谓安全电压网络（即上述特低电压网络）中的一根导线应接地或"接零"，这样就反而在特低电压回路内埋下电击事故的祸根。如图 10.8 所示，一特低电压回路通过与 PE 线的连接而实施了接地或"接零"，岂不知 PE 线即使接地，在故障情况下仍然因通过故障电流产生电压降

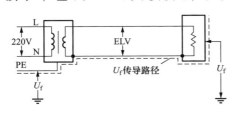

图 10.8　安全电压电死人的原因

而带故障电压 U_f。这样 U_f 就如图示沿 PE 线传导到特低电压回路内，成为转移故障电压，使特低电压设备外壳也带故障电压 U_f 而引发多起电击事故。这正是我国工矿企业内"安全电压电死人"的原因。为此应尽可能按 IEC 标准的 SELV 回路的要求来设计安装特低电压回路以确保人身安全。

10.9　有的特低电压回路为什么要接地？如何保证这类特低电压回路的人身安全？

有的特低电压回路因种种原因不得不接地，例如机床上的 36V 局部照明灯，因灯具和线路经常挪动位置，绝缘易破损而使回路导体故障接地，不如将回路导体与 PE 线连接，在发生接地故障时用过电流保护电器切断电源。这种接地的特低电压回路，IEC 称之为保护特低电压回路（protective extra-low voltage circuit，简称 PELV 回路）。这种特低电压回路须补充等电位联结和自动切断电源的措施，其安全水平有所降低。故除特殊情况外，在建筑物电气装置内通常都应采用 SELV 回路供电而不采用 PELV 回路供电。

10.10　用隔变压器供电的保护分隔能否用于电击危险大的水下防电击？

保护分隔既能防本回路接地故障引起的电击事故，也能防 PE 线传导来的转移故障电压引起的电击事故，它是十分有效的防电击措施。但它只适用于陆上，不适用水下。水下的电气环境因产生水下电场而不同于陆上，这将在问答 24.35 内介绍。

10.11　SELV 回路供电的防电击措施为什么未得到广泛应用？

SELV 回路供电使用了低于预期接触电压限值 U_L 的电压，又满足了电气分隔的防电击要求。它是非常安全的防电击措施。例如 12V 及以下的 SELV 回路可用于给电击危险大的水下电气设备供电。但由于电压过低，只适用于小功率的用电设备。例如，工厂企业的手持式行灯，儿童电气玩具之类的小功率设备。

第11章 过电流防护

11.1 何谓过电流？

大于回路导体额定载流量的回路电流都是过电流。它包括过载电流和短路电流。其区分是回路绝缘损坏前的过电流称作过载电流；绝缘损坏后的过电流称作短路电流。举例言之，手电钻被卡住而堵转，这时手电钻电动机内无反电势，手电钻电流可达其额定电流的 5～7 倍。但这时手电钻供电回路的电流仍是过载电流而不是短路电流，因为手电钻的绝缘还未损坏，还没有出现短路。

11.2 何谓过载电流？

电气回路因所接用电设备过多或所供设备过载（例如所接电动机的机械负载过大）等原因而过载。其电流值不过是回路载流量的不多倍，其后果是工作温度超过允许值，使绝缘加速劣化，寿命缩短，它并不直接引发灾害。

11.3 何谓短路电流？

当回路绝缘因种种原因（包括过载）损坏，电位不相等的导体经阻抗可忽略不计的故障点而导通，这被称作短路。由于这种短路回路的通路全为金属通路，这种短路被归为金属性短路，其短路电流值可达回路导体载流量的几百以至几千倍，当短路电流甚大时可产生异常高温或巨大的机械应力从而直接引起种种灾害。

11.4 对过电流防护电器的时间—电流特性有何要求？

除特殊情况外，回路都应装设断路器、熔断器之类的过电流防护电器来防范电气过载和短路引起的灾害。防护电器的时间—电流特性应与被保护回路导线热承受能力特性相配合，如图 11.4 所示。过载防护应为反时限特性，以与被保护回路导体绝缘的热承受能力的反时限特性相适应。当过载电流的幅值过大和持续时间过长影响回路的绝缘性能时，它应在规定时间内动作，以防绝缘劣化导致短路的发生。短路防护应在回路内出现短路电流时尽快动作，以防止短路电流产生的异常高温或电弧、电火花烤燃可燃物质引起火灾，或防止短路电流产生的机械效应导致灾害。

配电回路首端的过电流防护电器所保护的主要对象是电气线路，不一定要求它对所供设备也起过电流防护作用。

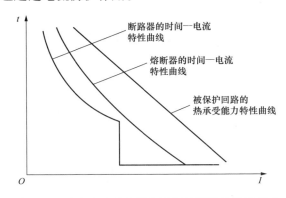

图 11.4　过电流防护电器与被保护回路的特性配合

11.5　不少电气人员认为熔断器是落后的保护电器，断路器则是先进的保护电器，这一观念是否正确？

否。从图 11.4 可见熔断器的时间—电流特性曲线更接近被保护回路的热承受能力特性曲线，说明它具有较好的过载防护效果，但它的使用不如断路器方便。断路器如因过电流脱扣，排除故障后即可合闸供电，十分方便。而熔断器则必须更换相同规格的熔断体，为此需配置多种规格的备件，给使用者带来不少麻烦。熔断器接线也需多加注意，例如螺旋式熔断器的中心接线端子必须接电源侧，螺口端子必须接负荷侧，否则在更换熔断体时容易引起电击事故。

由于这些原因我国电气设计人员一般采用断路器作过电流防护。对于小功率的末端回路，特别是在一般老百姓住宅楼电气线路内这是无可非议的。但现时在我国设计中，一些有电气专业人员（BA4 类和 BA5 类人员，见附录 C）管理的工厂企业、办公大楼等配电系统内基本上都采用了断路器，很少采用熔断器，而在一些发达国家这两种电器的采用却约各占一半。这一差异说明我国在这两种电器的选用上存在一些偏差。

大家知道，干线上大遮断容量的断路器的售价是很高昂的，而额定电流小至 30A 的熔断器切断高达 50kA 的短路电流却是轻而易举的事，且更换一个熔断器的花费也是很有限的。另外，断路器切断大短路电流后需对其触头进行维护，即使如此，其遮断容量仍有所降低；而熔断器更换新的备件后其遮断容量则保持不变。就这点而论，用熔断器切断短路更为安全。

还有，符合产品标准（即约定不熔断电流 I_{nf} 为 $1.25I_n$，约定熔断电流 I_f 为 $1.6I_n$）的各级熔断器的电流级差为 1.6 倍时，产品标准规定各级熔断器作过载防护时能保证其选择性，而断路器却难以做到这点。换言之，熔断器有较优的过载防护级间选择性，它可减少过载防护动作时的停电面。

有些应用，例如用作防雷 SPD 短路失效的后备防护电器时，熔断器防雷害的效果更优于断路器。这将在问答 14.23 中加以说明。

熔断器较断路器体积小，它常可减少配电柜（箱）的尺寸。

因此在有电气专业人员管理维护的场所，在我国应根据具体情况在设计中合理扩大熔断器的应用范围，使配电系统的设计更加经济合理。

需要说明，必须采用符合产品标准的刀形触头型、螺栓连接型、圆筒帽型、螺旋型熔断器，不能采用早已淘汰的没有产品标准的瓷插熔断器、胶盖开关熔断器之类的熔丝。这种熔丝没有规定的工作特性，若将这种熔丝装用在线路上是无法保证线路安全工作的。它们与设备端子的连接往往因接触面过小，接触压力不够而使接触电阻过大产生高温，在通过正常负载电流时即可能因高温而自行熔断，导致不应有的供电中断。

11.6　IEC 标准对回路的过载防护，要求满足的条件是什么？

为使过载防护电器能保护回路免于过载，防护电器与被保护回路在一些参数上应互相配合，它们应满足下列条件：

（1）防护电器的额定电流或整定电流 I_n 应不小于回路的计算负载电流 I_B。

（2）防护电器的额定电流或整定电流 I_n 应不大于回路的允许持续载流量 I_z（简称载流量）。

（3）保证防护电器的约定动作电流 I_2 应不大于回路载流量的 1.45 倍。

以上条件以公式表示即为

$$I_B \leqslant I_n \leqslant I_z \tag{11.6-1}$$

和
$$I_2 \leqslant 1.45 I_z \tag{11.6-2}$$

式中　I_B——回路的负载电流（A）；

　　　I_n——熔断器的额定电流或断路器的额定电流或整定电流（A）；

　　　I_z——回路导体的载流量（A）；

　　　I_2——保证防护电器有效动作的电流（即熔断电流或脱扣电流）（A）。

11.7　请用图形来形象地表达问答 11.6 中所提的对过载防护需要满足的条件。

图 11.7 为以图形表示的式（11.6-1）和式（11.6-2）中过载防护电器与被保护回路导体的特性配合。

图 11.7 中 I_1 为不大的过载电流时，在约定时间内过载防护电器保证不动作（即熔断器不熔断、断路器不脱扣）的约定电流；I_2 为过载时在约定时间内保证过载防护电器有效动作的约定电流。

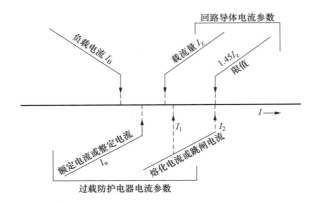

图 11.7　过载防护电器与被保护回路导体的特性配合

11.8　对周期性变化负载的回路是否允许短时间少量的过载？

从图 11.7 可知，当负载电流达到 I_n 时不论时间多长过载防护电器是不动作的，因为 I_n 并非动作电流，它只是可长期通过防护电器而不会使电器的特性变劣的电流。当负载电流大于回路载流量 I_z 不多时在短时间内防护电器也是不动作的，因为回路允许短时间少量的过载而不必切断回路。有些电气回路的负载电流不是恒定不变而是周期性地变化的。线路的绝缘有一定的热容量，绝缘温度的上升滞后于电流的上升。如果过载时间不长，绝缘温度尚未达到允许值时电流值已回落，这样就不必按尖峰电流值来确定线路截面积，以节约有色金属，取得经济上的效益。应注意问答 11.6 中的式（11.6 - 2）只是对一般周期性变化负载（cyclic load）而言的，而式（11.6 - 1）是对恒定不变负载（constant load）而言的。式（11.6 - 2）中的值 1.45 是试验得出的。有的电气同行不理解式（11.6 - 2）的缘由，认为可不理会此式，显然是不妥的。

11.9　对恒定负载的回路是否允许少量过载？

不允许。回路如果长时间过载，即使少量的过载也不允许。因为这将使绝缘的劣化加速，缩短使用寿命。绝缘水平的下降还可能导致短路的发生，引发种种电气灾害。

11.10　在问答 11.7 中提到的过电流防护电器的约定时间和约定电流，其值为多少？

表 11.10 - 1 为国家产品标准配电用熔断器熔体的约定电流和约定时间的规定值，表 11.10 - 2 为配电用断路器过电流脱扣器各极同时通电时的反时限断开特性。电器制造厂产品说明书所列各约定值可能不同于表列值，则以产品说明

书内的值为准。

表 11.10 – 1　　　　配电用熔断器熔体的约定时间和约定电流

熔体额定电流 I_n /A	约定时间 /h	约定电流/A	
		不熔断电流	熔断电流
<16	1	见注	见注
≥16 ~ 63	1		
>63 ~ 160	2		
>160 ~ 400	3	$1.25I_n$	$1.6I_n$
>400	4		

注：按熔断器分标准规定。

表 11.10 – 2　　　配电用断路器过电流脱扣器各极同时通电时的反时限断开动作特性

整定电流倍数		约定时间 /h
约定不脱扣电流	约定脱扣电流	
1.05	1.30	2（I_n >63A）
		1（I_n ≤63A）

从表 11.10 – 2 可知，由于断路器性能的提高，其约定脱扣电流已满足式（11.6 – 2）要求，可不必按该式校验。但有些国产断路器不一定符合国际标准，仍需按制造商产品资料的数据进行校验。

11.11　自柴油发电机或变压器接向开关柜的线路如无法采用大截面积母排，只能采用多根并联单芯电缆，这时的过载防护应注意什么？

对于多根单芯电缆或电线并联供电的导体，应使电流尽量平均分配在并联的单芯导体间，以避免有些导体欠载有些导体过载的情况发生。为此要求这些导体的阻抗相等，这时并联导体应满足下列条件：

（1）并联导体的材质、长度和截面积相同。

（2）电缆的结构相同。

（3）布线的方式相同。

（4）导体全长没有分支线引出。

做到阻抗相等并非易事，因为导体布置的位置难以做到十分对称，其电感就有较大差别，从而使阻抗出现差别，常因此引起导体间负载电流严重的分配不均。例如一相的两并联导体，其阻抗分别为 6mΩ 和 3mΩ，则后者分配的

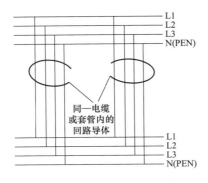

图 11.11　并联的多芯回路

负载电流就为前者的两倍而过载。因此除非是很大电流的回路应尽量少采用并联的单芯回路，而应采用并联的多芯回路，如图11.11所示。如果因技术上的困难不得不在同一相上采用并联的单芯导体时，应在施工时尽量使导体布置对称，并在投入使用时用钳形电流表测一下各并联导体的电流。如发现电流严重不均衡时应采取措施调整其感抗，例如变动一下导体的相互位置，使各导体电流接近均衡。

11.12　为什么 IEC 标准导体载流量表中只有三根相线的载流量，没有四根带电导体的载流量？是否中性线的发热可以不考虑？

否。在 IEC 标准中，在不存在谐波电流条件下，三相四线回路采用多芯电缆或穿管电线时，不论回路导体数为四根或五根，其载流量都按三相负载平衡三根带载相线总的发热来标定。即使三相电流不平衡，中性线上带电流时也是如此。这是因为电缆芯线和穿管电线互相紧贴，它们的发热互相影响，为此应将电缆或穿管导线视作一综合发热体来考虑。三相电流不平衡时，中性线增加的发热可由电流较小的相线的欠发热来抵消，其总发热量并无变化。

需要说明，这一载流量的标定方式只适用于多芯电缆和穿管电线的布线系统，不适用于将带电导体拉开距离的布线系统，例如绝缘子明敷系统。因为这种布线系统的发热导体的周围有足够的空间来将热量散发到空气或其他介质中去。导体间的发热互不影响。其载流量仍然按各单根导体的发热来标定。

11.13　某车间内三相四线瓷瓶明敷线路的中性线的绝缘变色失效。三根相线的电流相等且未过载，但中性线电流却大于相线电流而过载。何故？

如果电气回路中除 50Hz 的基波负载电流外，还附加有非线性负载产生的过大含量的高次谐波电流，则回路会因谐波电流而过载，使过流防护电器频繁跳闸，但用磁电式电流表测得的电流却未超过其整定值或额定值。这是因为这种电流表没有反映电流有效值的缘故。磁电式电流表系按电流的平均值偏转，而过流防护电器热脱扣元件则按电流的有效值动作。当电流波形为正弦波时，平均值和有效值有一个固定的比值，电流表能按此比值刻度标示，正确反映有效值电流。当电流内存在谐波电流波形畸变时，此比值已非上述正弦波电流的两者的固定比值，其值随波形变化而变化，磁电式电流表的偏转角偏小而不能正确地表征有效值电流。为此需采用能按热效应来测定有效值电流的电流表来进行测定。这种表计被称作真实方均根值表计（real rms value meter）。

危险在于不了解电气安全的人在遇到上述情况时，常误认为是断路器、熔断器的额定电流太小而更换电流大许多的断路器、熔断器，而不更换大截面积的回路导体。这当然是很不安全的，因为其后果是回路过载而过电流防护电器却不动作，最终将因回路长期过载而导致短路和各种电气灾害的发生。

谐波电流能引起相线过载，但最常见和危险的导体过载是三相四线回路中的中性线过载。过去非线性负载少，人们不重视谐波过载的危害，认为三相四线回路内的中性线只通过三相不平衡电流，其值甚小，中性线截面积只取为相线截面积的 1/2 甚至 1/3。但在现时谐波电流特别是三次及其奇数倍谐波电流大增的电气回路中，例如在主要采用气体放电灯作照明光源的商场、办公楼等场所的照明回路中，这一做法将造成中性线的严重过载。图 11.13 为一三相四线回路各带电导体的基波（50Hz）和三次谐波（150Hz）的电流波形。假设三相电流相等，因 50Hz 基波相位角差 120°，它在中性线上的相量和为零。但由图 11.13 可知，三次谐波电流在中性线内的相位角并不差 120°，而是处于同一相位上，它在中性线上的电流不是互相抵消而是互相叠加。其他 9、15、21 次等三次谐波的奇数倍谐波电流也是如此（图 11.13 中未表示）。

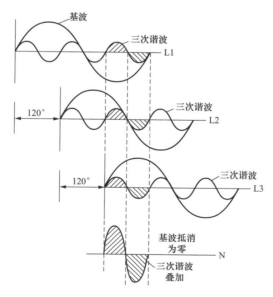

图 11.13　三次谐波电流使中性线过载

由于三相的三次谐波电流及其奇数倍谐波电流在中性线上的叠加，中性线电流不再为零而常与相线电流接近甚至超过相线电流。如果在电气设计中对三次及其奇数倍谐波电流含量大的回路仍将中性线截面积取为相线截面积的1/2，甚至1/3，则中性线的过载将不可避免，为此我国电气设计规范已按 IEC 标准规定了放大中性线截面的要求。目前在我国电气消防安全检查中，中性线严重过载使绝缘劣化变色的隐患现象屡见不鲜，由此引起的电气短路火灾事故也屡有所闻，对此不能因循过去的老概念而随便选用过小截面积的中性线。

11.14 是否回路中存在谐波电流时，中性线电流都会增大？

否。只有三次及其奇数倍谐波电流才使中性线电流增大，偶次谐波电流并不增大中性线电流。

11.15 是否回路中存在谐波电流时，只有中性线因电流增大需放大截面积，相线不存在电流增大放大截面积的问题？

否。相线中也增加了谐波电流，这时相线电流 I_L 为基波电流和各次谐波电流的二次方和的平方根，即 $I_L = \sqrt{I_1^2 + \sum_2^\infty I_h^2}$ ，式中 I_1 及 I_h 为基波（50Hz）电流及各次谐波电流。按此式，相线电流也将增大，只是增大的幅度不如中性电流大。在有些情况下相线截面积也可能需要增大。

11.16 某三相四线回路在墙面上用 PVC 铜芯电线以瓷瓶明敷，相线电流都为 275A，线路截面积为 $3 \times 95 \text{mm}^2 + 1 \times 50 \text{mm}^2$。现因设备更换，基波电流未变，但增加了 60% 的三次谐波电流。请计算这时的相线和中性线电流，并确定其截面积。

在此例中，当3次谐波电流为基波电流的60%时，相线电流为

$$I_L = \sqrt{275^2 + (275 \times 0.6)^2} = 320 \text{A}$$

中性线电流为三根相线3次谐波电流的叠加，即

$$I_N = 275 \times 0.6 \times 3 = 495 \text{A}$$

这时相线电流增加了16%，而中性线则达增大了的相线电流的1.54倍。原来 $3 \times 95 \text{mm}^2 + 1 \times 50 \text{mm}^2$ 的线路已经不适合，相线和中性线的截面积按 GB 16895.15 截流量标准应放大为 $3 \times 120 \text{mm}^2 + 1 \times 240 \text{mm}^2$。即相线截面积需由 95mm^2 放大为 120mm^2，而中性线截面积则由原来的 50mm^2 放大为增大后的相线截面积的两倍，即 240mm^2。现时有些规范中规定，当谐波电流大时，不考虑相线截面积是否需要增大，而只要求将中性线截面积放大为原相线截面积的两倍，恐不够全面。

11.17 对于电缆和穿管电线，如果存在相当大含量的三次及其奇数倍谐波电流，其电流和截面积的确定是否也如问答 **11.6** 所叙同样处理？

　　对于电缆和穿管电线，相线电流和中性线电流的确定和问答 11.6 所述相同，但截面积的确定却不同。如问答 11.12 所述，对这种敷线方式需将一回路的几个发热导体视作一个综合发热体来考虑。而谐波电流对基波电流而言为一附加的电流，它使回路增加了附加的发热。相对而言，回路的截流量降低了。为此在确定存在谐波电流的回路导体截面积时应除以一载流量降低系数来放大导体截面积。IEC 规定的降低系数见表 11.17。

表 11.17　　　电缆或穿管电线三相回路存在谐波电流时的降低系数

相线内三次谐波电流含量 （%）	降　低　系　数	
	按相线电流选择导体截面积	按中性线电流选择导体截面积
0 ~ 15	1.0	—
15 ~ 33	0.86	—
33 ~ 45	—	0.86
>45	—	1.0

11.18 某三相四线回路在一非隔热墙面内用 **4 × 16mm² PVC** 铜芯电缆套管暗敷，三相电流均为 **60A**。现因设备更换，增加了 **20%** 的三次谐波电流。请确定这时相线和中性线的电流和截面积。

　　在此例中当回路含有 20% 的三次谐波电流时，相线电流为

$$I_L = \sqrt{60^2 + (60 \times 0.2)^2} = 61.2A$$

中性线电流为

$$I_N = 60 \times 0.2 \times 3 = 36A$$

查表 11.17，应按相线电流取 0.86 的降低系数来放大截面积，相当于综合发热的回路电流 I 为

$$I = \frac{61.2}{0.86} = 71A$$

查 GB 16895.15 截流量标准，原来的 4 × 16mm² 截面积已不适用，需加大中性线和相线的截面，改用相同材质的 4 × 25mm² 截面积的电缆。

　　在本问答（也包括问答 11.16）中，如果回路中还存在三次谐波的奇数倍电流，其含量超过基波的 10%；又如回路中存在三相不平衡的基波电流，其不平

衡度大于 50%，则需视情况酌量增大导体截面积。

11.19 对过载防护电器在被保护回路上的安装有什么具体要求？

为有效地保护回路免受过载的危害，过载防护电器应安装在回路导体的截面积、材料、敷设方式等有变化的回路分支处，因为这些变化能引起回路载流量的变化。图 11.19 中所示的防护电器 FU2 即是因这种变化而装设的过载防护

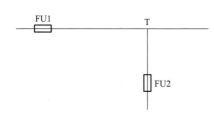

图 11.19　过载防护电器的安装位置

电器。如果分支点 T 离地面很高，将给检视、更换、维护 FU2 带来不便。为此允许 FU2 可离开分支点 T 一适当距离，以便靠近地面。这时 T–FU2 线段上不应再引出分支线路增加负载和接用易导致过载的插座。设计安装中还应注意满足下列条件之一：

（1）T–FU2 线段如发生短路，其最近的上级过电流防护电器 FU1 应能有效切断电源。

（2）T–FU2 线段不宜大于 3m，此线段的敷设方式应尽量减少发生短路的可能，且线段邻近不存在可燃物质。

11.20 是否配电回路都必须装设过载防护电器来防回路过载？

否。除火灾或爆炸危险场所外，一般场所内有些回路是可以视情况只装短路防护电器而不装设过载防护电器，例如：

（1）分支回路的截面积、材料、敷设方式虽然变化，但上一级防护电器仍能有效防范其过载。

（2）回路所接设备不可能发生过载，它也没有引出分支回路来增加负载或接用易导致过载的插座。

（3）回路电源的容量很小，其内阻抗很大，不可能输出导致回路过载的电流。

有些用电设备是不可能导致回路过载的，例如烧水用的电热水器，其功率是恒定的。又如电动机负载，如果电动机的堵转电流小于回路的载流量，则此回路也不可能过载。有的电气设备本身内附有热继电器之类的过载防护，则也不需考虑其供电回路的过载。

某些电源设备受其内阻抗的限制，即使所供回路发生短路也不可能输出大于回路载流量的电流而引起回路过载，例如电铃变压器、电焊变压器等电源设备。

上述都是从技术上考虑没有必要安装过载防护电器的一些情况。除此以外 IEC 还从安全着眼建议，在诸如下列回路上为避免供电突然中断引起严重事故和

巨大损失，不宜装设过载防护电器：

（1）旋转电机的励磁回路。

（2）吊运铁件的电磁铁的供电回路。

（3）电流互感器的二次回路。

（4）难逃离的建筑物的消防用电回路。

（5）安全设施用电回路（如防盗、瓦斯泄漏报警器）。

这样规定的理由是线路过载时及时切断电源虽然避免了回路的过载，但突然断电造成的损失却非所保护的线路价值可比拟。新版 IEC 标准要求诸如高层建筑的消防用电等重要应急电源回路也不应安装过载防护。因为正当高层建筑扑灭火势，人员疏散的紧要时刻，却为了保护回路免于过载导致线路劣化加速而中断消防水泵、疏散照明等的应急电源，因此引起重大人身伤亡和财产损失事故，这样做显然是因小失大、得不偿失的。

11.21　IEC 标准对回路的短路防护要求满足的条件是什么？

为避免电气短路引起灾害，短路防护应满足下列条件：

（1）短路防护电器的遮断容量应不小于它安装位置处的预期短路电流，这时应计及防护电器的限流作用。在下述情况下可以装用较小遮断容量的防护电器。

此较小遮断容量的防护电器前的上级防护电器应具有足够的遮断容量，来切断该预期短路电流，且这两级防护电器的特性应能适当配合，即当用上级防护电器切断该短路电流时，下级防护电器和它所保护的回路应能承受通过的短路电流而不致损坏。例如在遮断容量不够的断路器上级装用有足够遮断容量的特性能配合的熔断器。

（2）被保护回路内任一点发生短路时，防护电器都能在被保护回路的导体温度上升到允许限值前的时间内切断电源。此时间可依下式计算

$$t = \left(K \frac{S}{I} \right)^2 \tag{11.21-1}$$

式中　t——短路电流通过的时间（s）；

　　　S——导体的截面积（mm^2）；

　　　I——短路电流有效值（方均根值）（A）；

　　　K——计算系数，它决定于导体和绝缘的材质，以及导体通过短路电流时的起始温度和最终温度等因素。

需注意式（11.21-1）只适用于 t 不大于 5s 和不小于 0.1s 的情况。这是因为短路产生的热量在 5s 内尚不及逸散，超过 5s 后热量开始逸散，式（11.21-1）不再适用。而当 t 小于 0.1s 时短路电流中大幅值的非周期电流分量的发热将起显著

作用，式（11.21-1）也不再适用。当 t 小于0.1s时导体的 K^2S^2 热承受能力应大于短路防护电器切断电源前通过的短路电流的热效应非周期分量 I^2t 值，即

$$K^2S^2 > I^2t \qquad\qquad (11.21-2)$$

此 I^2t 值无法在设计时进行计算，应由制造商根据其试验结果提供。

当采用63A及以下的熔断器来保护截面积不小于 1.5mm^2 的铜芯电缆或绝缘电线时，式（11.21-2）的要求总是能满足的。

11.22 设计中计算上级干线短路防护电器能保护的下级分支回路的长度十分费时，有无简化这种计算的方法？

有。问题11.21中提到的分支回路截面积减小，干线短路防护电器能保护的分支回路的长度范围，国外有一种简单的图解法，如图11.22所示，可供参考。

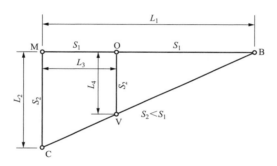

图11.22　当分支回路截面积减小时干线短路防护电器的保护范围

图11.22中短路防护电器安装在M点，当干线截面积为 S_1 时，它能保护的最大长度为 L_1。对于较小的截面积为 S_2 的回路，它能保护的最大长度为 L_2，现用此截面积的线路作为分支回路，画一个直角三角形，如图11.22所示。其长直角边MB代表上述干线，其短直角边MC则代表上述可保护的最长的分支回路。现需要在离M点距离为 L_3 的O点引出一个分支回路，其截面积为 S_2。引一与MC平行的直线OV与斜边BC相交于V点。则OV的长度 L_4 即代表自O点能引出的能被保护的截面积为 S_2 的分支回路的最大长度。干线上其他处分支引出的截面积为 S_2 的分支回路能被保护的最大长度都可用此图解法简易地求出。

11.23 在短路防护中常出现越级跳闸导致大面积停电的情况。原因何在？有无有效解决措施？

在低压电气装置设计中如何保证短路防护中上下级动作的选择性，以避免越级跳闸引起大面积停电事故一直是个老大难问题。即使装用带有短延时动作的三阶段防护的断路器，也不能完全避免越级跳闸。这是因为当故障回路阻抗

小时，下级回路的短路电流甚大，超过了上级断路器瞬动防护的整定值，瞬动脱扣器越级动作而短延时防护不起作用的缘故。无选择性跳闸会导致停电面扩大，使一些重要负荷突然断电，常因此引起重大损失。为此一些重要设备不得不直接自变电所引专线供电，以减少停电面，这自然要增多配电盘及回路数。另一解决办法是取消上级的瞬动脱扣，靠短延时脱扣切断短路电流来保证选择性，但这又将延长短路电流的持续时间。为保证线路热稳定而增大线路截面积将多耗费有色金属，所以都不是理想的措施。

　　短路防护中选择性不得保证的问题近年来在技术上已能解决。由于电子信息技术的迅速发展，20 世纪 80 年代国际上推出了智能型断路器，它有许多新功能使低压配电技术得到很大的进步，其中之一就是级间选择性连锁技术，（zone selective interlocking，简称 ZSI），它能完全有效地解决短路防护中级间无选择性瞬动跳闸的问题，其原理可用图 11.23 来说明。图中末端回路上的断路器 QF4 仍是具有长延时和瞬动的一般断路器，断路器 QF3、QF2 和 QF1 都是带有长延时、短延时和瞬动以及 ZSI 功能的智能型断路器。采用 ZSI 时要求在智能型断路器间敷设一条与主回路并列敷设的信号回路，如图 11.23 中虚线所示。

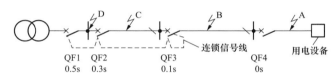

图 11.23　级间选择性连锁原理简图

　　末端回路是最易发生短路的线段。当如图 11.23 所示在 A 点短路时，QF4 瞬时动作。这时 QF3 也检测出短路电流，它通过信号线给 QF2 和 QF1 发出信号（同理，QF2 也给 QF1 发出同样信号），使 QF2、QF1 的瞬动元件被锁住而不动作，同时 QF3 也给自己发出信号而将瞬动脱扣自锁，以保证和 QF4 间的选择性。它仍保留 0.1s 的短延时动作，以作 QF4 的后备防护。当图 11.23 中 B 点短路时情况相同，QF3 给 QF1 和 QF2 发出连锁信号，本身也自锁而延时 0.1s 动作。因此点短路电流不大，而延时又甚短，一般不会因热稳定要求而加大导体截面。当 C 点短路时，QF2 检测出短路电流，它发出连锁信号，使 QF1 不能瞬动而只剩 0.5s 的延时动作，而 QF2 本身未自锁，可瞬时动作，从而大大减少大短路电流对回路导体的热效应。当 D 点短路时，QF1 并未接到前级断路器发来的连锁信号，它可立即动作，从而有效地保护了导体。

　　从上所述可知 ZSI 这项新技术的应用可使配电系统设计得更为合理，它保证了短路防护的选择性，但不需增加配电回路数量，也不需为保证热稳定而加大回路截面。由于我国对这项新技术的应用还较陌生，有些重要项目，花大量资金购置了智能型断路器，却未利用其具有的 ZSI 功能，仍按常规只使用其过电流的瞬动、短延时、长延时防护和接地故障防护的四阶段保护。这无异买椟还珠，越级跳闸造成大面积停电引起巨大损失的问题却仍未解决，十分可惜。在建筑电气设计中应注意充分发挥智能型断路包括 ZSI 在内的各种新功能。

具有 ZSI 功能的框架式和塑壳式断路器的售价自然高于一般非智能型断路器。所以这一解决短路防护越级跳闸的措施现时只能适用于重要的建筑物电气装置。

11.24　是否所有电气回路上都应装设短路防护电器？

否。并非所有的电气回路上都应或都能装设短路防护电器。例如在下列电气回路上是不能或不应装设短路防护电器的：

（1）变压器、发电机、蓄电池等电源设备出线口至其配电盘或控制盘的连接线的首端（即始点 origin）上短路防护电器是无法装设的，它只能装设在线路末端的配电盘或控制盘上。

（2）短路防护电器如切断回路电源，其后果将比不切断电源的后果更为严重的回路，例如问答 11.20 内所述的一些不能随便切断电源的回路，应根据具体情况免予装设作用于切断电源的短路防护电器。

（3）某些检测回路，例如电流互感器的二次回路，出于安全的考虑，这类回路是允许短路而不允许开路的。

11.25　如果配电回路上无法装设短路防护电器，何以防范短路引起的电气灾害？

如果电气回路上无法装设短路防护电器，应采取种种有效措施防止短路的发生，并避免短路引起的电气灾害。例如变电所内自变压器至低压配电盘的一小段线段上是无法装用短路防护电器的，这时变压器高压侧的继电保护的整定应尽量对这一线段的短路作出反应，在高压侧及时切断电源。这一线段应采用封闭母线或用夹板固定的母线以杜绝短路的发生。

无短路防护电器的电气回路应尽量远离可燃物以避免短路产生的异常高温引燃起火。

11.26　当用一个短路防护电器保护多根并联单芯电缆或电线时应注意什么？

当用一个短路防护电器保护多根并联的单芯电缆或电线时，其要求和问答11.11 所叙的过载防护相同，即应注意使并联导体的布置对称，阻抗相等，以避免短路电流在各导体间分布不均匀。

11.27 三相四线回路中对中性线的过电流防护有哪些应注意之处？

三相回路中相线过电流防护的设置为大家所熟知。对中性线等的过电流防护有时不太注意，但它却是比较复杂的。不论是过载防护还是短路防护，三相回路中的中性线上均不得装用熔断器，并应尽量不用断路器的开关触头来切断中性线，以减少中性线触头导电不良引起"断零"，导致三相电压过高和过低烧单相设备事故。如果需要用触头来切断中性线，则产品标准规定中性线的切断需稍后于三根相线；中性线的接通则需稍早于相线，以避免开合回路过程中的瞬间"断零"烧设备。

如果采用断路器作过电流防护，当回路中性线截面积不小于相线截面积且回路中没有过多的三次谐波电流时，可不为中性线的过电流防护设置开关触头和过电流检测元件，因为满足了相线的过电流防护要求自然也满足了中性线的过电流防护要求。

当回路中性线截面积小于相线截面积或当回路中有大量三次谐波电流有可能使中性线过载时，应在断路器中性线上设置过电流检测元件检测中性线电流，但只作用于三根相线的切断而不必采用四极断路器来切断中性线，如图 11.27 所示。因三根相线切断后中性线电流自然消失，不必装用开关触头

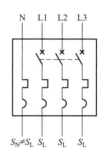

图 11.27 中性线截面积不等于相线截面积时仍采用三极断路器

来切断，以降低断路器制造成本，还可减少断路器中性线触头导电不良引起的"断零"烧设备事故。

11.28 在一回路的首端和末端短路时，短路防护应各侧重校验什么？

回路首端短路时短路电流较大，应侧重校验防护电器能否满足短路时遮断容量的要求。回路末端短路时，短路电流较小，应侧重校验防护电器能否满足动作灵敏度的要求。

11.29 过载断电将引起严重后果的回路，其过载不应切断电源，是否都需作用于信号？

不能一概而论，需视具体情况而定。有些行业，例如化工行业，如因过载而断电，将引起严重后果，不应切断电源。但长期过载将加速劣化线路绝缘。为此其过载需作用于信号，以消除过载隐患。但对于某些用电，例如消防用电，几十年不用一次。难得用一次，工作时间不过几小时，过载对绝缘的损害微不足道。对这种过载不必作用于信号，以简化设计和节约投资。

11.30 我国有的电气规范规定直埋电缆或架空线路可不装设过载防护电器，对否？

否。架空线路或直埋电缆旁边没有可燃物，不会引发电气火灾。但我们也要求该等线路能达到其正常使用寿命。长期过载将缩短其使用寿命，这是我们不期望的。新版 IEC 标准已删去这一不当条文。

11.31 我国电气规范规定用断路器防回路短路时，短路电流应不小于断路器瞬时或短延时动作整定电流的 1.3 倍。为何？

这是考虑了实际应用中，电源电压可能低于回路标称电压的 10%，而产品制造中实际动作值的误差可能高于规定值的 20%，这时断路器短路防护可能拒动而引发严重后果。为此需留有裕量而作出此 1.3 倍的规定。

11.32 在设计工作中，有时受建筑面积限制，建筑专业要求将低压配电柜安置在离配电变压器几十米处，可否？

不可。从变压器到低压配电柜的一段出线是无法装设短路防护电器的。为此需尽量缩短此段线的长度，并采取措施避免此段线路发生短路。笔者过去设计配电变电所时并不设置变压器低压出线总开关而只设置隔离开关。这是因为变压器高压侧继电保护除防变压器的内部短路外，也延伸防变压器低压侧几米长的一小段出线的短路。换言之，这一小段出线的短路防护是以高压侧的短路防护来兼顾。如果低压配电柜远离变压器，非但这段线路短路风险增大，也由于低压侧阻抗增大，高压侧的短路防护将无法防护低压侧这一段出线的短路，这显然是很不安全的。

11.33 有些规范和手册之类提出按经济电流密度选择导体截面积，请问它与过电流防护是何关系？

按经济电流密度选择导体截面积是出于经济而非安全上的考虑。它与过电流防护无关。

回路导体按截流量选择截面积是为了避免导体的过载、过热影响其正常寿命，是电气安全的最低要求。但如考虑长期导体发热的能耗和电费支出，这未必是经济合理的选择。因此提出了按经济电流密度选用导体截面积的问题，这是合理并符合 IEC 282 - 3 - 2 标准的。

但如将经济电流密度定量，规定具体数据列在手册之类的文献内作为设计依据恐不妥当。这是因为经济电流密度数据的确定与铜、铝的价格，银行的利息，电能的费用等众多因素有密切的关系，而这些因素是在不断变化的，它不可能是个定值。

为树立经济电流密度的理念提供必要的计算公式和图表曲线，以便设计工作中根据不同具体情况灵活计算和应用，这对合理节约电能和减少电费支出是很有裨益的。我国现时已非计划经济而是市场经济，像前苏联那样，以不变应万变，定量规定高压供电线路每平方毫米导线截面积为多少安培的经济电流密度数值恐是无意义的，也是行不通的。

11. 34　有的楼房内的老式保险丝（熔丝）常烧断停电，是否因过载或短路引起？

　　否。如问答 11.5 所述，过电流防护不应采用早已淘汰的无产品标准的保险丝（或断路器）。而应采用符合标准的熔断器（或断路器）。因保险丝（熔丝）与接线端子的接触是线接触而非面接触，接触面积太小。通过电流时容易产生高温而使连接处保险丝（熔丝）熔断而无故停电。停电并非线路的过载或短路而引起。对此应急之计是给保险丝（熔丝）的两端焊一连接片以增大接触面积，降低接触温度，就不致无故断电。

第12章 电气火灾防范

12.1 为什么电气装置设计安装不当是我国电气火灾多发的一个重要原因?

我国是电气火灾多发的国家,进入20世纪90年代后由于用电的增多电气火灾发生的次数一直占各类火灾的首位,约为火灾总数的30%,且多年来居高不下,与发达国家相比差距很大。电气火灾的发生有电气产品质量低劣、用电不慎等原因,但相当多的原因是电气装置的设计安装不当,在建筑物建设之初就留下了日后电气起火的隐患。因此了解电气火灾的起因,在电气设计安装中采取有效的防范措施,消除电气火灾的隐患,保障人民生命财产的安全是电气装置设计安装中一个需要特别注意的问题。

火灾的酿成必须具备起火源、可燃物和氧气三个条件。如果电气装置设计安装不当,往往在建筑物中因电的原因而形成起火源。电起火源通常以异常高温、电弧(电火花)的形式出现,其发生的起因又是复杂而多样的。最多发生的可归纳为短路、连接不良和电气装置布置安装不当三类起因,在电气设计安装中应特别注意防止这三类电气火灾的发生。

12.2 为什么短路防护的根本目的是防电气火灾而不在于保护线路绝缘?

第11章的一些问答叙述了发生短路时,用防护电器保护线路绝缘免受损害的一些防范要求,但未述及防范因短路而引发电气火灾的要求。据统计短路引起的火灾占电气火灾的多半,而短路起火造成的生命财产损失远非被保护的一段线路的价值所能比拟,设置短路防护的根本目的是防止短路起火,保护线路是次要的。如果起火引起爆炸,其后果将更严重。就我国电气火灾的现况而论,防短路起火是防电气火灾的重点。

12.3 既然防电气火灾的重点是防电气短路,发生电气短路的原因又是什么呢?

电气线路发生短路主要有两个原因。一是受机械损伤,线芯外露接触不同电位导体而短路。例如线路布设过低,又未用套管或槽盒等外护物作机械保护,受外物碰撞挤压因绝缘损伤而短路;或线路穿墙、楼板未穿套管,受外力损伤而短路等。关于防机械损伤的措施,在有关电气线路安装规范中都有具体规定,不再赘述。

二是电气线路因过热、水浸、长霉、阳光辐射等的作用而导致绝缘水平下降，在电气外因触发下，例如受雷电瞬态过电压或回路暂时过电压的冲击，绝缘被击穿而短路。在这些原因中以过热导致绝缘劣化为最多见。使绝缘过热的热源有外部热源，例如距电气线路过近的暖气管道、高温的炉子等；也有内部热源，那就是电气线路过载温升过高的线芯。这两种热源引起线路短路的后果是一样的。

12.4　试举例说明电线、电缆因过载而过热，绝缘老化失效转化为短路而起火的简单过程。

现以常用的 PVC 绝缘导线为例，如图 12.4 所示来说明线路过载内部热源引起短路起火的过程。图 12.4 中当线路无载时，PVC 绝缘的温度和室温相同。当线路通过负载电流时，如电流不超过线路的额定载流量，则其工作温度不超过允许工作温度 70℃，线路按此工作，使用寿命可达到其正常的寿命。如果线路过载，工作温度超过 70℃，线路仍照常工作，但绝缘的老化将加速。过载越多，老化越快，使用寿命越短。因此线路过载超过一定倍数和一定时间后，如图 12.4 所示其过载防护应切断电源，以避免线路的严重老化，在过电压等外因触发下转化为短路。

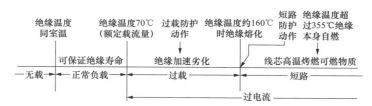

图 12.4　PVC 绝缘线路由过载转化为短路引起火灾的过程简示图

如果负载电流剧增而过载防护电器失效，当线芯温度达到约 160℃时，绝缘将熔化，过载可在短时间内转化为短路。如果线路近旁有可燃物，短路产生的高温可引燃可燃物而起火。

12.5　何谓金属性短路起火？

当不同电位的两导体接触时，大短路电流通过接触电阻而产生高温，使接触点金属熔化。如金属熔化成团收缩而脱离接触，电流就不再导通，短路现象自然消失，可不引起电气事故。如两导体接触点熔化焊牢，其阻抗可忽略不计，则成为金属性短路。由于短路回路阻抗小，短路电流可达线路额定载流量的几百倍以至几千倍。这时回路上的短路防护电器应迅速动作，以保护线路绝缘。但更重要的是防范短路产生的高温引燃近旁可燃物而酿成火灾，导致生命财产损失。如果短路防护电器失效拒动（例如熔断器误被铜丝或铁丝替代，断路器被短接或因其他种种原因失效拒动），短路状态将持续。以 PVC 绝缘为例，当线芯温度超过 355℃ 时，如图 12.4 所示，PVC 绝缘分解出的氯化氢将因剧烈氧化而燃烧，这时沿线路全长线芯烧红，PVC 绝缘也自燃而形成一条"火龙"，其近旁的可燃物都有被引燃起火的危险，酿成火灾的危险极大。

金属性短路虽然起火危险大，但只要按规范要求安装短路防护电器，并保持其防护的有效性，这种短路火灾是不难避免的。生活中的实际体验说明了这点。从上述和图 12.4 也可知电气线路因过载而引起的温升并不足以引起火灾。过载的后果只是因绝缘劣化加速绝缘损坏而引起短路，不同形式的短路才是电气火灾的直接起因。现时所谓过载起火的说法是不严谨的。

12.6 两导体间电弧的发生与施加电压高低的关系如何？为什么电弧易成为起火源？

如在两导体间施加不大于 300V 的电压，不论导体间空气间隙为多小，间隙是不会被击穿燃弧的。如果空气间隙为 10mm，则需施加 30kV 的电压才能击穿燃弧。如将两导体接触后再拉开，建立了电弧，则维持此 10mm 长的电弧只需 20V 的电压。电弧电压与电弧电流没多少关联，但电弧的局部温度却甚高，会引燃近旁可燃物而成为火灾的起火源。

电压小于 300V 时也可燃弧，那就是在绝缘表面上形成的导电膜上的爬电电弧，它也能引起火灾。这将在问答 12.18 至问答 12.22 中讨论。

12.7 电气线路何以发生电弧性短路？

电气线路电弧性短路的发生有多种形式。例如当电气线路的两线芯相互接触而短路时，线芯未焊死而熔化成团，两熔化金属团收缩脱离接触时可能建立电弧。又如线路绝缘水平严重下降，雷电等产生的瞬态冲击过电压或电网故障产生的暂时过电压都可能击穿劣化的线路绝缘而建立能引燃起火的电弧。

12.8 为什么配电线路电弧性短路的起火危险远大于金属性短路？

电气故障产生的电弧的持续存在很易导致火灾的发生，电气线路电弧性短路的起火危险远大于金属性短路的起火危险。这是因为金属性短路的短路阻抗小，短路电流大，防护电器可立即切断电源；而电弧短路的电弧具有很大的阻抗和电压降，它限制了电气线路的短路电流，使过电流防护电器不能动作或不能及时动作来切断电源，而几安的电弧的局部高温可达 2000～4000℃，足以引燃邻近的可燃物起火，因此电气线路的短路火灾大多是电弧性短路而非金属性短路引起的。

12.9 电气线路发生电弧性短路时有什么迹象可引起人们的警惕？

电气线路的电弧性短路可引起电气装置内类似烧电焊时的电压波动（voltage

fluctuation）和产生高频电磁波。如果电气装置内出现灯光闪烁或收音机、电视机受干扰等现象，则人们应警惕近处电气线路内有无可能发生电弧性短路。同理，如果电气火灾发生前出现上述现象，也可判定此火灾很可能是电气线路电弧性短路引起的。

12.10　为什么配电线路带电导体间的电弧性短路引起的电气火灾难以防范？

　　带电导体（相线和中性线）间的短路只能靠过电流防护电器来切断电源，而过电流防护电器对电流不大的电弧性短路是难以切断电源的，所以对带电导体电弧性短路起火的防范一直是个难题。20 世纪 90 年代美国开发了一种电弧故障断路器（arc fault circuit interrupter，简称 AFCI），它可以在被保护回路发生电弧短路时切断电源，其装用要求已编入美国《国家电气法规》（NEC）第 210 节中。该节规定住宅卧室单相 15A 和 20A 插座回路内应装用这种防护电器来防室内电弧性短路起火。美国还颁布了这种断路器的 UL 试验标准。

　　这种防电弧火灾的新技术尚在初始阶段，由于技术上的困难其额定回路电流最大仅 20A，不能对大电流干线的电弧性火灾起防范作用。

12.11　为什么配电线路电弧性短路起火大多为接地故障起火？

　　在配电线路短路起火中，接地故障电弧引起的火灾远多于带电导体间的电弧火灾。这首先是因为接地故障发生的几率远大于带电导体间的短路。根据统计，断路器的故障跳闸 90% 是接地故障跳闸。在电气线路施工中，穿钢管拉电线时带电导体绝缘外皮之间并无因相对运动而产生的摩擦，但带电导体绝缘外皮与钢管间的摩擦却使绝缘磨薄或受损。另外，发生雷击时地面上出现瞬变电磁场，它对电气线路将感应瞬态冲击过电压，假设一金属电缆梯架内敷设有电气回路，如图 12.11－1 所示，雷电瞬变电磁场在相邻电缆（电线）的芯线上感应的瞬态过电压是基本相同的，而电缆梯架则因

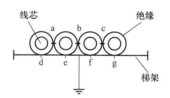

图 12.11－1　雷击时电缆梯架内的
线路绝缘承受瞬态过电压冲击

接地而为地电位，所以图 12.11－1 中 a、b、c 诸点非但具有两层绝缘，而且此两层绝缘不受雷电过电压的伤害，而电缆与梯架接触的 d、e、f、g 诸点的绝缘却因一再受雷电过电压的冲击而受损。所以无论从机械的或电的原因进行分析，线路对地的绝缘水平总是低于带电导体间的绝缘水平，发生接地故障的概率也远高于带电导体间短路的几率。

　　问题还不仅在于此，一旦发生接地故障，由它引起产生危险电弧的几率也远大于带电导体间产生危险电弧的几率，这可用图 12.11－2 来说明。图中 a、b、

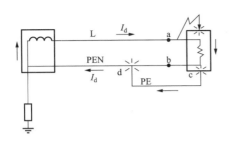

图 12.11 – 2   PE 线连接点导电
不良不易觉察

c 和 d 各为相线、中性线和 PE 线的连接端子。a、b 两端子如连接不良或不导电，设备将不运转或运转不正常，可及时觉察予以修复，不致引发事故。但 PE 线的端子 c、d 不导电或导电不良却不易觉察，因设备仍能照常运转，这时 c、d 端子的连接不良将成为一个事故隐患而持续存在。若一旦发生图 12.11 – 2 所示碰外壳接地故障，如果 c、d 端子不导电，设备外壳将对地带相电压而导致电击事故。如果 c、d 端子导电不良，端子处将迸发电火花或电弧（延续和集中的电火花即为电弧），很易引燃起火，因此接地故障电弧很易引起火灾，而且起火点有时不止一处。笔者在一些电气火灾现场对短路起火原因的分析和发达国家消防刊物所叙，所谓短路起火绝大部分是对地短路（俗称漏电）引起。这种案例举不胜举。而我国消防部门则常误以为是短路电流大的线间短路起火，张冠李戴，未能对症下药加以防范。这一错误判断不能不说是我国电气火灾居高不下的一个重要原因。

12.12   防范接地故障电弧火灾应采用哪种保护电器？

由于电弧阻抗限制了短路电流，带电导体间的电弧性短路是难以用一般过电流防护电器切断电源的，令人庆幸的是最易引起火灾的接地故障，无论是金属性的还是电弧性的，都能用 RCD 及时有效地切断电源或发出信号，避免了火灾的发生。道理很简单，300mA 以上的电弧能量才能引燃起火，而 RCD 对接地故障的动作灵敏度完全可以满足要求，用 RCD 防止接地故障引起的短路起火是非常简单有效的。由于接地故障电弧起火需经历一时间过程，它也可作用于报警，被称作剩余电流监测器（residual current monitor，简称 RCM，俗称漏电火灾报警器）。

12.13   装用 RCM 防范接地故障电弧火灾应如何设置才简单有效？

IEC 标准和许多发达国家都对接地故障电弧火灾的防范作出规定，这里以防电气火灾做得最好的日本的做法作为借鉴来介绍。

日本《内线规程》第 190 – 1 条规定建筑物内低压线路可能发生接地故障时就必须安装自动报警的 RCM。大家知道只有双重绝缘的线路和设备才不可能发生接地故障，但谁也不能保证一个建筑物内的电气线路和设备全为双重绝缘。因此《内线规程》规定 150m^2 以上建筑面积的旅馆、住宅、公寓和其他一些建筑物都需装设 RCM。按此规定大量建筑物都需安装 RCM，势将增加建设投资。

但《内线规程》对这一报警的设置却十分简单价廉和有效。如果建筑物为低压供电，《内线规程》规定其检测元件（零序电流互感器），应安装在户外的电源进线箱前，如图 12.13－1 所示。如果安装在户外有困难，也可在户内安装，但必须安装在接近电源进线处。

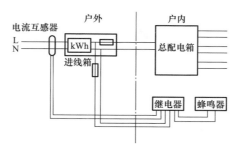

图 12.13－1 日本《内线规程》内 RCM
报警系统安装示例

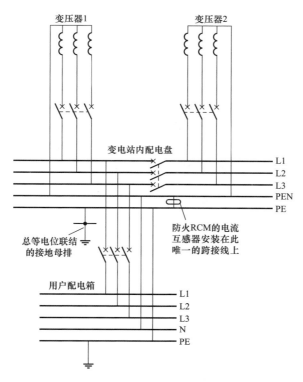

图 12.13－2 变电所内 RCM 报警系统
电流互感器安装位置

如果建筑物为高压供电，则此检测接地故障电流的电流互感器应安装在变电所低压配电盘 PEN 母排和 PE 母排间作一点连接的跨接线上，如图 12.13－2 所示。因 IEC 标准规定变压器星形结点出线处不允许就地接地，变电所所供楼内的所有接地故障电流都需通过低压配电盘内此电流互感器返回变压器。这也从一个侧面说明变电所内一点接地的必要性。

需要强调的是，只有在上述位置才能对建筑物的接地故障无一遗漏地实现全面监测，从而消灭盲区，保证对接地故障电弧火灾防范的全面有效性。我国的有关消防规范未能体现这一基本要求，不规定在电源进线处进行检测，只规定在建筑物内个别场所进行不必要的复杂的接地故障检测，使接地火灾的防范出现大量无防护的盲区。花费大量投资却不收实效。规范规定中的这一错误充分反映我国在防电气火灾和在电气安全技术上与国际水平的差距。

12.14 采用剩余电流动作原理防接地火灾时，作用于报警好还是作用于跳闸好？

一些接地电弧电气火灾现场反映，在建筑物起火冒烟前个把小时，电弧引起的电压波动已开始使灯光闪烁。这说明从发生接地电弧到烤燃近旁可燃物，最后火势蔓延成灾需经历一段相当长的时间。因此在 RCM 报警后有充分的时间用仪表（例如钳形电流表）来查出故障线路，从而避免大面积停电引起的诸多不良后果。

对于没有值班人员管理的小型建筑物，可用防火 RCD 作用于跳闸。

12.15 除电源进线处外，是否还需在电气装置其他部位多点检测接地电弧故障？

对于大型建筑物，为减少查找接地故障点的时间，除电源进线处外，还可在其他适当线段上多设检测点并进行集中监视。

12.16 电源进线处安装防火 RCD 或 RCM 后常出现 RCD 合不上闸或 RCM 报警不止的情况，是否因正常泄漏电流太大而引起？

一般情况下并非如此。我国建筑物一般采用三相四线供电。在三相回路中，三相的泄漏电流 $I_\triangle$ 的相位基本上也差120°，它们应相量相加而非算术相加，三相泄漏电流的相量和一般不超过 300mA RCD 的动作值，通常不会引起误动。

需要说明 300mA 的 $I_{\triangle n}$ 值是对生产、加工、储存木材、纸张、棉花之类的可燃物以及多粉尘的火灾危险场所（BE2 场所）的电源线路而言的。对于这类场所，为限制 RCD 的 $I_{\triangle n}$ 值可增加其电源进线回路数以减小其正常泄漏电流 $I_\triangle$。对于一般非火灾危险场所，防火 RCD 或 RCM 可取 1A 或更大的 $I_{\triangle n}$ 值，以避免其误动作。

12.17　现在我国电源进线上防火 RCD 或 RCM 误动的常见原因是什么？

我国电源进线上防火 RCD 或 RCM 误动的常见原因是电气装置施工安装不当，导致出现不正常的 PE 线电流。例如：

（1）按施工规范要求 PE 线应为黄绿相间的颜色，中性线应为浅蓝色。但在我国电气施工中，有时为图省事未对回路导体颜色按规定区分，这样就难免在施工中将 PE 线和中性线接错。如图 12.17–1 所示，中性线电流将通过 PE 线返回电源成为杂散电流，导致防火 RCD 或 RCM 的误动。

（2）在电气装置中错误地将中性线重复接地。如图 12.17–2 所示，在分配电箱中将中性线母排与 PE 线母排跨接而实现所谓"零线"重复接地，致使部分中性线电流经 PE 线返回电源而成为杂散电流，导致防火 RCD 或 RCM 的误动。

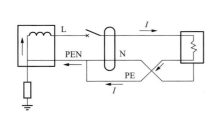

图 12.17–1　PE 线和中性线接反，
中性线电流经 PE 线返回电源

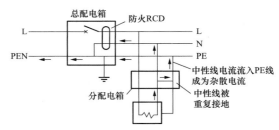

图 12.17–2　中性线误被重复接地，
部分中性线电流经 PE 线返回电源

（3）在线路敷设中野蛮施工，使相线或中性线的破损而故障接地，这当然也导致 RCD 或 RCM 的误动。

发达国家因对施工质量要求严格，很少发生电源进线处防火 RCD 或 RCM 误动的情况。据我国经销"漏电"火灾报警设备的公司反映，在我国现有大楼内补装"漏电"火灾报警系统后，几乎无一例外地出现报警不止的情况，其原因就是电气线路的施工不当留下的各种线路上的疵病。在消除这些疵病后防火 RCD 或 RCM 都能正常运作。而寻找和消除这些疵病却非易事，所花的时间往往大大超过电气线路施工的时间。令人担心的是现时我国新建的楼房中虽然按要求在电源进线处安装了防火 RCD 或 RCM，但由于施工质量差，该 RCD 或 RCM 往往误动。承包公司一般不愿花时间去查找和纠正施工中的疵病。为急于交工，往往掩盖疵病将该误动的防火 RCD 或 RCM 拆除了事，为日后常见多发的接地故障电弧火灾的发生留下祸根。

附带说明，在变电所内作 RCM 报警时，如不采用问答 1.9 中图 1.9 所示的一点接地方式，在变压器处也就地直接接地，将因接地故障电流多个返回电源通路的分流（即产生杂散电流）而使防火 RCM 拒动失效。

12.18 何谓爬电起火？它是否也是电弧性起火？

爬电也能因燃弧而起火。爬电电弧也是发生在导体之间的电弧，但它不是出现在空气间隙中的电弧，而是出现在设备绝缘表面上的电弧。设备绝缘表面有带相电压的导体，也有带地电位的导体。例如电源插头的绝缘表面上的一个或多个相线插脚和 PE 线和中性线插脚，它们之间的绝缘表面可能发生爬电，这种爬电可能建立电弧从而引燃起火。

12.19 请简述形成爬电燃弧的过程和其可能引起的电气危险。

绝缘表面爬电是缓慢形成的一种绝缘故障。设备工作环境中的空气中如含有潮气，当空气由热变冷时潮气就凝结在绝缘表面，在两导体间形成一能微弱导电的液膜。两导体间因电位差而产生一很小的电流。电流的热效应使液体气化，液体本身也能蒸发，但液膜中的盐分和导电尘埃等却遗留在绝缘表面上。这一过程周而复始，循环不已。遗留在绝缘表面上的盐分和导电尘埃不断增多，其导电性也随之提高，使爬电电流缓慢增大。当导电性达到一定程度时，即使不存在水分的绝缘表面也能导电。电流产生的热量能使绝缘碳化，绝缘表面出现星星火花而逐渐形成爬弧。它能使绝缘失效、设备损坏，若近旁有可燃物也可引燃起火。

12.20 如何减少电气设备绝缘表面爬电引起的电气危险？

可采用抗爬电的绝缘材料来减少这种爬电危险。在产品设计中适当加大两不同电位导体间绝缘表面的距离，在工程设计中采取措施减少这两种导体间的持续和过大的电位差，都可减少这种爬电起火危险。为了不过分增大设备尺寸和工程投资，IEC 绝缘配合标准规定 220/380V 设备两带电导体绝缘表面间允许最大持续电压相间为 400V，相地间为 250V，并按此电压在产品设计中确定设备绝缘表面的爬电距离。而在工程设计中则应注意两导体绝缘表面间的正常和故障情况下的工频持续过电压不得大于上述值，以减少爬电危险。

12.21 容易导致设备绝缘表面爬电故障的是哪一种持续工频过电压？

低压设备承受的工频持续过电压有两种：一种是带电导体间（即相线间和相线与中性线间）的过电压，这种过电压与网络运行条件有关；另一种是带电导体与 PE 线间的过电压，这种过电压与网络中的电源端系统接地的接地电阻值以及接地故障电流值有关。前者通常是网络标称电压的正偏差，由于有电能质量标准的规定和限制，过电压的幅值不会太大，也非长期持续存在；后者不但过电压幅值大，而且可能长期持续存在，容易导致爬电故障。

12.22　请说明电网中电源端系统接地的接地电阻值与爬电故障的关系。

图 12.22（a）所示为 220/380V 的 TT 系统，因其一相发生接大地故障而引发设备绝缘表面的爬电事故。图 12.22（b）为其故障时电压分析的相量图，为节约篇幅，不多作推导和说明。发生此种故障时因接地故障回路阻抗大，故障电流 I_d 小，回路一般不跳闸，故此故障电压得以长期持续存在。从图 12.22（a）可知，I_d 系通过故障点接地电阻 R_E 和系统接地的接地电阻 R_B 返回电源，L1 相的相电压 220V 按两串联 R_E 和 R_B 的阻值分配在这两个接地电阻上，而系统接地点则由图 12.22（b）中所示的 O 点转移到 O′点。L1 对地电压将降低而 L2、L3 对地电压则升高，回路的线电压和相电压则仍维持 380V 和 220V 不变。这时设备仍照常工作，但其对地绝缘却因 L1、L2 对地电压的升高而承受过电压，可能导致绝缘表面发生爬电事故的危险。如前所述，为使此长期持续的过电压不致引起包括爬电起火在内的电气危险，IEC 绝缘配合标准规定 220/380V

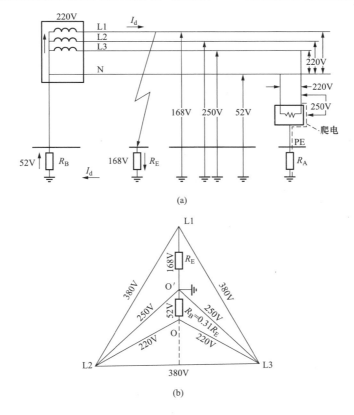

图 12.22　回路的一相发生持续接大地故障，
另两相对地电压超过 250V，可能引起爬电事故
（a）220/380V 的 TT 系统一相发生接大地故障时的电压分布举例；（b）故障时电压分析相量图

回路内相线的对地持续过电压应不超过 250V。为满足此要求，按图 12.22（b）用三角学的公式计算，不难得出其前提条件是：

$$R_B \leq 0.31 R_E \tag{12.22}$$

当 $R_B = 0.31 R_E$ 时，如图 12.22 所示，L1、L2、L3 和中性线对地电压将分别为 168V、250V、250V 及 52V，不再赘述。

因 R_E 为一随机值，设计时无法按式（12.22）确定 R_B 值。但有一点可以肯定，即 R_B 取值越小，这种长期持续过电压导致设备绝缘表面爬电起火的危险越小。在电气设计中为策安全，电源端系统接地的接地电阻 R_B 应取尽可能小的值。对于不能利用建筑物内等电位联结系统自然接地的户外箱式变电所或杆上变压器，根据国外经验，打接地极时 R_B 取 1Ω 是难以实现的。在一般情况下将人工接地的 R_B 值取为 2Ω 是可行的。我国有关接地规范将 R_B 取值为 4Ω 是不安全的。

爬电主要是绝缘表面相线和 PE 线之间的爬电，因此也可用 RCD 在爬电电弧引燃起火前切断电源防止火灾的发生。

12.23 为什么许多电气火灾是因导体间的不良连接引起的？

相当多的电气火灾是因导体的连接不良引起的。导体间的连接有两种：设备端子和线路之间以及线路和线路之间的永久连接为固定连接；开关两触头间和插头、插座间的断续的连接为活动连接。两者都有可能因连接不良产生高温和电火花而引起火灾。为避免这类火灾的发生，要求电气连接的导电良好，接触电阻尽量小。

电气连接的接触电阻由两部分组成：一是膜电阻；另一是收缩电阻。膜电阻是指导体表面导电能力很差的一层薄膜所形成的附加电阻，它因导体接触面上的尘埃、腐蚀物、氧化物而产生。收缩电阻是指电流通路收缩而形成的电阻。因导体接触面凹凸不平，接触面实际由若干接触点组成，这使实际接触面减小，电流在接触点处收缩集中，由此形成附加电阻。

导体连接处如果接触电阻过大将因 I^2Rt 发热而产生异常高温。如果连接不紧密也可因导体连接的若即若离产生电火花而引起异常高温。凡此种种都可成为危险的电气火灾起火源。

12.24 防范导体连接不良起火的要点是什么？

为减少连接不良引起的起火危险，应尽量提高连接的质量，也就是电气的连接应具有足够的接触面和接触压力，并应具有光洁的接触表面。

12.25 为什么电气线路中铝线比铜线更容易起火？

大家知道铝线起火的危险远大于铜线。铝线的起火不在铝线自身而在铝线的连接。与铜线相比，铝线连接的起火危险大的原因有以下几点：

（1）铝线表面易在空气中氧化。凡导体表面都或多或少地存在膜电阻。若膜电阻引起连接处过热，过热又使膜电阻增大，导电情况就越恶化，而铝线连接中这类过热的情况尤为严重。这是因为铝线表面即使刮擦光洁，它只需在空气中暴露数秒钟即可被氧化而立即形成一层氧化铝薄膜。其厚度虽只几个微米，但却具有很高的电阻率，从而呈现较大的膜电阻。因此在铝线施工连接时，应在刮擦干净铝线表面后立即涂以导电膏并进行连接，以隔断铝线连接表面与空气的接触，不然将增大接触电阻。

（2）高膨胀系数。铝的膨胀系数高达 $23 \times 10^{-6}/℃$，比铜大 39%，比铁大 97%。当铝线与这两种金属导体连接并通过电流时，连接点因存在接触电阻而发热。这三种导体都膨胀，但铝比铜、铁膨胀更多，从而使铝线受挤压。线路断电冷却后铝线稍许压扁而不能完全恢复原状，这样就在连接处出现空隙而松动，并因进入空气而形成氧化铝薄膜，这样就使接触电阻增大。下次通电时发热将更剧，使情况更为恶化，严重时可能因产生异常高温或迸发电火花而引燃起火。为此大截面积的铝导体与铜、铁导体连接时应配置过渡接头。小截面积（不大于 $6mm^2$）铝线的连接则应采用弹簧压接帽，这样无论连接处是否通电，有无发热，连接接触面都处于弹簧的压力下而使空气和潮气无隙可入，从而保持连接的导电良好。

（3）易出现电解腐蚀作用。若不同电位的两金属间存在带酸性或碱性的液体，则两金属将形成局部电池。铝的电位为 $-0.78V$，而铜为 $-0.17V$，当铝导体与铜导体间存在含盐分的水分时就形成此种局部电池。电离作用将使电位低的铝导体受到腐蚀而增大接触电阻。

（4）易被氯化氢腐蚀。对于 PVC 绝缘的铝芯电线、电缆，还可能出现另一个问题。为阻止 PVC 绝缘分解出氯化氢气体，PVC 绝缘内添加有阻止分解氯化氢的稳定剂。但当线路温度超过 75℃ 时，例如发生线路过载或因其他原因而使连接处温度过高时，稳定剂就不再能阻止氯化氢的形成，而氯化氢是要腐蚀铝的，这同样也将增大接触电阻和起火危险。

12.26　既然铝线起火危险大，是否在电气装置中不应使用铝线？

否。由于历史上的原因，我国多年来执行以铝代铜的技术政策，铝线在低压电气装置中的应用在我国极为广泛。但我国在铝线敷设的施工中，特别是在小截面积的铝线敷设施工中，不重视铝线的连接质量。所谓连接只是简单地将铝线压接在设备端子螺栓上，或将两根线芯绞接包以电工胶布。如此不规范的施工自然使铝线连接起火事故屡屡发生。在发达国家即使按规定施工铝线的连接，但在缺乏专业电工维护管理的场所铝线起火事故也远多于铜线。我国对外开放后，建筑电气设计施工中铜的应用已不受限制，设计规范内已不再规定以铝代铜的政策性要求，而在住宅之类无电气专业人员管理的场所以及某些电气危险和重要场所则严格规定采用铜线。对我国减灾工作而言，这一规定是十分必要的。但在一些信息闭塞的偏远地区，有关部门仍因循旧习，不加区分，违反规范强制所辖地区一律采用铝线，这显然是与以人为本，保证人民生命财产安全要求背道而驰，是应该予以纠正的。

我国是个铜资源相对匮乏的国家，应注意铜材的节约。在铝线施工工艺和电气管理水平高的场所内，仍应在保证电气安全的前提下合理地采用铝线，例如在架空线路中采用钢筋铝绞线，在工业厂房中采用铝母排等。

12.27 电源插头和插座起火的原因何在？

插头、插座属线路连接附件，它和开关触头一样是一种活动连接。墙上安装的固定插座由专业电工施工，这种插座和与用电器具配套的电源线插头如按产品标准制作，一般都能满足上述低接触电阻的要求，发生电气火灾的几率较小。大量的插头、插座火灾发生在用户加接的不正规插头、插座板上。在设计中因片面节约投资墙上固定插座数量安装过少，用户几乎全都要自己加接插座板供电。一般老百姓不懂电气安全知识，他们往往在电料店买价廉质次的插座板，用一段双芯 PVC 绝缘电线用插头从墙上一个固定插座接用多个用电器具。在发达国家非固定安装的临时线路插座板即使选材和安装合格，也只允许临时短期使用，用毕必须拆走。而在我国几乎所有的用户都将这种不安全的临时线路插座板无限期地使用下去，这样就给电气安全带来许多隐患。因双芯 PVC 绝缘电线既缺少一根 PE 线，又没有护套作机械保护，很易导致人身电击和绝缘破损短路事故。而临时线路插座板的插头、插座或因接触面积和压力不足，或因接线不正规以及其他一些缺陷，往往因接触不良等原因而导致异常高温和打火。接线端子处的一段 PVC 绝缘还会因连接不良产生的高温而熔化，引起线路短路事故。特别是当这种插座板接用的电气负载大时更容易导致电气火灾事故的发生。

12.28 如何在电气设计中消除和减少临时线路插座板和插头引起的电气火灾？

这种火灾的直接原因是用户自己加接的插座板连接不良，而根本原因却是设计不当，墙上固定插座数量过少。正是因为墙上固定插座过少，用户才不得不自己加接插座板，增加了电气火灾发生的危险性。发达国家十分重视这种火灾危险，他们安装的墙上固定插座远比我国多。以住宅客厅内的插座为例，我国一般安装 3 组，回归祖国的香港地区仍执行英国 IEE 标准，他们的客厅较小，墙上固定插座却为 6 ~ 10 组，因接用插座板导致火灾的概率自然要比内地小许多。

对防范这类电气火灾，美国有更科学和严格的要求。他们的产品标准规定用电器具电源插头线的长度不得小于 1.8m，与此相适应，住宅电气装置标准规定墙上两固定插座的间距则不得大于 3.6m，插座与门框的距离则不得小于 1.8m，如图 12.28 所示。这样用电器具如不能自左边的一组插座接电，就一定能自右边的一组插座接电，从而大大减少了用临时线和插座板供电的可能。我国家用电器的产品标准和住宅设计规范对这些要求都没有规定，不可避免地将增加临时插座板和插头起火的危险。增加一些墙上插座所费无几，但这种为减少电气火灾，合理科学地装设插座，重视人身和财产安全的做法是值得我们在电气装置设计工作中借鉴的。从一个小小插座安全上的考虑，充分体现了一个国家以人为本的安全文化水平，在这方面我国的差距是比较大的。

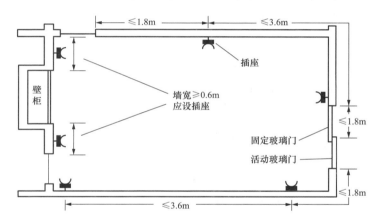

图 12.28　按用电器具电源插头线长度确定墙上插座的间距

12.29　在电气装置的设计和安装中，如果电气设备布置不当为什么会引起电气火灾？

电气装置中有些电气设备正常工作时是能产生或可能产生高温的，例如红外线加热器、白炽灯。如果设计时这类设备布置不当，离可燃物太近，即使未发生任何故障，其正常工作时的高温或电火花就可烤燃可燃物起火。IEC 标准将这种电气火灾称作电气设备热效应引起的火灾。

12.30　请简述白炽灯之类高温设备的热效应起火危险及其防范措施。

电灯泡是最常见的电气设备高温源。100W 和 200W 电灯泡的玻璃壳表面温度分别达 220℃和 300℃，1000W 碘钨灯的灯管表面温度则高达 800℃，而一些可燃物质的燃点则多低于此，见表12.30。

表12.30 　　　　　　　　　　　　常 见 可 燃 物 的 燃 点

可燃物	纸	棉花	布	麦草	豆油	松木	涤纶纤维
燃点/℃	130	150	200	200	220	250	390

如果电气照明设计中将大功率灯泡布置得太靠近可燃物，则烤燃起火的危险是很大的。1994年克拉玛依一次剧场演出烧死325人的大火，就是1000W碘钨灯烤燃舞台布幕引起的。在电气装置设计中必须将这类高温电气设备布置得离可燃物一适当距离，或用低热导的隔板隔开。

目前，电气线路和设备也进入家具内，成为电气装置的一个组成部分，例如衣柜内如装有照明灯泡，则应注意防止灯泡热量烤燃衣物起火。为此须在衣柜门上安装连锁开关，在关上衣柜门时可靠切断柜内照明电源，以防柜门关闭后灯泡热量积蓄引燃衣物起火。

12.31 荧光灯温度不高，为什么也能烤燃起火？在电气设计安装中如何防范它引起的电气火灾？

荧光灯等气体放电灯属冷光源，灯管本身工作温度不足以引燃起火，但其镇流器，无论是电感式或电子式，都有可能成为火灾的起火源。这是因为电感式镇流器是个发热器件，其温度是随铁心激磁电流的增大而升高的。当电网电压偏高（例如某些地区电压不稳定，半夜电压正偏差过大），而铁心质量差时，镇流器的激磁电流剧增，铁心产生异常高温，镇流器如安装在可燃物质上很易烤燃起火。例如，1993年造成重大经济损失的北京隆福大厦火灾，就是镇流器半夜电网电压过高烤燃木质商品柜而引起的。电子式镇流器不发热，但它含有诸多的电子元件，当由于各种原因（例如电网中的过电压）任一电子元件被击穿短路时也同样能引起电气火灾。防止镇流器之类易产生高温的用电器具起火的措施是勿将它安装在可燃物上，而应将它安装在金属或其他不燃物上，并远离可燃物。

12.32 在有些宾馆电气设计中，将末端配电箱装设在客房木质衣柜内，如此布置是否存在电气火灾危险？

在宾馆电气装置设计中有时将末端配电箱安装在客房的木质衣柜内，这种布置是存在起火危险的。配电箱内的微型塑壳断路器正常时发热不大，但如断路器使用日久，因各种原因触头或端子连接的接触电阻可能超过规定值而发生高温甚至打火，这时断路器将产生异常高温，它将烤燃衣物和木质衣柜而引燃起火。

12.33　在一般电气装置中，配电设备的布置应注意防止哪些电气设备易因迸发电火花而引起电气火灾？

在一般电气装置中，有些线路防护电器动作时是要迸发出电火花的，例如熔断器和火花间隙型的电涌防护器。这类防护电器的布置和安装应离可燃物一个适当距离，其下方也不应放置可燃物，以防电气火星坠落在可燃物上引燃起火。

12.34　如何封堵电气火灾沿电气线路蔓延？

电气线路绝缘虽然具有阻燃性能但并非难燃物，一旦发生电气火灾火势可沿线路绝缘蔓延而扩大灾害，因此防范电气火灾沿线路蔓延是防电气火灾的一项重要措施。下面将简述在电气安装中这一措施的要点。

（1）当电气线路通过墙、地板、天花板和屋顶等建筑结构件时，其穿过的孔洞应按这些结构件等同的耐火水平予以封堵。这一封堵不应降低原结构件的防水、隔音等要求。

（2）敷设电气线路的套管、槽盒和空气绝缘封闭母线槽等穿过结构件时在其内部也应进行封堵。

（3）上述电气线路的套管和管槽等，如果其内部空间截面积不大于710mm²（例如圆截面套管的内径不大于30mm），一般不需作内部封闭，因进入其内的空气量不足以维持线路绝缘的持续燃烧。

12.35　我国单相插座、小开关之类的线路附件上标示 250V 电压是否可认为该等附件的工作电压可用到 250V？

否。该等附件上的 250V 电压是指为避免爬电故障，相线和 PE 线之间允许出现的最大持续电压为 250V，而非相线与中性性之间的最大工作电压可为 250V。例如，一个 10A，250V 插座的通电功率并非 $10 \times 250 = 2500\text{VA}$，而是小于此值。大家知道，由于电能质量标准的限制，相线和中性线之间的相电压的偏差是很小的，例如一般为 ±5%。在发生一相接大地故障情况下，另两相对 PE 线电压则可达到很大值，如图 12.22 所示，可引起爬电起火。解决之策是尽量降低系统接地的接地电阻 R_B。这将增加电气装置建设投资。也可加大附件或设备相线和 PE 线间的绝缘表面距离（即爬电距离），但这将增加产品制造成本。两者是有矛盾的。为此电气装置承包商和电气产品制造商协调和妥协，将防止爬电的电压定为 250V，这样产品制造成本不致过高，装置建设投资也不致过大。这就是 250V 的由来。若将此 250V 误为最大工作电压，将导致该等附件的过载而招致电气火灾危险，也可因过大的过电压而大大缩短用电设备的使用寿命。

12.36 试举一能说明接地电弧火灾特性的案例。

此类案例不胜枚举。例如，20 世纪 90 年代，某家具厂的成品仓库发生电气火灾，整个仓库付之一炬。起火原因是电气设计安装不当，电源电缆和暖气入口共一进口。暖气入口温度超过 90℃，电缆被高温烘烤绝缘水平下降，起火点发现有对地电弧痕迹，说明是电缆对地电弧起火。工厂人员称起火前仓库近旁灯光闪烁约个把小时，这说明电弧曾引起了长时间的电压波动（voltage fluctuation），从燃弧到成灾需经较长时间。这一案例也说明了日本《内线规程》将防接地故障起火作用于报警而不作用于切断电源是有根据的。

12.37 我国电气火灾多年来居高不下原因何在？

原因非常复杂，例如，有关电气消防规范不完善就是主要原因之一。前文所述国际上非常重视的 IT 系统在消防电源中的应用，在我国规范中迄今未见提及。又如日本《内线规程》内经济简单的防接地故障火灾措施可供我国规范借鉴，但被摒弃不用，却采用了我国某产品资料复杂浪费的做法作为条文制定依据。它不能对建筑物接地火灾全面报警，而其投资则动辄以百万元计，妨碍了我国对这类常见多发火灾的有效遏制。

发达国家消防规范非常重视及时汲取和总结电气火灾事故的经验教训，以之充实规范的条文规定。我国在这方面也存在差距。例如，原北京谊宾馆剧场电铃通电拒动，又忘却拉闸，导致电铃深夜高温起火，将剧场全部烧毁，这种火灾不难采取定时断电措施将其避免，但我国消防规范并未亡羊补牢，在电气消防规范内规定有效措施，杜绝这类电气火灾的再发生。致使不多年后北京一大商场又发生同样电铃持续通电起火事故，又将大商场付之一炬。

电气消防规范是电气设计安装的依据。不提高电气消防规范水平，我国电气火灾居高不下的被动局面是难以扭转的。

12.38 我国消防规范要求消防设备的两个电源在末端切换，国际上是否也如此要求？

否。国际上重视的是采用 IT 系统作消防应急电源，以提高故障时消防应急电源的供电不间断性。消防应急电源线路则重视矿物绝缘电缆的应用，以保证火灾时电源线路能承受高温在一定时间内继续送电。它与正常电源在干线上互相切换，但不要求在每一个末端切换。我国要求消防设备的两个电源在每个末端切换花费大量投资，但缺乏保证消防用电的有效措施，例如采用 IT 系统，并不能提高消防用电的供电不间断性。这一末端的电源切换的措施早该修改了。

12.39　在火灾现场一片瓦砾灰烬中如何判定电气短路起火？

消防部门的火查人员能从火灾现场迹象很快找出火灾的起火处。如果起火处有电气导体熔化的熔珠，则有可能是电气短路起火。引起火灾的电气短路被消防部门称作一次短路。因其他原因起火的火灾烧坏电气绝缘而引起的电气短路则被称作二次短路。这两种短路的熔珠的金相结构是不同的，很容易分辨。有关消防研究所可用仪器对熔珠作金相分析，判定是一次还是二次短路。如果是一次短路，即可断定火灾是电气短路引起的。

消防部门的火查人员可很快判定是否是电气短路起火。但他们并非电气专业人员，难以分辨一次短路是线间短路还是对地短路。常将对地短路误认为线间短路。其结果是电气短路火灾统计不准确。发达国家统计的电气短路起火中接地短路起火都占绝大多数。而我国的统计数字却相反，接地短路起火只占很少数，说明我国对短路起火的判断和统计有误，水平不高。我国电气火灾中短路起火约占60％，是防范的重点。这一错误的统计数字影响了我国对常见多发的接地短路起火的重视和防范，不能不说这是我国多年来电气火灾居高不下的一个重要原因。

第13章 变电所高压侧发生接地故障时低压电气装置暂时工频过电压的防护

13.1 何谓低压电气装置的过电压？

施加给低压电气装置的电压如超过电气装置的标称电压，这一电气现象称作过电压。

13.2 低压电气装置内可能出现哪些过电压？

低压电气装置内可能出现各种不同的过电压。一种是由于电网和电气装置运行条件的变化引起工频电源电压变化，导致缓慢而持续的带电导体间的过电压，它被称作电源电压的正偏差，它和电源电压的负偏差都是表征电源电压质量的一个重要指标。

另一种是雷电在低压电气装置中引起的持续时间以微秒计的瞬态冲击对地过电压以及大功率电气设备投切引起的带电导体间瞬态过电压，其持续时间虽然极短，但幅值和波形陡度却不小，可能引起电气装置中电气设备和电子设备的绝缘击穿，导致设备损坏，或工作受干扰。有时也可引发火灾、大面积停电等严重事故。

还有一种是低压系统或配电变电所高压侧故障引起的工频过电压。例如当三相四线回路中性线断裂（俗称"断零"）导致三相电压不平衡引起的某一、二相持续工频过电压。又如当一相发生接地故障时另两非故障相出现的对地工频持续或暂时过电压。还有就是当配电变电所内高压侧发生接地故障时引起低压侧带电导体对地的工频持续或暂时过电压。这些因故障引起的工频持续或暂时的过电压都可能引起人身电击、电气火灾、设备损坏等种种电气事故。后文有关章将对这些过电压分别探讨。

13.3 我国过去普遍采用的10kV不接地系统的优点和缺点何在？

由于历史上的原因我国建国后10kV电网普遍采用不接地系统，即10kV系统负荷端的外露导电部分作保护接地，而电源端带电导体则是不接地的，如图13.3所示。当10/0.4kV变电所内发生如图13.3所示的10kV侧接地故障时，故障电流I_d没有返回电源的通路，它只能通过图13.3所示另两非故障相的对地电容返回电源。故障电流I_d为此两电容电流的相量和。因线路对地电容，特别是架空线路的对地电容很小，容抗很大，所以 I_d 值很小。按我国电力部门规范要求，此 I_d 值不得大于 10A 或 20A，同时规定图 13.3 所示 10/0.4kV 变电所的接地电阻 R_B 不大于 4Ω。此 I_d 在 10/0.4kV 变电所的接地电阻 R_B 上产生故障电压降 U_f。为节约变电所建设投资，低压系统中性点的系统接地也接于 R_B 上，它将使低压系统对地电位升高而对地过电压，PE 线对地电位也升高至 U_f。当 I_d 和 R_B 都为最大值时 U_f 最大值不过 $10 \times 4 = 40V$ 或 $20 \times 4 = 80V$，因 R_B 常具有并联的重复接地的接地电阻，其实际值往往不大于接触电压限值 50V，因此出现图 13.3 所示 10kV 侧接地故障时产生低压侧工频过电压引起的电击事故的几率是很小的。正因为如此，10kV 不接地系统内发生上述接地故障时，10kV 故障回路电源侧的断路器不必切断电源，只需发出故障信号，以便在尽可能短的时间内排除故障，从而避免因再发生异相接地故障使断路器跳闸而导致大面积停电。这是 10kV 不接地系统的优点。

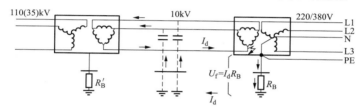

图 13.3 10kV 不接地系统内 I_d 值和 U_f 值均很小

这种系统在发生上述接地故障时，如因各种原因长时间不能排除故障，另两非故障相的对地绝缘将长时间持续承受 $\sqrt{3}$ 倍相电压的过电压，为此需提高 10kV 系统供电元件（例如线路、变压器、开关柜等）的对地绝缘水平，并加大其空气间隙、爬电距离等，这必然将导致设备体积的加大和制造成本的提高，从而增加电网建设投资，这是其缺点。

13.4 我国改革开放后有些大城市将 10kV 配电系统改为经小电阻接地系统，原因何在？

改革开放后我国城市用电负荷急剧增长，如仍以 10kV 架空线路供电，因受送电容量和线路走廊的限制，已远不能满足负荷增长的需要，为此不得不在市区内用大量埋地电缆供电。由于对地电容电流的增大，城市 10kV 电网内接地故障电流因此大大超过 10A 或 20A 的限值。单相接地故障电弧能量的增大使单相接地故障很快转化为相间短路，迫使 10kV 故障回路电源端断路器切断电源，不接地系统在发生一个接地故障后仍能保证供电不间断的优点已不复存在。既然同样需切断电源，提高系统建设成本采用 10kV 不接地系统已无意义。为此我国也仿效发达国家的做法，将城市里这级电压的配电系统由不接地系统改为经小电阻接地系统，在发生上述接地故障时使故障回路首端断路器切断电源，如图 13.4 所示，以降低对电网绝缘的要求和建设投资。图 13.4 中 110（35）/10.5kV 变压器二次侧绕组通常为三角形接线，没有中性点。为实现接地需在二次侧安装一个接地变压器，其一次侧为有中性点的星形绕组（图 13.4 中未表示接地变压器的二次绕组），这样就可获得系统接地所需的人工中性点。从图 13.4 可知，为限制直接接地的故障电流，从此人工中性点经一个 10Ω 左右的小电阻值的电阻器 R 后，再接至地下接地极 R'_B 接地。这就是所谓经小电阻接地的 10kV 接地系统。

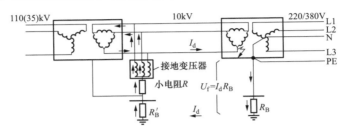

图 13.4 10kV 经小电阻接地系统内 I_d 值和 U_f 值均增大

从图 13.4 可知，采用小电阻接地系统后，在 10/0.4kV 变电所内高压侧发生接地故障时，接地故障电流 I_d 不再是微小的电容电流，它获得经图 13.4 中 R_B、R'_B 和小电阻 R 返回电源的通路，这样 I_d 值可达数百安。在此故障情况下为保护 10kV 线路和设备，电源侧的继电器和断路器应在以若干毫秒计的时间内迅速切断电源。由于电源中性点接了地，两非故障相的对地电压虽然有所升高，但升高幅值不致过大。又因为电源的迅速切断，故障的持续时间仅若干毫秒，所以对 10kV 供电元件的绝缘水平、空气间隙、爬电距离的要求可大大降低，这就可在一定程度上降低设备制造成本，缩小设备体积和减少 10kV 系统的建设投资。

13.5 10kV 配电系统改为经小电阻接地系统后，为什么会在低压用户电气装置内引发对地暂时过电压和一些电气事故？

10/0.4kV 变电所既是 10kV 系统的负荷端，也是低压系统的电源端，所以它是 10kV 系统和低系统的转换点。变电所接地电阻 R_B 上的电压降为 $U_f = I_d R_B$，它随 I_d 的增大而增大，而低压系统中性点也通过 R_B 而实现其系统接地，如图 13.4 所示。由于共用同一个 R_B 接地极，此上千伏的故障电压 U_f 将传导至低压用户引起对地大幅值暂时过电压，在低压用户内引发各种电气事故。

本章所述仅涵盖低压用户（不包括变电所）内的电气危险及防范措施。

13.6 当小电阻接地系统的 10kV 变电所内高压侧发生接地故障时，为什么所供低压 TN 系统的户外部分易发生电击事故？

当小电阻接地系统 10/0.4kV 变电所内高压侧（包括高压开柜、高压线路、

10/0.4kV 变压器等）发生接地故障时，如低压侧为 TN 系统，则如图 13.6 所示，由于共用了接地极 R_B，低压侧星形结点以及 PEN 线、PE 线以及相线的对地电位也同时升高 $U_f = I_d R_B$ 值，也使所供电气装置的外露导电部分对地带同一 U_f 电压，如图 13.6 中虚线所示。当此部分电气装置位于建筑物内时，如建筑物内作有问答 2.6 所述的总等电位联结，TN 系统建筑物内人体可同时触及的导电部分都处于同一 U_f 电位水平上，不出现电位差，不论 U_f 值有多高，都不致引起人身电击事故。这是总等电位联结的一个优点，但重复接地不具备这个优点。

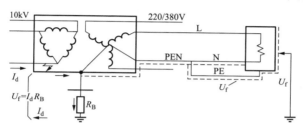

图 13.6　10kV 经小电阻接地系统内 TN 系统的电击危险

当电气装置在建筑物外时，例如户外安装的路灯、广告灯以及其他户外电气装置部分，其外露导电部分，如路灯的金属杆、户外泛光灯的金属外壳等将带 U_f 电压，而人体站立的户外地面却为零伏的地电位。当人手接触这些外露导电部分时，接触电压即为 U_f。如 10kV 电网为图 13.3 所示的不接地系统，产生的 U_f 值通常不大，人身电击危险也不大。但如 10kV 电网为图 13.6 所示的经小电阻接地系统，则人体承受的接触电压可高达几百以至上千伏。用问题 3.6 中图 3.6 所示的预期接触电压和允许最大持续时间的关系曲线进行分析，人身电击致死的危险很大。问题还在于一旦发生电击事故，事故的原因和罪魁祸首却很难查清。因变电所 10kV 侧接地故障电流 I_d 大，事故发生后 10kV 故障回路的继电保护迅速动作，电击事故现场不再呈现 U_f 电压，无法查明事故的确切起因，当然也难以总结事故教训，杜绝这类变电所故障引起的暂时工频对地过电压导致的人身电击事故的再次发生。

13.7　当发生问答 13.6 所述的暂时工频对地过电压时，TN 系统内除人身电击外是否还会发生设备和线路绝缘击穿事故？

否。当发生问题 13.6 所述暂时过电压时，因所供 TN 系统内包括相线、中性线和 PE 线在内的回路导体以及装置的外露导电部分的电位同时升高，它们之间不出现电位差，因此回路内设备和线路的绝缘不会因这种过电压而受到伤害，不会发生绝缘击穿事故。

13.8 如何防范10kV小电阻接地系统变电所内高压侧接地故障引起的TN系统人身电击事故?

对这种电击事故可采取下列措施来防范:

(1) 在变电所内分设两个接地极。变电所内原本有高压系统的保护接地和低压系统的系统接地两个接地,只是因为过去10kV电网采用不接地系统,为简化接地装置才将这两个接地合并为一个共用接地。现在为避免这一人身电击事故,最彻底的解决措施是将这两个接地极仍分开独立设置,在电气上互不影响,如图13.8所示。图中高压侧的外露导电部分(为实现变电所的总等电位联结,低压侧的外露导电部分也与之联结)的保护接地 R_B 与低压系统的系统接地 R''_B 分开设置。这样 R_B 上的故障高电位就无由传导到低压系统内引发电击事故。

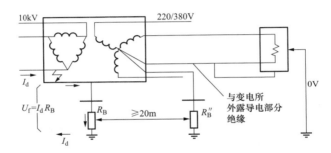

图13.8 变电所分设两个接地极可消除暂时过电压引起的电气事故

为在变电所内设置两个独立的接地极,需将问答1.9中图1.9内绝缘的PEN母排在变电所内与外露导电部分以及PE母排绝缘,从该绝缘的PEN母排引出一单芯绝缘电缆在户外距保护接地 R_B 至少20m处另打接地极 R''_B,这样就实现了10/0.4kV变电所电气上互不影响的两个独立的接地。这时从低压配电盘内的PE母排可引出变电所内外露导电部分连接的PE线。变电所所供其他建筑物TN系统的PEN线(PE线)概由绝缘的PEN母排引出。

(2) 在所供TN系统建筑物内实施总等电位联结。当变电所和TN系统电气装置不在同一建筑物内时,上述变电所故障过电压 U_f 将成为转移故障电压沿PEN线、PE线传导至用户电气装置外露导电部分上。如果建筑物内实施了总等电位联结,由于等电位的作用,人身电击事故将不致发生,其防护原理可见问答7.7及图7.7,不再重述。

(3) 所供建筑物外的TN系统改为局部TT系统。上述TN系统的建筑物户外部分因不具备总等电位联结条件,其地面为0V的地电位,而装置的外露导电部分则带 U_f 高电位,为此往往需将这部分电气装置改为局部TT系统,其实施要求在问答 7.10 中已有说明，不再重述。这时的电气危险不是电击，而是装置绝缘承受过电压，详见问答 13.9。

（4）采用 II 类设备或保护分隔措施，见问答 10.2 及 10.3。

13.9 当小电阻接地系统的 10kV 变电所内高压侧发生接地故障时，为什么所供低压 TT 系统内容易发生设备对地绝缘击穿事故？

在 TT 系统内，电源中性点的系统接地和低压电气装置外露导电部分的保护接地各自分别直接接大地，两个接地在电气上没有联系而互不影响，所以变电所高压侧故障产生的故障过电压 U_f 不会经 PE 线传导到低压电气装置的外露导电部分上而引起电击事故，但却存在电气装置内电气设备和线路的对地绝缘被此故障过电压 U_f 击穿的危险。这是因为当变电所内发生高压侧接地故障时，如图 13.9 所示，TT 系统内接地的设备外壳和线路之间的绝缘将承受 $\dot{U}_S = \dot{U}_f + \dot{U}_0 = \dot{U}_f + 220\text{V}$ 的暂时工频过电压。当 10kV 电网为经小电阻接地系统时，过大的 U_f 值引起的大幅值暂时对地工频过电压有可能击穿低压电气装置内的对地绝缘，从而引起设备损坏和电气短路火灾，特别是电弧性接地故障火灾。

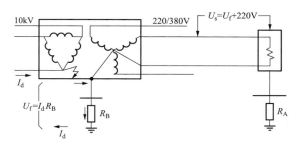

图 13.9 10kV 经小电阻接地系统内 TT 系统对地的绝缘击穿危险

注：图中 $U_s = U_f + 220\text{V}$ 为相量相加。

需注意这一过电压只发生在带电导体与地间而非带电导体间。

13.10 如何防范 10kV 小电阻接地系统变电所内高压侧接地故障引起的 TT 系统设备对地绝缘击穿事故？

为防范这种暂时工频过电压在 TT 系统内击穿设备绝缘，有关电气产品标准委员会和电气装置标准委员会协商后，IEC 标准对此种过电压的允许值和切断电源时间作出了表 13.10 所列值的规定。

表 13.10　　　　　低压电气绝缘允许承受的过电压和切断电源时间

低压电气绝缘允许承受的过电压/V	切断电源时间/s
$U_0 + 250$	> 5
$U_0 + 1200$	≤ 5

注：U_0 为电气装置的相电压，在我国为220V。

表 13.10 所列的过电压值和时间值实际上是电气产品制造商和电气装置承包商双方都可接受的妥协值。即在满足表列要求保证绝缘不击穿的前提下，产品制造的成本不致过高，而电气承包商的建设投资也不致过大。如果不能满足表 13.10 所列值要求，低压 TT 系统内的绝缘就可能有击穿的危险，特别是老建筑物内绝缘老化的电气装置内危险尤大。

根据表 13.10 的规定，防止这类电气事故的措施如下。

（1）在变电所内分设两个接地极。如问答 13.8 所述，变电所内分开设置保护接地和低压系统中性点的系统接地后，高压侧的故障过电压 U_f 无由传导到低压系统内，所供 TT 系统内将不可能出现带电导体的对地过电压，自然不会发生击穿对地绝缘的危险。

（2）变电所内共用一个接地极，但适当降低 I_d 和 R_B 值，使 U_f 值满足表 13.10 的要求。如果难以分设两个接地极而仍共用一个接地极时，应适当降低 U_f 值以降低 TT 系统内绝缘承受的暂时过电压 $U_s = U_f + U_0$。从图 13.9 和表 13.10 可知，U_f 的允许最大值即表 13.10 中的 250V 和 1200V，当 10kV 电网为不接地系统时，10kV 系统发生接地故障可不切断电源，切断电源时间可大于 5s，U_f 的允许最大值即 250V。但我国规范规定，在不接地的 10kV 电网中 $I_d ≤ 20A$ 或 10A，$R_B ≤ 4Ω$，U_f 最大值能满足表 13.10 中小于 250V 的要求。因此在不接地的 10kV 电网中共用一个接地极时，不必担心 TT 系统内发生暂时工频过电压击穿设备对地绝缘的事故。

但在经小电阻接地的 10kV 电网中，I_d 值为数百安，而 R_B 值如仍取不大于 4Ω，则情况将不是这样。设 I_d 为 600A，R_B 为 4Ω，则 U_f 将为 $I_d R_B = 600 × 4 = 2400V > 1200V$，不能满足表 13.10 要求。所供 TT 系统内的绝缘可能被击穿而导致起火或设备损坏事故。如问答 13.6 内所述，事故的起因是很难查明的。

为避免发生这类事故，10kV 电网设计中应适当限制故障电流 I_d，电气装置设计中则应尽量降低图 13.9 中变电所共用接地极的接地电阻 R_B，使其乘积 $I_d R_B$ 不大于 1200V。这里 R_B 应计及与其并联的接地电阻的影响。如利用变电所所在建筑物内的总等电位联结的基础钢筋、金属管道、电缆外皮等自然接地体作接地极，R_B 可不难达到 1Ω 甚至 0.5Ω 以下。但孤立的箱式变电所或杆上变压器靠打入人工接地极达到低接地电阻是较困难的。IEC 认为，如 R_B 为 1Ω 或变电所所接金属外皮的高低压电缆总长度超过 1km，表 13.10 的要求就自然满足了，在发达国家 10kV 小电阻接地系统的接地故障电流 I_d 限制为不大于 600A。这时取 $R_B=2\Omega$，也能满足表 13.10 要求，而 $R_B=2\Omega$ 是切实可行的。我国有的地区的供电部门不了解其中缘由，不限制电网的规模和 I_d，规定地区 10kV 小电阻接地系统的接地故障电流 I_d 值为 2000A，也有的地区的供电部门硬性要求用户 10/0.4kV 变电所的 R_B 值为 0.5Ω，给用户增加了电气危险造成了浪费，也给电气设计安装增加了困难，是缺乏科学依据，难以达到安全要求的。

13.11 为什么 10kV 变电所所在的建筑物内不存在变电所高压侧接地故障引起的暂时过电压的危害？

当变电所与低压电气装置共处于同一建筑物内时，此建筑物内将不存在变电所高压侧接地故障引起的暂时过电压的危害。首先，在此建筑物内通常不采用 TT 系统，因在同一建筑物内，低压系统做到两个电气上互不影响的系统接地和保护接地是比较麻烦的，也是没有必要的。共处于同一建筑物内时也不宜采用 TN-C-S 系统。按 IEC 标准这种系统的 PEN 线应按可能遭受的最高电压加以绝缘，否则 PEN 线将因通过负载电流而产生对地电位差，从而引起地下的杂散电流。它可腐蚀地下的金属结构和管道，在有信息网络的建筑物内，此电位差更易引起干扰。因此在有变电所的建筑物内较适宜采用 TN-S 系统。

另外，在同一建筑物内，除个别特殊情况外，只能采用一个共用的接地装置，以避免不同接地装置间的电位差引发电气事故。这样如图 13.11 所示，在此建有变电所的建筑物内，变电所 10kV 系统的保护接地和低压系统的系统接地及保护接地通过与建筑物总等电位联结系统的连通而合一，并利用建筑物基础钢筋、金属水管和高、低压电缆金属外皮等的自然接地而共用接地装置，它们同处在一个电位水平上。当变电所高压侧发生接地故障时，不论图中接地母排对地电压 U_f 升至多高，由于建筑物内总等电位联结的作用，全部电气装置的电位都上升到同一 U_f 水平上，建筑物内部并不出现电位差，前述人身电击和绝缘击穿事故都不可能发生，因

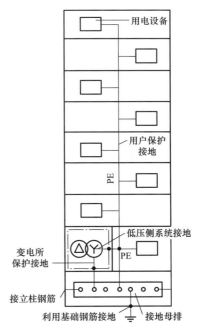

图 13.11 变电所与低压用户共处于一建筑物内时暂时过电压不会引发电气事故

此没有必要对变电所高压侧接地故障引起的对地过电压采取任何防范措施。同理，对变电所接地电阻 R_B 的阻值为多少也没有必要提出要求。

需要注意，当由此建筑物内的变电所引出低压配电线路供电给其他建筑物时，该等建筑物仍需按问答 13.8 及问答 13.10 所述采取相应的防暂时过电压危害措施。

13.12 可否简单概述一下对变电所高压侧接地故障引起的暂时过电压在 TN 和 TT 系统内应采取的防范措施。

可简单概述如下：

（1）当 10kV 电网为不接地系统时，低压系统内无须采取措施防范此种幅值不大的暂时过电压的危害。

（2）当 10kV 电网为经小电阻接地系统，且变电所和低压用户不在同一建筑物内时，最有效的防暂时过电压危害措施是在变电所分设两个接地，否则应采取下列措施：

1）TN 系统低压用户建筑物内应实施总等电位联结，其户外部分宜按具体情况采用局部 TT 系统，以防人身电击事故。

2）TT 系统低压用户应注意降低 10kV 变电所接地电阻 R_B，10kV 电网应限制接地故障电流 I_d，使 I_d 和 R_B 的乘积小于 1200V，以防低压装置内绝缘击穿事故。

（3）当 10kV 电网为经小电阻接地系统，且变电所和 TN 系统低压用户在同一建筑物内时，由于具有总等电位联结的作用，该建筑物内的低压用户无须采取措施防范低压电气装置内这一工频暂时对地过电压的危害。

13.13 按表 13.10，当变电所共用一个接地时，IEC 标准规定接地电阻 R_B 上的故障电压降应不大于 1200V，而在我国有关接地规范中此值为 2000V，谁对谁错？

IEC 标准是正确的。2000V 是低压电气设备在制造厂出厂前做产品试验的值，其值要求高。而 1200V 则是工程竣工投入使用后要求的值，其值较低。我国有关接地规范引用错误了。如用 2000V 的故障电压降值，将使所供 TT 系统建筑物内电气设备承受过大的暂时过电压，招致更大的设备绝缘被击坏的风险。

13.14 请举例说明 10kV 系统内对不同接地系统错误选用设备的危险性。

10kV 系统原不属本书范畴，但也不妨借此作些陈述。如问答 13.3 和 13.4 所述，10kV 不接地系统发生一个接地故障时，可短时继续供电，但要求 10kV 设备耐压高，投资多；经小电阻接地系统故障时跳闸停电，但设备耐压低，投资少。应注意不同接地系统中的不同设备耐压要求。北京人民大会堂就发生过错误选用 10kV 开关柜引起的险情。北京地区过去为 10kV 不接地系统，曾发生过下大雨时 10kV 开关柜内打火的危险现象。错误在采用了仿当时联邦德国小电阻接地系统用的小尺寸的开关柜。其空气间隙和爬电距离都不满足当时我国 10kV 不接地系统的要求。当发生接地故障未及时排除故障在下大雨时开关柜内就打火。这里介绍这一案例希望建筑电气设计人员重视高低压电气装置对不同接地系统的不同过电压要求。例如，低压电气装置 IT 系统过电压要求高于 TN、TT 系统，10kV 配电变压器经小电阻接地系统只需作 28kV 的耐压试验，而不接地系统则需作 35kV 的耐压试验等。

第 14 章　瞬态冲击过电压的防范

14.1　瞬态冲击过电压如何产生？请简述其特征和危害。

　　建筑物电气装置内的瞬态冲击过电压或涌压主要由大气中的雷电产生，也可因大功率电气设备的投切而产生。后者即所谓操作过电压，其幅值和波形陡度虽不大，但也可危害和干扰近旁的敏感设备。在电气装置内装设防雷电的电涌保护电器后一般也可对这种过电压起防范作用，但不能完全杜绝其危害。前者泄放时的能量和过电压幅值、波形陡度都较大，持续时间极短，以微秒计，常会造成设备绝缘损坏，供电中断，甚至引发火灾、电击等事故，对绝缘强度和抗干扰水平低的敏感信息技术设备危害和干扰尤大，是防范的重点。

14.2　建筑物在装设了由接闪器、引下线和接地极组成的外部防雷装置后，为什么建筑物内的电气设备更易被雷电击坏？

　　建筑物上装设的防雷装置只能保护建筑物不被雷电直接击坏，它被称作外部防雷；不能保护建筑物内的电气设备被雷电感应产生的瞬态过电压或涌压击坏，它被称作内部防雷。瞬态冲击过电压可由两种途径产生：一种是当远方发生雷电时，雷电产生的瞬变电磁场在电源线路或信号线路上感应产生瞬态涌压，它可沿线路传导至建筑物电气设备内，击坏电气设备绝缘；另一种是建筑物直接受雷击或在建筑物近旁落雷，在雷电流入地的周围产生强大的瞬变电磁场，直接在建筑物内电气设备的电源线路或信号线路上感应产生瞬态过电压而击坏电气设备绝缘。这种电涌的能量远大于远处雷电在线路上感应和传导至建筑物内的电涌的能量。

　　建筑物装设了外部防雷装置后，屋顶上的接闪器起到了引雷的作用。虽然防雷装置能将雷击电流安全地泄放入地，保护了建筑物。但直接落雷的雷电流产生的强大瞬变电磁场则增大了建筑物内电气设备的绝缘被在电源线、信号线上感应产生的瞬态过电压击坏的危险。这种过电压也可因接地装置的阻抗耦合沿配电线路传导到邻近建筑物内引起危害。

14.3　IEC 标准和我国标准如何按雷电危害程度将建筑物所在地区的雷电外界影响分级？

　　对建筑物所在地区构成雷电危害的外界影响，IEC 标准按其严重程度分为 AQ1、AQ2 和 AQ3 三级（见附录 C）。AQ1 级的严重程度最低，其雷暴天数每年不到 25 天，可予忽视而不设防。AQ2 级的雷暴天数为每年 25 天以上，需考虑远处雷击时地面瞬变电磁场在架空电源线路上感应产生的冲击过电压进入建筑物内，导致设备损坏事故的防范。对于全部为埋地电缆的电源线路通常可不考虑这种过电压的防范。AQ3 级系指在建筑物上直接落雷或在邻近处落雷的情况，这种情况较多发生在装设有防直接雷击的防雷装置的建筑物或贴近有大树、旗杆等建筑物内。

需要说明 25 雷暴日/a 的雷电强度相当于每年每平方千米面积内发生 2.24 次的对地雷击，它按 IEC 标准可由式（14.3）求得

$$N_g = 0.04 T_d^{1.25} \qquad (14.3)$$

式中　N_g——对地雷击数（km² · a）；

　　　T_d——雷暴天数（a）。

式（14.3）为 IEC 标准规定的公式，我国防雷规范规定的公式为

$$N_g = 0.1 T_d$$

与国际标准有所不同。

14.4　IEC 标准和我国标准如何按电气设备耐冲击过电压水平和其安装位置的冲击过电压水平进行分级？

电气设备的绝缘被瞬态雷电冲击电压击坏的危险程度与设备本身耐瞬态过电压水平、设备安装位置以及瞬态过电压的强度等因素有关。为合理有效地对设备进行保护，IEC 标准将电气装置内电气设备安装位置的过电压水平和电气设备耐冲击过电压水平进行分级，要求电气设备的耐冲击过电压值不低于其安装位置可能出现的过电压值。此等值列于表 14.4。电气设备制造商应使其产品满足表列值的要求。

表 14.4　　　　　　　各级电气设备额定耐冲击过电压值

电气装置的标称电压/V		电气设备应具有的耐冲击过电压值/kV			
三相系统	带中点的单相系统	电气装置进线处的设备（Ⅳ级）	配电回路和末端回路（Ⅲ级）	用电器具（Ⅱ级）	需特殊保护的设备（Ⅰ级）
—	120～240	4	2.5	1.5	0.8
230/400 277/480	—	6	4	2.5	1.5
400/690	—	8	6	4	2.5
1000	—	由设计电网的工程师确定			

我国低压电气装置的标称电压为 220/380V，可套用 IEC 标准 230/400V 这一

级电压的耐冲击过电压值。图14.4为该级标称电压电气装置内各级耐冲击过电压设备的示例。

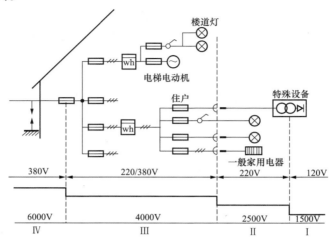

图14.4　各级耐冲击过电压设备示例

　　从表14.4和图14.4可知，IEC标准将电气设备按耐瞬态雷电冲击过电压水平划分为Ⅰ、Ⅱ、Ⅲ及Ⅳ四级。Ⅰ级耐冲击过电压电气设备是指从建筑物固定安装的电气装置的电源插座供电的对冲击过电压敏感的电气设备，例如电脑之类的信息技术设备。

　　Ⅱ级耐冲击过电压电气设备是指从建筑物固定安装的电气装置供电的用电器具，例如自电源插座供电的台灯、电风扇等家用电器和手持式电动工具之类的电气设备。

　　Ⅲ级耐冲击过电压电气设备是指组成电气装置本身的一些电气设备，例如配电箱、断路器和电气线路（包括电线、电缆、母干线、接线盒、墙上开关、插座等），它也可以是不经插座而是直接固定连接于电气装置的经常使用的一些用电设备，例如楼道灯、电梯等。

　　Ⅳ级耐冲击过电压设备是指电气装置电源进线处或其附近紧靠总配电箱前的电气设备，它包括由供电部门管理的电源进线箱内的防护电器和计费电能表等电气设备。

　　需要说明的是：Ⅰ级耐压水平是为对过电压敏感的设备提出的要求；Ⅱ级耐压水平是对制定由公用电网供电的用电设备标准的委员会提出的要求；Ⅲ级耐压水平是对制定组成电气装置的配电设备和材料标准的委员会提出的要求；Ⅳ级耐压水平是对供电单位和电网工程师提出的要求。电气设备制造商和电气装置设计安装人员如能按表14.4满足各级电气设备和安装位置的耐压水平，就

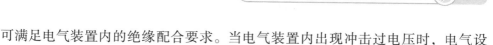

可满足电气装置内的绝缘配合要求。当电气装置内出现冲击过电压时，电气设备的绝缘可不致被击坏。

14.5 试举例说明在电气装置设计中如何按表 14.4 的耐冲击过电压要求选用电气设备。

现举一简例。在雷电危害严重程度为 AQ2 级的地区如果建筑物由低压架空线供电，则其电源进线箱内的过电流防护电器，或不经电源进线箱直接接电的总配电箱进线过电流防护电器，就不应采用耐冲击过电压 4000V 的微型断路器，而应采用耐冲击过电压 6000V 及以上的熔断器或具有等同耐压水平的微型断路器。在其后的过电流防护电器则可选用耐冲击过电压为 4000V 的过电流防护电器。如果该建筑物内有若干对冲击过电压敏感的信息技术设备，则应注意采取适当措施将该等设备可能承受的冲击过电压限制在 1500V 以下。根据设备要求，有时可能限制在更低值以下。

14.6 在建筑物电气装置内防瞬态冲击过电压危害的主要措施是什么？

在建筑物电气装置内需要防范瞬态冲击过电压的危害时有两个主要措施：一是防止在设备线路上这种危险过电压的产生；二是在产生这种过电压的瞬间消除或减少其有害效应。前者是指在电气装置中用分流、等电位联结、屏蔽、接地以及正确布置线路等方法来避免或减少有害过电压的产生；后者是指在电源线路（也包括信号线路，但它不属本书讨论范围）上安装电涌防护器（surge protective device，简称 SPD），在线路上出现这种过电压的瞬间泄放雷电电涌能量和降低过电压幅度。这两种措施相辅相成，不可偏废。

14.7 试举例说明采用分流方法减少有害冲击过电压的产生。

如果建筑物装设有防直接雷击的外部防雷装置，雷击建筑物时雷电流沿引下线泄放入大地，引下线通过雷电流产生的强大瞬变电磁场将在建筑物电气装置内感应产生冲击过电压。如果增加引下线根数，减小引下线间距，则雷电流被多根引下线分流而减小，相邻引下线雷电流产生的电磁场也易于互相抵消，则雷电流产生的瞬变电磁场强度将随之降低，感应产生的冲击过电压强度也随之降低。

建筑物内敏感设备的电源线和信号线离防雷引下线越近，则它们感应产生的冲击过电压的幅值就越大，反之则越小。因此敏感设备的电源线、信号线的走线应注意离开墙外防雷线一段距离（例如大于 2m），就可在一定程度上降低这种过电压。

如果建筑物没有也无必要装设外部防直接雷击装置，但有架空线路引进或引出，则为防线路传导进入的冲击过电压应在架空线路上安装线路避雷器。这样，在线路进入建筑物前雷电流已被分流泄放入地，过电压幅度也得以降低，这对电气装置内敏感设备的保护自然大有帮助。

14.8　试举例说明采用等电位联结方法减少有害冲击过电压的产生。

雷电冲击过电压既因其在电气装置内的大幅值电位差而导致危害，采用等电位联结降低其电位差自然是十分有效的防范措施。但应注意的是它不同于低频系统的等电位联结，雷电电涌是高频的，因此联结线应具有足够的表面积以减少高频集肤效应的影响，其走线应尽量短而直以减少高频阻抗。电气装置内的导体形成的包绕环因雷电瞬变电磁场的感应而产生冲击过电压，包绕环面积越大，感应产生的冲击过电压就越高。将电气装置内的一些导电部分多进行联结，可以分割这种大包绕环，缩小包绕面积，从而降低冲击过电压幅度。

电源线路上带电导体与地间出现的雷电冲击过电压是不能用联结线来消除或抑制的，因为这样做将造成带电导体的对地短路。为此需在其间装设电涌防护器 SPD，它只在出现过电压的瞬间导通泄流而降低过电压。这时 SPD 起到了等电位联结的作用，但它只是瞬时的而非持续和固定的等电位联结。

14.9　试举例说明用屏蔽方法减少有害冲击过电压的产生。

如果将电气设备的电源线路、信号线路全部覆以金属屏蔽层或套以钢管并予接地以实现屏蔽，则雷电过电压将无从感应产生，但这是不易实现的。为此在电气装置设计中应注意敏感设备线路的屏蔽，将其置于接地的金属管槽中，或在敏感设备及其线路的布置中充分利用建筑物墙壁、地板内金属构件的屏蔽作用，这对减少雷电冲击过电压的危害当然也是有显著效果的。

14.10　在雷电冲击过电压的防范中如何使接地装置的作用更有效？

良好的接地可以有效地泄放雷电流和降低电气装置的对地电位，为此应充分利用建筑物总等电位联结系统内的基础钢筋和地下金属管道（不包括燃气和采暖管道）的自然接地作用。当设置人工接地极时，应注意必须和总等电位联结的接地母排相连通而实现全楼的等电位，以防不同接地装置间出现电位差而引发电气事故。还需注意雷电流是高频的，接地极引线应尽量短直以减少高频阻抗，从而有效地降低电气装置的对地电位。为此，在具有总等电位联结和不影响基础稳固的前提下，人工接地极应尽量靠近建筑物。

14.11　为什么对雷电冲击过电压的防范应注意避免滥装 SPD？

以上诸问答可说明，有许多措施是可用以防止雷电冲击过电压的发生或减小其幅度的。因此在电气装置设计中既要装用必要的 SPD 来防止雷电冲击过电压损坏电气设备，也要采用其他有效措施来避免这种危险过电压的发生。在设计中单纯依靠在装置中层层设防、安装多层次和大量的 SPD 来保护敏感设备，忽视在电气装置中采取其他有效措施来避免或减少危险过电压的发生，显然是错误的。

SPD 不是廉价的防护电器，它的大量装用不仅大大增加电气装置的建设投资，还将增加日后维护管理工作和费用。SPD 使用一段时间后将因种种原因而失效，当它对地短路时有可能引发一些电气事故。因此对其完好状况需经常予以监视并及时更换损坏的 SPD，以实现安全的失效。否则可能导致人身电击、电气火灾、供电中断等电气事故，滥装 SPD 的这些不良后果在电气装置设计中应充分予以考虑。

14.12　为什么说 SPD 的选用和安装是建筑物电气装置中需慎重处理的一个复杂问题？

正确设计和安装电气装置，只能在一定程度上减少危险雷电冲击过电压的产生，在许多情况下还需要装用 SPD 来消除它的危害，以保证电气设备的安全和正常运作。但 SPD 的选用和安装却是个十分复杂的问题。它和地区雷害程度、雷击点的远近、低压和高压电源线路的接地系统类型、电源变电所的接地方式、电网和电气装置的工频过电压幅值等都有关联。它也涉及和电气装置的其他防护电器的配合问题。如果 SPD 选用和安装不当，它可能起不到应有的防护作用，反有可能导致其他一些电气事故，因此 SPD 的选用和安装是建筑物电气装置中需慎重处理的一个复杂技术问题。

14.13　何谓 SPD 的保护水平？

SPD 的作用是将雷电流泄放入地，并将雷电冲击电压幅值降低到所要求的水平，这一电压水平被称作 SPD 的电压保护水平（voltage protection level，U_P）。电气装置不同安装位置的 SPD 能实现的 U_P 值和连接线 $L\dfrac{\mathrm{d}i}{\mathrm{d}t}$ 电压降值之和应满足表 14.4 所列值的要求。

14.14　建筑物电气装置应在何处安装 SPD？对其 U_P 值和试验波形有何要求？

在可能出现雷电冲击过电压的建筑物电气装置内，其电源进线总配电箱内应安装一级 SPD。它主要用于泄放雷电流并将雷电冲击电压降低。其 U_P 应不大于 2.5kV。如建筑物因装有外部防雷装置而易遭受直接雷击，或其近旁具有易落雷的条件，则按 IEC 要求，此级 SPD 应是通过 1.2/50μs 冲击电压，10/350μs 最大冲击电流 I_{imp} 试验的开关型 SPD。如果建筑物只可能沿电源线路导入雷电冲击电压，则它应为通过 1.2/50μs 冲击电压，8/20μs 额定放电电流 I_N 试验的限压型 SPD。如果这一级 SPD 未能将冲击电压限制在 2.5kV 以下，则需在其后，例如在下级配电箱处安装第二级 SPD 来进一步降低冲击电压。此级 SPD 也应为通过 $1.2/50\mu s$ 冲击电压，$8/20\mu s$ 额定放电电流 I_N 试验的限压型 SPD。如果电气装置内有对冲击电压敏感的电子设备，其能承受的冲击电压小于安装处的实际冲击电压，则在该设备前，例如在末端配电箱内或在其电源插座内加装一级上述 SPD。其雷电残压应低于敏感电子设备能承受的冲击过电压的水平。

需要说明，本问答内所述的 $1.2/50\mu s$，$8/20\mu s$，$10/350\mu s$ 均为 SPD 在产品制造厂所作的电压或电流的试验波形。图 14.14 所示为一 SPD 的 $8/20\mu s$ 额定放电电流 I_N 的试验波形。图中 I_p 为试验电流的峰值。依此类推，它说明不同试验波形的时间的界定。

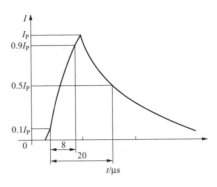

图 14.14　$8/20\mu s$ SPD 电流试验波形

14.15　何谓 SPD 的最大持续工作电压？

最大持续工作电压 U_C 是 SPD 一个重要参数。它是可持续施加在 SPD 上且不损坏 SPD 的最大交流方均根值电压或直流电压。它应大于电气装置内可能出现的工频持续或暂时过电压，以免 SPD 被这种工频过电压击穿损坏而形成对地短路故障或 SPD 的性能劣化。

14.16　如何确定 TN 系统中 SPD 的连接方式和其 I_N、I_{imp}、U_C 值？

当建筑物以 TN-C-S 系统供电时，其 PEN 线在电源进线处分为 PE 线和中性线。如建筑物以高压供电，通常在该建筑物内采用 TN-S 系统，则 PEN 线在变电所低压配电盘出线处分为 PE 线和中性线。在这两种情况下，由于 PE 线和中性线被就地短接，只需在相线和 PE 线间安装第一级 3 个 SPD，如图 14.16 所示。

如果建筑物装设有外部防雷装置，则此级 SPD 的冲击电流 I_{imp} 应不小于 12.5kA。如只考虑由电源线路导入的雷电冲击电压，则其额定放电电流 I_N 应不小于 5kA。

在 TN 系统中，SPD 平时承受的工频过电压即是电气装置标称电压 U_0 加上电网供电电压的正偏差，SPD 的 U_C 应大于此正常过电压。我国 GB 12325《电能质量　供电电压允许偏差》标准规定 220V 电网内的正偏差不大于 7%，但我国实际电压正偏差往往超过此值，再加上 SPD 老化等因素，我国防雷标准对 TN 系统内的 SPD 取 $U_C \geqslant 1.15U_0$。

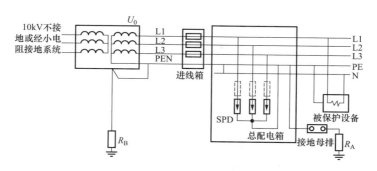

图 14.16　TN-C-S 系统内 SPD 的安装

14.17　当变电所高压侧电网为不接地系统时，如何确定 TT 系统中 SPD 的连接方式和其 I_N、I_{imp}、U_C 值？

当变电所高压侧为不接地系统时，如问答 13.3 内所述，不需考虑变电所高压侧接地故障引起的暂时过电压对低压侧选用 SPD 的影响。

附设有变电所的建筑物内一般不采用 TT 系统，在以低压给其他建筑物供电的 TT 系统内，中性线自变电所引出后不再接地而对地绝缘，它和相线一样能感应雷电冲击电压。因此在相线和中性线上都需安装 SPD，如图 14.17 所示。和前述 TN-C-S 系统相同，此 SPD 的 I_{imp} 值和 I_N 值分别应不小于 12.5kA 和 5kA。

问答 12.22 内已叙，为防止 TT 系统内一相对地短路时另两相对地过电压引起绝缘表面的爬电起火，需限制电源端系统接地的接地电阻 R_B，使此对地过电压值不大于 250V。按 IEC 标准，U_0 为 230V，据此图 14.17 中 SPD 的 U_C 值取为不小于 $1.1U_0$。在我国 U_0 为 220V，再加上电压偏差较大的因素，该等 SPD 的 U_C 值取为不小于 $1.15U_0$。

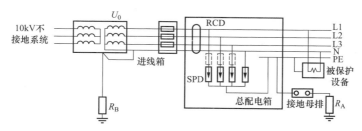

图 14.17　10kV 不接地电网地区 TT 系统内 SPD 的安装

14.18　当变电所高压侧为经小电阻接地系统时，如何确定 TT 系统中 SPD 的连接方式和其 I_N、I_{imp}、U_C 值？

在第 13 章内诸问答已述，由于我国经济的快速发展，在一些大城市中用电负荷剧增，10kV 电网电缆线路不断增多，电网对地电容电流剧增，为此逐渐将原先的不接地系统改为经小电阻接地系统，这样变电所高压侧接地故障电流 I_d 将增大到数百安，它在变电所接地电阻 R_B 上产生的电压降将达数百伏以至千伏以上。如果变电所的保护接地和低压中性点的系统接地仍共用接地，低压 TT 系统的相线和中性线将带此对地暂时过电压，其持续时间以百毫秒计，TT 系统中的 SPD 如接在带电导体（相线、中性线）和 PE 线之前，则 SPD 可能被此暂时过电压击穿短路而被持续数百毫秒的放电热量烧毁。对此，较彻底的解决措施是将变电所低压侧中性点的系统接地另打接地极单独设置，如图14.18－1所示。这样，10kV 侧的危险故障电压将无从传导至低压系统，SPD 也避免了烧坏的危险。这时 SPD 的 U_C 只需大于问答12.22 中所述的低压侧接地故障引起的过电压限值250V 即可，即取 $U_C \geqslant 1.15 U_0$。

如果按图 14.18－1 变电所分设两个电位上互不影响的两个接地极有困难，也可共用一个接地极，但必须按问答 13.10 中所述限制变电所接地电阻 R_B 的阻值和故障电流值 I_d，使 R_B 上的故障电压降引起的暂时工频过电压小于低压设备能承受的暂时过电压值，即 $U_f = I_d R_B \leqslant 1200V$。此暂时过电压不可避免地也将出现在 SPD 的两端，但 SPD 的 U_C 值不能过大，不然其 U_p 值也随之增大而降低其对设备的防雷电冲击过电压的作用。而上述 U_C 为 $1.15 U_0$ 的 SPD 却存在被这种暂时过电压烧坏的危险。由于设计不当，TT 系统内因这一原因导致 SPD 被烧坏的事故已不少见。为避免 SPD 在这种情况下被烧坏，需改变一下 SPD 的连接方式，如图 14.18－2 所示。图中三个相线 SPD 先接于中性线上，再经一放电间隙接于 PE 线上。此放电间隙的作用是在出现上述 U_f 大幅值电压降时阻止 SPD 的导通，从而保护了 SPD。SPD 只能在更高幅值的雷电冲击过电压的冲击下放电间隙被击穿而导通。这种连接方式保护了 SPD，但由于在一定程度上提高了雷电残压，对其后敏感设备的保护难免有不利影响。

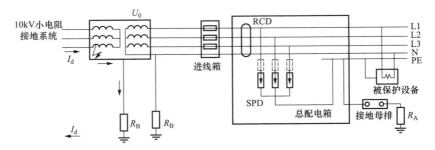

图 14.18－1　10kV 经小电阻接地电网地区 TT 系统内 SPD 的安装（一）

采用图 14.18－2 所示的所谓 3＋1 的连接方式后，3 个相线 SPD 的 I_{imp}、I_N 和 U_C 值分别为 12.5kA、5kA 和 $1.15 U_0$；接于中性线和 PE 线间的放电间隙的

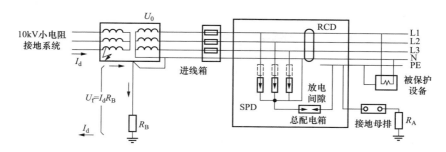

图 14.18 - 2　10kV 经小电阻接地电网地区 TT 系统内 SPD 的安装（二）

I_{imp}、I_N 和 U_C 值分别为 50kA、20kA 和 $1.15U_0$，但此 SPD 需通过 1500V 持续 200ms 的试验。

14.19　对 SPD 两端连接线的安装有什么要求？

无论 TN 系统或 TT 系统，SPD 两端接向带电导体和 PE 线的连接线都应短而直。IEC 标准规定 SPD 的连接线总长不宜超过 0.5m。这是因为雷电冲击电流呈高频特性，施加在被保护电气设备上的雷电冲击过电压为 SPD 上的残压加上连接线上的 Ldi/dt 高频电压降（L 为 SPD 两端接线的电感，它与连接线的长度成正比，di/dt 为雷电冲击电流变化的陡度）。SPD 的残压由产品性能决定，无法改变，而连接线上的 Ldi/dt 则可在电气装置设计安装中借减少连接线长度，也即减少电感来减少。因此 SPD 最好直接安装在配电箱带电导体母排和 PE 线母排之间，使连接线长度为最小。现在一些 SPD 产品已按配电箱内微型断路器的模数来制作，以便直接安装在配电箱内，这对缩短 SPD 连接线的长度十分有利。

如果因某种原因难以做到这点，也可将 SPD 安装于他处，这时最好对 SPD 采用"V"形接法，如图 14.19 所示。图中 SPD 连接线的长度几乎为零，但这种接法在具体施工中比较麻烦。

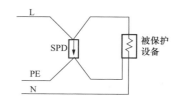

图 14.19　SPD 连接中的 V 形接法

14.20　在 SPD 导通泄放雷电流时，是否会引发配电回路的工频对地短路事故？

否。每当 SPD 泄放雷电冲击电流时，工频对地短路续流也跟随发生。在冲击电流泄放后，SPD 应能有效切断这一工频续流。在 TT 系统或 TN 系统内，连接于上述 3 +1 接线方式中的中性线和 PE 线间的放电间隙的工频续流最大，IEC 规定此 SPD 的工频续流切断能力应不小于 100A。

14.21 SPD 是否会失效？失效后有何不良后果？应采取何种措施来防范？

SPD 可能因多次承受雷电流和暂时过电压的冲击而短路失效，也可能因使用日久，其泄漏电流大大增大而失效。失效后的 SPD 可能呈开路状态而失去保护作用，也可能呈短路状态而引起种种危害。SPD 本身和其连接线以及与其串接的过电流防护器应能承受短路电流的热效应。

与 SPD 串接的过电流防护器，如图 14.21－1 所示的 FU2（FU2 的额定值应由 SPD 制造商确定），在 SPD 失效短路后应能有效切断此短路电流，这时电气装置将失去此 SPD 的防冲击过电压的作用。如果 FU2 前端的上级过电流防护电器 FU1 的额定电流小于 FU2 的额定值，则 FU2 的装设已无意义，可予省略。这时 SPD 如果失效短路，FU1 动作，将导致其后的电气设备的供电中断。为避免供电的中断需加大 FU1 的额定值，但它所保护的一段线路的截面积也需视情况放大。对于重要的电气装置，既要确保供电不间断，又要保证 SPD 保护的连续有效性，可采用图 14.21－2 的装用方式。图中 FU1 和 FU2 具有上下级动作选择性，两个互为备用的 SPD 则能保证其保护作用的持续有效性。

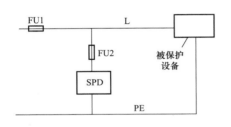

图 14.21－1　用于 SPD 失效短路的过电流防护电器

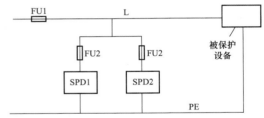

图 14.21－2　确保供电不间断和 SPD 持续有效的 F2 安装方式

14.22 SPD 的失效有无可能引发其他电气事故？应如何防范？

有可能。SPD 的失效短路不仅造成电气装置失去对雷电冲击过电压的防范或供电中断，它也可能引起人身电击以至电气火灾等事故。IEC 标准要求 SPD 失效短路时，应保证电气装置防间接接触电击的措施继续有效。这是因为 SPD 失效短路后导致相线对地短路成为接地故障，使 PE 线和其所接设备外壳带故障电压而引发电击事故。在 TN 系统内，因故障电流 I_d 的通路为金属通路，I_d 的幅值大，如图 14.22－1 所示，可借与 SPD 串接的过电流防护电器切断电源，防止电击事故的发生。

在 TT 系统内 SPD 失效短路后的防电击措施比较复杂，因故障电流 I_d 需经图 14.22－2 所示的 R_A 和 R_B 两个接地电阻返回电源，其值甚小，不能用过电流防护电器切断电源，而需在 SPD 的电源侧装设 RCD 来切断电源，但这一措施将

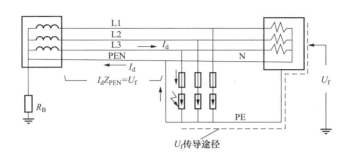

图 14.22 - 1　TN 系统内 SPD 失效短路借过电流防护电器防电击

导致电气装置的供电中断。

　　为避免 SPD 失效短路引起的供电中断，也可将 RCD 安装在 SPD 的负荷侧，如图 14.22 - 3 所示。这时需将 SPD 按 "3 + 1" 方式接线，由于放电间隙的阻隔，SPD 的失效短路不会导致接地故障而引发电击事故，它只能造成相线和中性线之间的单相短路。而单相短路为大短路电流的金属性短路，它可用与 SPD 串接的过电流防护电器来有效切断。

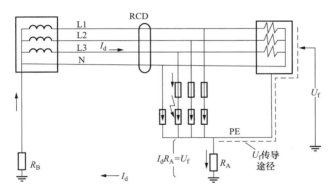

图 14.22 - 2　TT 系统内 SPD 失效短路借电源侧的 RCD 防电击

　　需注意的是在此 "3 + 1" SPD 接线方式中，放电间隙的两极可能因多次通过大幅值雷电涌流而熔化短路，从而使 TT 系统内中性线和 PE 线短接导通而成为 TN 系统，所以在更换此损坏的放电间隙前该 TT 系统是按 TN 系统运作的，需满足 TN 系统的防间接接触电击要求。为此需注意符合问答 7.6 中式（7.6 - 1）及式（7.6 - 3）的要求，即

$$\frac{R_B}{R_E} \leqslant \frac{50}{U_0 - 50}$$

　　和

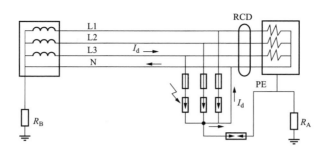

图 14.22-3　TT 系统内 SPD 失效短路借"3+1"接线方式防电击

$$\frac{R_{\mathrm{B}}}{R_{\mathrm{E}}} \leqslant \frac{25}{U_0 - 25}$$

此两式要求电气装置电源端系统接地的接地电阻 R_{B} 应尽量降低，以降低问答 7.6 中所述的转移故障电压。

14.23　与 SPD 串接的过电流防护电器应采用熔断器还是断路器？

与 SPD 串接的过电流防护电器应采用熔断器。因断路器易因雷电冲击电流误动而使 SPD 不起作用，且其作用于短路防护的电磁脱扣器为一具有若干匝数的大电感线圈，这一线圈将显著增加 SPD 连接线上的电感 L 和其电压降 $L\,\mathrm{d}i/\mathrm{d}t$，从而增大被保护设备承受的雷电冲击过电压。如果采用熔断器则不存在这一问题，这正是国外这一串联的过电流防护电器几乎全部采用熔断器的原因。

一些外商在本国与 SPD 串联的过电流防护电器采用的是熔断器，来中国后也改用了断路器。据称其原因是一些中国设计人员不喜欢也不会用熔断器，为了易于销售投其所好而已。在中国的使用经验说明断路器常因雷电的冲击电流而跳闸，引起大面积的停电。更有甚者，有的设计将四极或三极断路器用于同一组的诸 SPD 上，这样当一个 SPD 短路失效时，全组 SPD 都被切断，完全失去防雷害的作用，这显然是十分不妥的。

14.24　如何及时发现和更换失效的 SPD？

SPD 失效短路将带来种种危害，为此在 SPD 内附装有失效显示器，例如颜色牌翻牌标志或发光二极管标志。维护管理人员发现有失效的或行将失效的 SPD 时应及时用备品 SPD 更换，避免 SPD 失效带来的间接接触电击危险。

14.25　如何保证上、下级 SPD 间雷电能量泄放的配合？

一个电气装置内如因装有大量对雷电涌压敏感的电气设备而设置多于一级的 SPD，则应注意在出现雷电冲击电压时，任一 SPD 泄放的能量应不超过其能承受的值，以避免该 SPD 被过大的通过能量烧坏，为此应使上下级 SPD 在泄放

雷电能量时能实现协调配合。图
14.25 中前级的 SPD1 为通过 10/350
电流波形试验的开关型 SPD（放电间
隙），它的主要作用是用来泄放雷电
能量。后级 SPD2 为限压型 SPD（压
敏电阻），它的主要作用是限制雷电
冲击过电压的幅值。如果两级 SPD 配
合不当，SPD2 先导通放电，则 SPD2

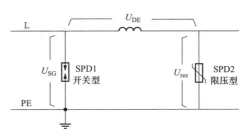

图 14.25　开关型 SPD 与限压型 SPD 的配合

将因通过过大的雷电能量而烧坏。为此需提高施加在 SPD1 上的冲击电压幅值
U_{SG} 使 SPD1 能较早导通放电，从而使 SPD2 能安全地泄放残余的少量雷电能量而
不被烧坏，并保证其性能不劣化。

从图 14.25 可知

$$U_{\mathrm{SG}} = U_{\mathrm{res}} + U_{\mathrm{DE}} \tag{14.25}$$

式中　U_{res}——SPD2 上的残余冲击电压；

$\qquad U_{\mathrm{DE}}$——两 SPD 间回路电感上的 $L\dfrac{\mathrm{d}i}{\mathrm{d}t}$ 电压降，此电感可以是导线的自然电

感，也可以是人为设置的去耦元件的电感。

从式（14.25）可知，在 SPD 间能量泄放的配合中，需重视式（14.25）中
U_{DE} 的作用。因 U_{res} 决定于 SPD2 产品性能，在电气装置设计安装中无法更动，而
U_{DE} 则可在电气装置的设计安装中加以调整。通常相线和 PE 线为同处于一电缆护
套内的芯线或同处于一套管内的单芯电线，其电感值较小，约 $0.5 \sim 1\mu\mathrm{H/m}$。如果
两 SPD 间的连接线过短，例如线长小于 10m，则 U_{DE} 的值不够大，为此宜在两 SPD
的连接线上串接一个电感性去耦元件以提高 U_{DE} 和 U_{SG} 值，使 SPD1 及早导通泄放
大部分雷电能量。

14.26　为什么在 TT 系统中要重视 SPD 与 RCD 在安装位置上的协调配合？应如何协调配合？

TN 系统中发生接地故障时，接地故障电流大，可用过电流防护电器来自动
切断电源。TT 系统内的接地故障电流小，需装用 RCD 来自动切断电源，特别是
在电源进线处，应装用 RCD 来对全电气装置的接地故障作出反应（报警或切断
电源），而电源进线处也正是 SPD 安装的首要位置。SPD 的失效短路将引起 RCD
的不期望的动作，而 SPD 通过的大幅值电涌电流也会影响 RCD 的磁回路，两者
安装位置上的正确协调配合可获取最好的电气安全效果。

在有关 TT 系统 SPD 安装的问答 14.17 及问答 14.18 的图 14.17、图 14.18 - 1
及图 14.18 - 2 中，电源进线处的总配电箱内部装有作用于报警或切断电源的

RCD, 它是用于问答 12.12 所述防接地电弧火灾和作下级 RCD 的后备 RCD 用的。在前两图中 RCD 装在 SPD 的电源侧, 而在后一图中 RCD 装在 SPD 的负载侧, 这是 IEC 标准和我国 GB 50057《建筑物防雷设计规范》中的规定, 这一规定是必要的。如问答 14.22 所述, SPD 的失效短路形成接地故障, 可引发电击之类的电气事故。将 RCD 装在 SPD 的电源侧可在 SPD 的泄漏电流大至危险幅值前及早检测出这一隐患, 防止这类电气事故的发生。

在图 14.18 - 2 中因有放电间隙将 SPD 与 PE 线隔离, SPD 的失效短路不会导致接地故障, 因此可将 RCD 安装在 SPD 的负荷侧, 以避免电源进线处大幅值的雷电冲击电流对 RCD 电流互感器磁回路产生的不利影响。

14.27　为什么在有些对冲击过电压敏感的电气设备的电源插座或末端配电箱内需加装一级 SPD?

当对电涌过电压敏感的电气设备近旁有同一电源线路的大功率设备时, 大功率设备的投切可在电源干线上产生操作过电压。这种过电压虽然能量不大, 但因电气距离太近, 它可能损坏或干扰该敏感的电气设备。为此需在敏感设备的电源插座内或末端配电箱内安装 SPD, 它既可用来防操作过电压, 也可用来进一步限制敏感设备上的残余雷电冲击过电压。如图 14.27 所示, 它是在相线和中性线间串接两个限压型 SPD (例如压敏电阻), 再从这两 SPD 的连接点经一气体放电管接向 PE 线。前者用以防相线和中性线间的操作过电压, 后者用以降低残余的雷电涌压。

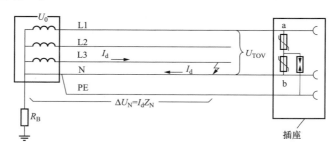

图 14.27　操作过电压的防护和单相短路引起的暂时过电压

14.28　如何确定问答 14.27 图 14.27 中两串联 SPD 的 U_C 值?

在选用这种 SPD 的 U_C 值时, 应注意 U_C 值应大于回路单相短路引起的工频暂时过电压值。如问答 14.27 中图 14.27 所示, 当 L3 相发生单相短路时, 该相电压将降低, L1、L2 相的电压和两串联 SPD 两端的连接点 a、b 间的电压 U_{a-b} 则升高, 此电压的升高将持续至回路过电流防护电器切断电源为止 (最长可达 5s), 它是一种暂时过电压 (U_{TOV})。此种过电压可能击坏两串联 SPD, 为此需

对此 U_{TOV} 进行计算以正确选用 SPD 的 U_{C} 值。

在图 14.27 中相线 L1 和中性线间串接有该两个 SPD，如果相线 L3 发生单相短路，短路电流 I_{d} 在流经的一段中性线上将产生电压降 $\Delta U_{\mathrm{N}} = I_{\mathrm{d}}Z_{\mathrm{N}}$，$U_{\mathrm{a-b}}$ 将从原来的 U_0（U_0 为变压器 L1 相的绕组电压）升高为 $\dot{U}_0 + \Delta\dot{U}_{\mathrm{N}}$。因 L1 的 $\dot{U}_0$ 与 $\Delta\dot{U}_{\mathrm{N}}$ 相位角为 120°，则此过电压 $\dot{U}_{\mathrm{TOV}}$ 可用余弦定理求得，如图 14.28 的相量图所示。

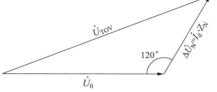

此 U_{TOV} 值与中性线的截面积有关。当它为相线截面积的 1/2 时，中性线阻抗为相线的 2 倍。因发生短路时 $\dot{U}_0$ 按阻抗值在相线和中性线上分配，故 $\Delta\dot{U}_{\mathrm{N}} = 2/3\dot{U}_0$。按图 14.28 依余弦定理计算得暂时过电压值为

图 14.28　发生单相短路时产生暂时过电压 $\dot{U}_{\mathrm{TOV}}$ 的相量图

$$U_{\mathrm{TOV}} = \sqrt{U_0^2 + \left(\frac{2}{3}U_0\right)^2 - 2U_0\,\frac{2}{3}U_0\cos120°} = 1.45U_0$$

此 $1.45U_0$ 值为发生单相短路时可能出现的最大 U_{TOV} 值。如果三相四线电源线路内有较多的三次及其奇数倍谐波电流含量，需将中性线截面积放大，当中性线截面积与相线截面积相等或为其 2 倍时，则依相同方法计算 U_{TOV} 将各为 $1.32U_0$ 及 $1.2U_0$。

发生单相短路时过电流防护电器将切断电源，U_{TOV} 的持续时间以若干毫秒计，选用此种用途的 SPD 时应注意按中性线截面积和相线截面积的比值选择合适的 U_{C} 值以避免电源线路发生单相短路时两串联 SPD 被 U_{TOV} 烧坏。

14.29　三相四线回路发生"断零"事故时，单相回路内可能出现大幅值的持续工频过电压。在 SPD 的 U_{C} 值的选用中是否需躲过此过电压?

如果发生"断零"事故，导致负荷侧中性点漂移，致使三相电压严重不平衡，它引起的过电压可长时间延续，其幅值理论上可达 $\sqrt{3}U_0$。这种过电压不能用装设所谓过欠压开关电器来防范。所以 IEC 标准未因这种过电压对 SPD 的参数提出要求。它只要求在这种过电压下能安全地失效，不致引起其他电气灾害。这是因为在国外中性线选用较大，施工质量较高，中性线断线概率很小的缘故，也有怕过大 U_{C} 值的选用影响 SPD 保护效果的缘故。

14.30　在电气装置的维护管理中还需注意防止哪些危险暂时过电压导致 SPD 的损坏?

一个容易被疏忽的危险电压是检验仪器产生的高电压。在建筑物电气装置

进行施工验收检验和周期性检验时，常使用兆欧表（摇表）来测试电气装置带电导体对地的绝缘电阻。绝缘电阻表内的测试电压可达 500V 或 1000V，它对 SPD 而言是危险的 U_{TOV}。因此在进行电气装置绝缘电阻测试时，应注意将被测试电气装置内所有的 SPD 从线路上断开，最方便的方法是将 SPD 前用作过电流防护的熔断器拔下，以避免 SPD 被这种 U_{TOV} 烧坏。

14.31　试举例说明用正确布线减少有害冲击过电压的产生。

某外商企业一次因雷击造成总闸跳闸全楼停电。合上总闸后恢复供电，但消防烟雾报警、温度报警显示屏不再显示，经检查其内的电路板被雷电击穿损坏。原来该企业大楼设有完善的防直接雷击的外部防雷装置。上述报警系统的电源线路、信号线路不当地靠外墙布线。是墙外引下线泄导的强大雷电冲击电流产生的瞬变电磁场在该等线路上感应产生的大幅值涌压击坏了显示屏内的电路板。因此信息技术系统内的电源线、信号线以及信息技术设备应注意远离防雷装置的引下线，否则应加以屏蔽。

14.32　问答 14.22 介绍了 TT 系统接线方式可以防 SPD 失效后的电击事故，TN 系统是否也可为此而采用"3 + 1"方式？

为了防 SPD 失效而引发电击等电气危险，TN 系统也可采用"3 + 1"的接线方式，以提高防电击的可靠性。

14.33　为防雷电冲击过电压，是否需在相线、中性线等带电导体间装设 SPD？

否。雷电冲击过电压是发生在带电导体与地间的共模电压，只需在带电导体与 PE 线间装设 SPD。因雷击时带电导体上都感应产生相同的高电位，不必装用 SPD。以问答 14.27 中图 14.27 为例，图中气体放电管是用以降低带电导体与 PE 线间的雷电残压，它是共模的。而 a、b 两点间两串联的 SPD 则不是为防雷电过电压而是为防操作过电压的，它是差模的。切勿将两者混淆，以为雷电冲击过电压也可以是差模的。

14.34　请举例说明金属环路内感应产生的雷电冲击过电压对电子设备和人身的危害。

这种雷害往往不为人们重视和防范。例如，北京某单位购置一台电脑，开封后发现是台坏电脑，经检查其内的电路板已烧坏。最后分析结果是电脑在一相当时间内被放置在靠外墙处，而墙外恰有防雷引下线。电脑的电路板内有环形电路，雷击时强大的瞬变电磁场在环内感应高冲击过电压烧坏了电路板而导致电脑报废。这一案例提醒我们电脑之类的信息技术设备应尽量勿在靠近有防雷引下线的外墙处放置。

　　某地有一位妇女在雷雨中被雷击死。验尸时发现她颈部周围皮肤有一圈烧灼痕迹，从而判定是雷击致死，而祸根却是她佩带的金项链。金项链是一封闭的导电环。近处落雷时强大的瞬变电磁场在金项链上感应产生的冲击过电压导致的大电流的热效应烧灼了她颈部的皮肤，也致命地损坏了她颈脖内的血管、器官等组织。这一案例也提醒我们的一些同志在雷击时是否要注意一下颈脖上佩带的金项链。

　　推而广之，在建筑电气设计中应注意勿在建筑物内出现导体形成大金属环，从而感应大幅值冲击过电压引发雷击事故，如问答15.16所述。

第15章　用电电能质量和信息技术设备的抗电磁干扰

15.1　什么是良好的电能质量？

能保证电气设备正常工作和正常使用寿命的电能质量就是良好的电能质量。

15.2　什么是供电电能质量？

供电电能质量（service power quality）是指供电部门和用户在电能交接处，也即用户计费电能表处测定的由供电部门负责的电能质量。对此我国供电部门已制定有频率偏差、电压偏差、高次谐波、电压波动、三相电压不平衡以及瞬态涌压等电压扰动（voltage disturbance）的限值标准。需要注意的是这些标准是供电部门将电能作为商品售卖给用户的产品质量标准，也是供电部门限制用户负载电流污染电网的标准。需注意供电电能质量并非电气设备接电端子处直接影响设备安全和性能的电能质量。

15.3　什么是用电电能质量？

用电电能质量（application power quality）是用户内用电设备接线端子处直接影响设备安全和性能的电能质量。它的表征不仅限于对电压扰动的限制。

15.4　一般电气设备用电电能质量的提高是否只是指对电压扰动的限制？

是。这里所述的一般电气设备是指除信息技术设备以外的常用电气设备，例如照明灯具、电动机等。所谓电压扰动是指电压的频率、幅值、波形偏离规定的电压不正常状态。它与接地不当之类引起的用电电能质量问题无关。问答15.2提及的电能质量标准都是供电部门对电压扰动限制的标准而非用电电能质量标准。

对于一般电气设备应满足上述涉及电压扰动的电能质量要求，否则将影响设备的正常功能甚至导致其损坏。例如对电动机而言，电压扰动中的频率偏差将引起其转速的变化，电压偏差将导致其过热并使转矩变化，谐波电压将使其过载和过热，电压波动将使其转速不匀而振动，三相电压不平衡将使其增加发热，其负序电压还可产生反转矩，瞬态涌压将使其绝缘击穿而损坏。为了保证电气装置的正常运作，在设计安装中必须注意减少这类电源电压的扰动，避免用电电能质量问题的发生，并根据需要装用电能净化设备。

15.5　为什么这些年来电压扰动引起的电能质量问题日趋严重和复杂？

　　由于用电技术的发展，电的应用使工作和生活更方便，也更节能，但也产生了许多电压扰动的电能质量问题。例如大量非线性负载用电设备被广泛应用，它引起的电压波形畸变在许多电气装置中显著劣化了用电电能质量。除上述影响电动机的运转外，也能使配电变压器过热而降低出率，电容器过载烧坏，电气线路过热使绝缘水平下降以至短路起火，开关设备和控制电器误动，电气检测仪器显示不准确等电气事故和异常现象。电压畸变和其他电压扰动电能质量问题对电气设备和线路的危害是多方面的，对于这类有害的电压扰动在电气装置的设计和安装中，应充分注意对其防范和治理。

15.6　为什么需特别重视信息技术设备（ITE）的用电电能质量问题？

　　我国近年来信息技术的应用迅猛发展，建筑物电气装置中信息技术设备（information technology equipment，简称 ITE）的应用日益增多，这类设备对用电电能质量问题十分敏感。如果在电气装置的设计安装中不加注意，电磁干扰问题就随之而来，ITE 将难以正常工作甚至损坏，有时还会造成巨大经济损失或不良政治影响等严重后果。我国虽颁布了有关信息装置的设计规范，但对如何保证其用电电能质量，减少电磁干扰却鲜少规定或语焉不详，有的技术措施则失之陈旧过时。由于电气装置抗干扰技术的落后，我国已建成的这类电气装置的功能常不能完全和正常的发挥。而在电气装置建成交付使用后发现干扰问题再作补救和纠正则往往十分困难。因此在有诸多 ITE 的建筑物电气装置的设计安装中尤需特别重视 ITE 的用电电能质量问题。

15.7　ITE 对用电电能质量的要求何以比一般电气设备更为复杂和严格？其起因何在？

　　ITE 不仅对上述有关电压扰动的电能质量要求远较一般电气设备为苛刻，而且它的电能质量问题还不仅限于由电源线路传导来的电压扰动，它还包括电气装置所在现场出现的接地和等电位联结设置不当以及空间电磁场辐射等有关的用电电能质量问题。

　　用电电能质量问题的起因十分复杂，简言之有如下一些起因：

　　（1）地区电网内出现的电压扰动以及电气装置内部产生的电压扰动。

　　（2）空间的电磁场辐射。

　　（3）雷电。

　　（4）接地故障。

　　（5）接地和等电位联结设置不当。

（6）电气线路布置安装不当。

（7）静电。

（8）其他。

用电电能质量问题的起因以图形表示，如图15.7所示。

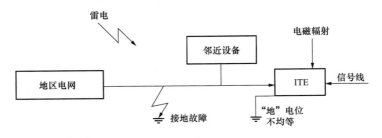

图15.7 用电电能质量问题的起因

15.8 试举例说明电压扰动对 ITE 的不良影响。

相对一般电气设备而言，对 ITE 引起干扰的电压扰动的类别更多，对电压扰动幅值和波形的限制要求更苛刻。图15.8 为干扰 ITE 的电压扰动示例。以断电为例，持续断电固然能使 ITE 丢失数值，短暂几个周波的断电对于一般电气设备并无多大关系，但对于 ITE，仍然要丢失数据而可能造成严重损失。又如超过一定幅值的欠电压和以毫秒计的电压暂降，对于一般电气设备影响不大，但对于 ITE 也将使其丢失数据。谐波由于过零噪声等问题可引起 ITE 控制误动等不良后果。雷电瞬态涌压和操作过电压当幅度和波形陡度大时可使 ITE 绝缘击穿损坏，小时也可引起干扰。其他还有在图15.8 中未表示的电压幅值快速变化的电压波动可产生对 ITE 的噪声干扰。除这些电压扰动外，其他如地电位不均等、过大的共模电压、过大的 PE 线电流也可使 ITE 工作失常。且不论接地和等电位联结等设置不当对用电电能质量的影响，仅电压扰动而言就是电能质量问题中一个十分复杂的问题。在我国的有关电气手册以至规范中，将电气设备处用电

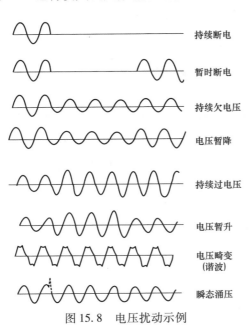

持续断电

暂时断电

持续欠电压

电压暂降

持续过电压

电压暂升

电压畸变（谐波）

瞬态涌压

图15.8 电压扰动示例

的电能质量误为供电部门和用户交接处的电压扰动，混淆了供电电压扰动和用电电能质量，显然难以保证对电能质量敏感的 ITE 的正常工作。

15.9　为什么电气装置设计安装不当将降低用电电能质量，引起对 ITE 的电磁干扰？

包括 ITE 在内的电气设备的产品设计应能满足一定水平的电磁兼容（electro-magnetic compatibility，简称 EMC）要求，即电气设备应限制其工作时对其他电气设备的电磁干扰（electro-magnetic interference，简称 EMI），同时它本身也需具备一定的抗电磁干扰的能力。但其作用毕竟是有限度的，还需正确设计和安装电气装置，在电气装置中提高用电电能质量，相辅相成，防止和减少电磁干扰的产生，以改善 EMC 的电气环境。例如对电气装置的布置、电气线路的走线、电气设备的选用、接地和等电位联结的设置等诸多方面都需综合考虑以提高用电电能质量满足防电磁干扰的要求，并辅以必要的电能净化设备，以保证 ITE 能正常地工作，发挥其应有的功能。

15.10　如何防止干扰源设备在电源线路上干扰 ITE？

有些电气设备例如大功率电动机、大容量电容器组在起动和通电时是会引起电压暂降的，如果电压暂降幅度过大，对 ITE 而言其后果将和暂时断电一样；有些电气设备如大功率整流设备、开关模式电源则是要产生大量谐波的；大功率的电弧炉、电焊机则是要引起电源电压的剧烈波动的。这些干扰源设备产生的电压扰动通过电源线路的阻抗耦合将干扰 ITE 的正常工作，为此 ITE 应和这些干扰源设备分开电源线路供电。如果可能将这两类设备分开配电变压器供电更好。

15.11　如何防范空间电磁场对 ITE 的干扰？

场强大的空间电磁场将直接干扰 ITE 的正常工作。除雷电产生的瞬态电磁场外电气装置中的配电变压器、大功率电动机、大电流的配电干线都能在其附近产生强大的电磁场，ITE 的安放位置和其线路应尽量远离这些设备和线路。

15.12　为什么 ITE 配电线路上作用于切断电源的防护电器宜有适当的延时？

ITE 电源线路应尽量避免瞬态故障引起的不必要的切断电源。例如雷击时雷电电涌通过配电线路时如对地放电，工频电流也随之对地短路，断路器、RCD 等保护电器可能瞬动跳闸引起不应有的间断供电，使 ITE 丢失数据。但雷击放电的时间以微秒计，如果这些保护电器稍带一些延时就可在不影响其保护功能的前提下躲过雷电冲击，避免不应有的间断供电。

15.13　为什么对单相末端回路应注意限制所接 ITE 的数量？

ITE 通常采用开关模式电源，它具有较大的对地电容泄漏电流。若单相末端配电回路所接 ITE 台数过多，正常泄漏电流过大，超过首端 RCD 的额定不动作电流（例如 15mA），则 RCD 可能动作而发生不期望的断电。过大 PE 线电流也能引起电磁干扰，因此应注意适当限制所接 ITE 的台数。

15.14　在电气装置的布线系统中，如何防止电源线对 ITE 信号线的干扰？

电源线中的负载电流难免在其周围产生电磁场，当电源线靠近信号线时，其产生的电磁场将干扰信号线，为此信号线应加屏蔽并在两端接地。两者交叉时应作直角交叉以减少电磁场的感应。

15.15　为什么 ITE 的电源线和信号线要远离建筑物防雷装置的引下线？

装设有防雷装置的建筑物遭受雷击时，防雷引下线将瞬间通过幅值以若干千安计的波形陡度很大的雷电冲击电流，其周围空间将产生强大的瞬变电磁场，ITE 的电源线、信号线如靠近引下线将感应产生涌压，因此 ITE 轻则将受其干扰，重则被其击穿损坏。为此该等线应尽量远离防雷引下线，否则电源线和信号线都应加以屏蔽并接地。

15.16　为什么同一信息技术系统内的 ITE 的电源线和信号线宜在同一通道内走线？

我国一些有关电气规范和手册中规定 ITE 的电源线和信号线应拉开距离，这不完全正确，需视具体情况而定。如图 15.16 – 1 所示，同一信息技术系统内的两台 ITE 间的电源线和信号线未布置在同一通道内，从而形成一个大面积的包绕环。当空间产生瞬变电磁场时，此包绕环内将感应产生幅值甚大的涌压，包绕面积越大，感应产生的涌压越大，它能干扰甚至损坏 ITE。为此 IEC 建议此两线路宜布置在同一通道内，以减少包绕面积，降低感应涌压，但信号线应加屏蔽，两线路间的距离应不小于 50mm，如图 15.16 – 2 所示。

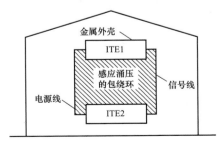

图 15.16 – 1　信号线和电源线形成的
大包绕环感应产生干扰涌压

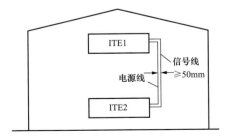

图 15.16 – 2　电源线和信号线敷设在
同一通道内避免形成大包绕环

15.17　ITE 的信号线在选用上应如何消除或减少干扰电磁场的影响？

　　ITE 的信号线宜采用屏蔽电缆或双绞线，或采用电线穿钢管走线。这些措施由于屏蔽或线路结构的作用可消除或减少干扰电磁场的影响。

15.18　为什么信息系统电气装置内单芯电线和单芯电缆配电回路宜套金属管槽敷线？

　　电源回路如采用多芯电缆，因电缆线芯系对称布置，线芯通过电流时产生的电磁场可互相抵消。电源回路如采用多根单芯电线或电缆，现场施工中难以做到这些线芯的对称布置，回路周围将产生电磁场。如在信息系统电气装置内采用无屏蔽作用的塑料管槽敷线，此电磁场将干扰信号线，为此多根单芯电线或电缆组成的配电回路应套以金属管槽作屏蔽。

15.19　为什么信息系统电气装置内需特别重视电源线的连接质量？

　　信息系统电气装置内如果电源线连接质量差，通过电流时打火，将在电源线上产生快速变化的电压波动，成为干扰 ITE 的噪声。连接点的打火还能产生杂乱的高频辐射波而干扰 ITE。因此在电气安装中应特别注意保证电源线的连接质量。

15.20　在信息系统电气装置内如何减少电压扰动产生源？

　　大量的电压扰动是在电气装置内部产生的，因此在电气设备的选用上应尽量少选用产生电压扰动的类型。例如为减少谐波电流的产生，宜采用 12 脉冲的桥式整流器代替 6 脉冲的桥式整流器，宜采用节能型的荧光灯电感式镇流器代替谐波含量大的电子式镇流器等。

　　有些用电设备产生的电压扰动是难以避免的，例如大电动机起动时引起的大幅度的电压暂降，对此应在电气装置设计中采用合适的起动设备来减小电压暂降幅值，尽量将其抑制到被干扰 ITE 能承受的水平。

15.21　为什么接地和等电位联结设置不当是使 ITE 工作不正常的用电电能质量问题另一个重要方面？

　　电源线路上电压扰动只是引起的用电电能质量问题的一个方面，对于 ITE 而言，接地和等电位联结的设计和安装不当引起的 ITE 间的地电位不均等以及其他干扰则是用电电能质量问题的另一些重要方面。美国电能质量会议多次调查发现现场反映的 ITE 工作不正常的起因并非电压扰动，而大多是接地和等电位联结不当。因此有经验的电能质量专家在现场处理电能质量问题时，首先检查的就是接地和等电位联结设置中存在的问题。在信息系统电气装置中应高度重视接地和等电位联结的正确设置。

15.22 为什么在信息系统电气装置内，就抗电磁干扰而言等电位联结的作用优于打接地极接大地？

接地和等电位联结就其作用而言，在有些情况下是难以区分的。接地即是以大地电位为参考电位，在地球表面实施的等电位联结；而等电位联结则可视作为将某一导体代替大地，以导体电位作参考电位的接地。因此两者在一般情况下是相通的。当然也有不同处，例如接大地可以泄放雷电流和静电荷，消除其对 ITE 的干扰和危害，而不接大地的等电位联结则不具有这一作用。但就减少信息系统电气装置内各 ITE 间地电位的高频电位差而言，以等电位联结系统作"地"可最大限度地采取种种有效措施降低系统内对"地"的高频阻抗以获得更好的 ITE 间的等电位效果，而一般接大地的接地则难以降低高频阻抗获得此效果，就这点而论，等电位联结的作用远优于降低接地电阻的接大地。

15.23 每台 ITE 需实现几个接地？

每台 ITE 需实现两个接地：一个是为保证人身安全，其金属外壳需接 PE 线作保护接地。对于 TN 系统此 PE 线需紧靠相线走线，以降低发生接地故障时的故障回路阻抗，提高防间接接触电击的自动切断电源措施的动作灵敏度，它属防电击的保护性接地；另一个是接同一 ITE 金属外壳的信息技术系统的高频信号接地，它要求高频条件下的接地阻抗小，以获得各 ITE 间相等或接近的参考电位，它属功能性接地。需要注意在一建筑物电气装置内，这一参考电位通常不是打接地极取自大地的参考电位而是取自等电位联结系统这一导体系统的参考电位。

15.24 为什么 ITE 或信息系统必须与同一建筑物内的其他电气设备或其他电气系统共用接地装置？

为保证人身和电气设备安全，IEC 和所有发达国家标准都要求同一个建筑物内所有电气设备或各电气系统的接地必须共用一个接地装置，以避免诸如在发生雷击或接地故障时各系统间出现危险的电位差而引发事故。如果某一 ITE 要求设置局部接地极，则此接地极必须与等电位联结系统的接地母排相导通而实现共用接地。ITE 本身的两个接地也必须共用同一个接地装置。

有同志担心共用接地会招致其他设备或系统对 ITE 的干扰。这当然是应采取有效措施加以解决的问题，但必须在保证安全的前提下实现电气装置的功能，因为安全是对电气装置设计安装的首要原则。

15.25 为什么没有必要规定与信息技术系统电气装置共用接地的接地电阻不大于1Ω？

我国现时有关规范虽然规定信息技术装置允许与防雷等其他装置共用接地，但要求共用接地的接地电阻不得大于1Ω。这可能是抄用了 20 世纪六十年代前苏联一本有关防雷的书中的数据。对此要求迄今未见其正式标准的规定及其理论依据和解释。查 IEC 标准和发达国家的标准均未见此等接地电阻值的要求。不规定这一接地电阻值的道理很简单。做等电位联结后，信息技术装置的地电位已非大地的电位，而是等电位联结系统的电位。这时要求的是高频条件下与等电位联结系统连接的低阻抗 Z，而非打接地极接大地的低接地电阻 R。大家知道阻抗 Z 内有电阻分量 R 和电抗分量 X，即 $Z = \sqrt{R^2 + X^2}$，只要求低电阻分量小是不够的。举例言之，如果某一信息技术装置不做等电位联结，只接大地，以大地电位为参考电位，接地电阻为 1Ω，接地线长 10m，其单位电感值为 $1\mu H/m$，ITE 的工作频率仅为 10MHz，则仅此段接地线的电抗分量 X 就达 $X = 2\pi fL = 2 \times 3.14 \times (10 \times 10^6) \times (10 \times 10^{-6})\Omega = 628\Omega$。与电抗分量 X 相比，打接地极的接地电阻分量 $R = 1\Omega$ 的值微不足道。可见耗费大量人力物力追求不大于 1Ω 的低接地电阻毫无意义。正因为此，IEC 等标准内只对信息技术系统规定降低等电位联结线在高频条件下的阻抗 Z 的若干措施，从不规定共用接地装置打接地极的接地电阻值的要求，因为毫无必要。飞机上 ITE 的工作十分有效，这是因为飞机双层金属机身具有很好的高频低阻抗等电位联结效果，而飞机内电气装置对大地的接地电阻为无限大，但它丝毫不影响飞机内信息技术系统的正常运作。对于作有高频低阻抗等电位联结的信息技术系统建筑物电气装置，同样也没有必要规定接大地的接地电阻的阻值，更没有必要无根据地浪费财力物力要求共用接地的接地电阻不大于 1Ω 或更小值。它只要求等电位联结系统内联结线的高频阻抗 Z 小。在下述问答内将进一步阐述。

15.26　在信息系统电气装置内以高频低阻抗的等电位联结代替接大地，这时降低联结线高频条件下的阻抗的基本要求是什么？

由于接大地的接地系统的高频阻抗太大，所以建筑物内 ITE 的信号接地不以大地电位为地电位，而是像飞机里那样以代替大地的等电位联结系统的电位为地电位。这样做非但接地阻抗小，还可避免打 1Ω 接地电阻值的众多接地极劳民伤财的许多麻烦。在等电位联结系统内可方便地采取许多措施减少联结线的高频阻抗，并可利用众多联结部分的并联通路，进一步降低高频阻抗，从而最大限度地实现 ITE 信号接地系统中"地"电位的均等。这一等电位联结并非防电击之类的保护性等电位联结而是使信息系统正常工作的功能性等电位联结。

为降低高频阻抗，在有大量敏感 ITE 的信息技术装置内的联结线应具有足够的截面积和足够的表面积。前者可减少其电阻分量 R，后者可减少高频集肤效应从而减少高频电抗分量 X。联结线的走线应尽量短而直，以降低其电感，其连接质量应保证良好以减少接触电阻。

15.27 在信息技术系统电气装置内，如何减少问答2.6中总等电位联结的高频阻抗？

可将总等电位联结中的接地母排延伸为接地母干线，它可沿建筑物外墙内侧的墙脚敷设。凡需联结的金属部件，例如进入建筑物的金属管道、柱子钢筋、基础钢筋以及其他金属构件、电缆金属护套等都可就近与该接地母干线直接联结，以减少联结阻抗。接地母干线宜采用不小于 50mm^2 的铜导体，以增大截面积和表面积，从而减少联结线的电阻和高频电抗。它可为绝缘导体，也可为裸导体。裸导体在其固定处或穿墙处应包以绝缘，以免受腐蚀。

15.28 如果信息系统的 ITE 分布于建筑物的不同楼层内，如何实现各楼层 ITE 间信号地的高频低阻抗的等电位联结？

应尽量多地利用柱子钢筋和垂直的金属管道作多根并联的垂直等电位联结。钢筋间的连接应采用焊接或压接。如因影响结构强度等原因不能施焊或压接时，可另置入电气专用的钢筋，其连接应为焊接或压接，以降低接触电阻。

15.29 如果 ITE 的电源回路和信号回路内如装有 SPD，为防干扰应注意什么？

如问答 14.19 及 14.23 所述，SPD 的接线应尽量短。因断路器内的电磁脱扣器为一大电感，串接的过电流防护电器应不采用断路器而采用熔断器，以降低其高频电抗，从而减少作用于 ITE 上雷电残压和操作过电压引起的干扰和危害。

15.30 同一信息系统的若干 ITE 若分布在几个互相远离的建筑物内时，ITE 有时不能正常工作，原因何在？如何解决？

同一信息系统的若干 ITE 若分布在几个互相远离的建筑物内时，各个建筑物内的电位可能不相等而存在电位差。如果它们之间仍采用金属导体作电信号联系，则它们之间的电位差将引起干扰。为此宜采用光缆作信号联系，即在一端将电信号转换成光信号，在另一端将光信号还原成电信号。光缆联系是非电的联系，它可以完全消除由于电位差和空间电磁场干扰等原因引起的干扰。

15.31 为什么信息技术系统电气装置内不宜出现 PEN 线？

PEN 线上因通过中性线电流而产生电压降，其上各点的电位是不相同的。如果信息技术装置内出现 PEN 线，将导致同一信息技术系统内敏感的各 ITE 间的地电位的不均等而不能正常工作。图 15.31 中一信息技术装置自建筑物外的变电所以 TN-C-S 系统供电。为节省一段 PE 线，PEN 线进入建筑物后在电源进线箱或总配电箱（图中未表示）内未将 PE 线和中性线分开，在分配电箱（图中未表示）内才分开。自总配电箱和分配电箱分别供电给 ITE1、ITE2 及 ITE3。从

图 15.31 可知，总等电位联结的接地母排前 PEN 线上的电压降为 ΔU_1，它即是接地母排的对地电位，也是总等电位联结系统的参考电位。ITE1 由总配电箱供电，其对地电位为 ΔU_1，分配电箱前一段 PEN 线的电压降为 ΔU_2，因此自分配电箱供电的 ITE2 的对地电位就为 $\Delta U_1 + \Delta U_2$，其后因 PEN 线分开为 PE 线和 N 线，N 线的电流并不影响 ITE 的对地电位，其对地电位都是 $\Delta U_1 + \Delta U_2$。由于 ITE1 和 ITE2 间存在电位差 ΔU_2，它们之间的信号线中接机壳的地线也将因 ΔU_2 电位差而通过工频电流，这都可引起干扰。因此在有敏感的 ITE 的 TN-C-S 系统中，为避免 ITE 地电位差引起的干扰，PEN 线在进入建筑物后应在进线箱或总配电箱内即分开为 PE 线和中性线，以使建筑物内不再出现 PEN 线。

从以上分析也可知，在有信息系统的建筑物内不宜出现 PEN 线。据此当建筑物内设有变电所时宜采用 TN-S 系统，其理由不需赘述。

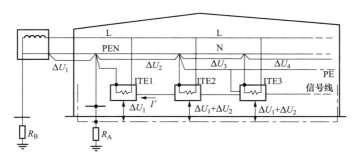

图 15.31　PEN 线上的电位差使敏感的信息技术系统不能正常工作

15.32　为什么在信息技术系统电气装置内要限制过大的 PE 线电流？

电气设备的 PE 线平时只通过幅值不大的正常对地泄漏电流，它对电气设备的工作不产生影响。但在信息技术系统电气装置中应注意对 PE 线的电流加以限制，因过大 PE 线电流导致的过大的 PE 线电压降将使各 ITE 间地电位不均等而不能正常工作。

ITE 因多采用开关模式电源，本身就具有较大的正常泄漏电流。如图 15.32 所示，供给过多 ITE 的电源线路 PE 线上有过大的泄漏电流而产生过大的电压

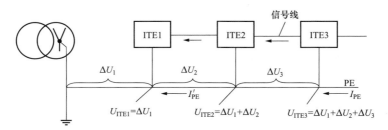

图 15.32　过大的 PE 线电流产生的过大电压降干扰 ITE

降，致使各 ITE 的地电位不均等，其信号电缆的地线上由于两端的电位差也将流过工频电流，这些都能对 ITE 引起干扰。为此在设计安装中应适当增加 ITE 的电源回路，减少回路所带 ITE 的台数以限制 PE 线上的正常泄漏电流。

过大的 PE 线电流也易引起信息技术系统内的人身电击事故，这将在问答 24. 65 及 24. 66 内陈述。

15. 33 为什么在电气装置的设计安装中需特别注意防止中性线重复接地引起的对 ITE 的干扰？

在现场中发现不少过大的 PE 线电流是设计和安装错误而引起的。在实际设计和安装中往往发生中性线多点接地的错误。例如在图 15.33 中除电源进线处总配电箱 B 内 PEN 线经 PE 线一点接地外，在分配电箱 B2 内中性线又被跨接，经 PE 线再次接地。这样 ITE2 的部分中性线电流 I'_N 将成为杂散电流经 PE 线返回电源，这一 ITE2 和 ITE1 间的 PE 线过大电流将引起两者间的地电位差而引起干扰。此电位差也将在两 ITE 间信号电缆的地线上产生干扰噪声。因此在建筑物电气设置的安装中应注意防止中性线错误的重复接地，以免引起对 ITE 的干扰和其他电气故障。

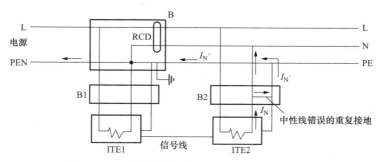

图 15.33 中性线错误接地导致过大 PE 线电流

15. 34 有时过大的 PE 线电流是难以避免的，应如何消除此过大的 PE 线电流对 ITE 的干扰？

在难以减少过大 PE 线电流情况下，可装用双绕组变压器作简单分隔来消除此种电流对 ITE 的干扰。具体做法是在产生过大 PE 线电流的部分 ITE 前插入一变比为 1:1 的双绕组变压器，其接线如图 15.34 所示。从图可知，双绕组变压器 T 的二次绕组为产生过大 PE 线电流的 ITE 提供一另起的电源。过大 PE 线电流只返回至其电源的始点（origin），也即返回至变压器 T 的二次绕组，不再流入变压器 T 前的 PE 线而叠加，自然不会形成过大的 PE 线电流对 ITE 产生干扰。

过大电流的 PE 线如果断线将导致人身电击危险，装用这种双绕组变压器还可防范这种电击危险，详见问答 24. 67 及问答 24. 68。请注意双绕组变压器并非为防电击用的对绝缘有高要求的隔离变压器，它只要求基本绝缘。

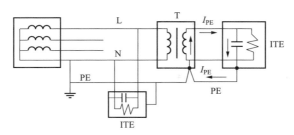

图 15.34　装用双绕组变压器消除过大 PE 线电流对 ITE 的干扰

15.35　如何消除或减少共模电压对信息系统的干扰？

在电气设备的电源回路中，中性线和 PE 线间是存在电位差的，这是由于中性线通过负载电流和三相不平衡电流产生的电压降而引起的。ITE 的信号电压和逻辑电压只有很少几伏，如果此电压降过大，将使信息系统不能正常工作，它被称作共模电压干扰。为消除这一干扰，可采取诸如下述的措施。

（1）给建筑物低压供电的 TN 系统电气装置宜采用 TN-C-S 系统。采用 TN-C-S 系统供电时，中性线和 PE 线在电源进线处才分开，它们间的电位差在此处才开始产生，信息系统内的共模电压干扰自然比 TN-S 系统小。

不必担心 TN-C-S 系统在发生接地故障时比 TN-S 系统有较大的电击危险。因为在实施总等电位联结后，电气装置的参考电位是总等电位联结系统的电位而非大地的电位，TN-C-S 系统和 TN-S 系统的预期接触电压是相同的，请参见问答 1.22。

（2）为共模电压干扰大的诸 ITE 装用双绕组变压器供电。图 15.35 中有多台同一信息技术系统的 ITE（图中只表示一台），由于自变电所引来的电源线路过长，中性线上的电压降过大，使这些 ITE 受共模电压的干扰。为此在共模电压过大的诸 ITE 前插入一双绕组变压器 T 作简单分隔，其二次绕组另起一电源系统给诸 ITE 供电，则中性线与 PE 线间的电位差在变压器 T 二次绕组这一始点起又从 0V 开始计算，共模电压干扰因此得以有效地降低。

15.36　何谓 ITE 的放射式（S 式）信号接地？

对于现有建筑物内抗干扰能力较强的信息系统，可采用放射式的信号接地方式，如图 15.36 所示。配电箱 PE 母排作为参考电位点放射引出的 PE 线被兼作 ITE 的信号接地线。此 PE 线具有较大的阻抗，因此设备间信号线承受的噪声水平较高。但对于抗干扰能力较强的 ITE，这种接入电源同时实现保护接地和信号接地的方式是最为简单易行的。这时的接大地只是为了泄放雷电流和静电电荷。

当 ITE 为双重绝缘的Ⅱ类设备时，它仍配置带 PE 线的三芯电源插头线。有

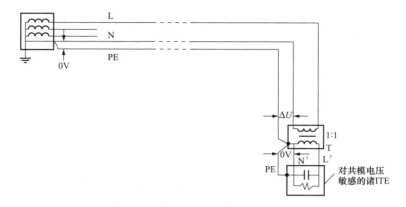

图15.35　装用双绕组变压器消除共模电压干扰

些同行对此不理解。其实这时其 PE 线并非用于防电击，而是用于作放射式的信号接地和泄放雷电流及静电电荷。

在这种接地方式中，如 ITE 和其他干扰源设备共用同一末端回路和 PE 线，因回路阻抗的耦合，对此 ITE 的干扰可能较强。如果 ITE 和干扰源设备采用分开的末端回路和 PE 线，将能大大减少干扰。

在有些情况下，图15.36 中如将 ITE 的 PE 线和配电箱内为其专设的 PE 母排加以绝缘，并用绝缘的导线接向建筑物的接地母排，在接地母排前与其他金属部分绝缘，其抗干扰效果可进一步得到提高。采用这种做法时，配电箱内出现一般用电设备用的 PE 母排和 ITE 用的绝缘的 PE 母排两个 PE 母排。ITE 用的 PE 线和 PE 母排被称为隔离的 PE 线和 PE 母排。

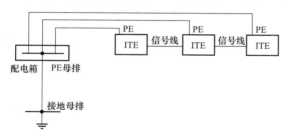

图15.36　利用电源线路的
PE 线作放射式信号接地

15.37　何谓局部水平等电位联结的网格式（M 式）信号接地？

当信息系统的若干敏感 ITE 处于同一楼层内时，如图15.37 所示的一计算机站，除用 PE 线作保护接地外，还将各 ITE 的金属外壳尽量短直地联结到设备下方的局部水平等电位铜质网格上以实现低阻抗的信号接地。网格也和配电箱内的 PE 母排相联结。网眼的尺寸约为 ITE 工作频率的波长的 1/10，可取为 600mm ×600mm。铜带宽可为 60～80mm，厚约 0.6mm（宽厚比不宜小于 5:1），以增大表面积，减少高频集肤效应导致的高频阻抗。此网格的作用是为该等 ITE 提

供一高频低阻抗的参考电位平
面的信号地。

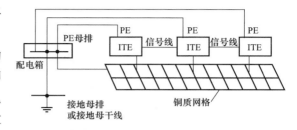

图 15.37　通过局部水平等电位
联结网格作信号接地

在 TN 系统中此种方式的
PE 线必须和相线紧贴走线，即
ITE 需采用包含 PE 线的多芯电
缆或电线穿管供电，以降低发
生相线接地故障时的故障回路
阻抗，它用于防人身电击。铜
网格和铜带接地线则用以实现高频低阻抗的信号接地。虽然最后都接向同一 PE
母排，但两者各有用途，不可或缺。

在此接地方式中，如果将 ITE 的电源线路以及 PE 线与其他线路分隔开，并
将铜质网格与地绝缘，则抗干扰效果将更好。这时，在配电箱内为 ITE 另设一
隔离的 PE 母排，即 ITE 的 PE 线需和电源插座的金属接线盒、穿线钢管以及其
他回路的 PE 线绝缘，直到与总等电位联结的接地母排联结为止。

15.38　何谓水平和垂直的等电位联结信号接地?

当建筑物有多个信息系统大量的 ITE，且一些信息系统的 ITE 分布在不同
楼层内时，这时需要为这些系统内的诸 ITE 作水平和垂直的等电位联结信号接
地。如问答 15.37 所述，水平等电位联结以连接铜质网格等方式来实现。如
问答 15.28 所述，垂直等电位联结以连接柱子钢筋、垂直的金属管道等垂直
的金属物体来实现。这些等电位联结部分应就近尽量多地联结形成多个并联
通路，从而为 ITE 的信号接地提供高频低阻抗的通路，如图 15.38 所示，使各
层内同一系统的 ITE 取得均衡的地电位。在这种情况下将 ITE 的信号接地进行
绝缘和隔离既不可能，也无意义，因为在极高频条件下导体与导体间存在电
容耦合和电感耦合，它们之间无形之中已导通或短路，因此没有必要作绝缘
和隔离。

由于这种信号接地方式具有众多的联结点和并联分流通路，其高频阻抗可

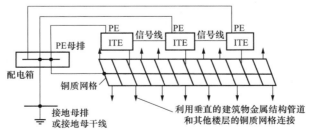

图 15.38　通过水平和垂直的等电位联结作信号接地

大大降低。对于只具有一般抗干扰水平的 ITE，它可以消除大部分的干扰。ITE 与其下网格的联结线也应尽量短直，其长度以不大于 500mm 为好，以降低高频电抗。网眼的尺寸不应过大，否则将影响抗干扰的效果。这种接地方式特别适用于新建的装用大量 ITE 的建筑物，它以不变应万变，较能适应设计时对各种用途和干扰因素尚不清楚的信息技术装置，但建设投资无疑也将随之增加。

15.39　请简述调压器在净化电能中的作用。

由于公用电网和电气装置本身负载的变化，导致电网和装置内电压降的变化，电气设备处会发生缓慢而持续的工频过电压或欠电压。这类电压扰动可采用调压器来消除，例如采用无励磁调抽头或有载调抽头的调压器、感应调压器等。过大的电压偏差常因电气装置设计不当引起，例如不合理地用低压线路长距离供电给大功率负载，配电变压器无激磁调抽头不当以及无功功率未得到合理的补偿等。纠正这些设计不当处常可免除调压器的装用。

15.40　请简述滤波器在净化电能中的作用。

滤波器用以消除或减少电源线路中的谐波成分，使 ITE 和其他电气设备免受其危害。它分为无源滤波器和有源滤波器两类。前者结构简单，由电感和电容元件组成，其成本低廉，但只适用于对参数不变的谐波的抑制；后者能检测和适应谐波参数的变化，它能产生幅值相同、相位相反的谐波来抵消电气装置内变化的有害谐波，效果较好，但售价高昂。

15.41　请简述 SPD 在净化电能中的作用。

这一保护电器的应用在第 14 章中已作介绍。它既可保护电气设备免因瞬态涌压而损坏，也可减少瞬态涌压对 ITE 的干扰，其中包括电气装置内大功率电气设备投切时产生的瞬态涌压（操作过电压）对近旁 ITE 的干扰。

15.42　请简述双绕组变压器在净化电能中的作用。

这种变比为 1:1 的双绕组变压器在改善电能质量中的作用在问答 15.34 和问答 15.35 中已叙及。它因电能—磁能—电能的转换作用在其二次侧另起一个始点和电源系统，从而消除诸如过大 PE 线电流、过大共模电压等用电电能质量问题对 ITE 的干扰。也可利用它来防过大 PE 线电流引起的电击事故，见问答 24.67 及问答 24.68。

15.43　请简述电动机 – 发电机组在净化电能中的作用。

这种电能净化设备借电能—机械能—电能的转换在发电机侧另起一个纯净的电源系统。即在发电机输出端提供一个没有任何电压扰动的纯净正弦电压波形的电源。由于电动机—发电机组运转时本身具有的机械惯量，在电气装置内发生暂时断电或电压暂降的短时间内，它也能继续运转一短暂时间使 ITE 的工作不间断避免数据丢失。它常配置一个飞轮以增加机械惯量来延长这一继续运转时间。这种电能净化设备在一些发达国家得到较广泛的应用。

15.44　请简述 UPS 在净化电能中的作用。

UPS 即不间断电源（uninterruptible power supply），它有蓄电池静止式和飞轮旋转式两种类型。在我国现时较多采用蓄电池静止式 UPS。它将交流整流为直流给蓄电池充电储能，同时将直流逆变为交流给 ITE 或其他重要负载供电。由于电流的转换，电源侧一些电压扰动被隔离。但它输出的交流电压波形并非上述电动机—发电机组输出的纯净的正弦波形，而是类似方波的波形，为此需用滤波器加以矫正。它可以实现供电的完全不间断或只有短暂的间断，其持续供电的时间决定于蓄电池的容量。由于 UPS 电源内阻抗较大，且蓄电池价格高昂，寿命有限，它适合于对电源转换时间和抗干扰要求高的诸如 ITE 之类的用电设备作电能净化和应急电源用。飞轮旋转式 UPS 采用磁悬浮和真空技术，由于机械损耗小，它比一般飞轮旋转发电持续时间长。它与快速启动的柴油发电机结合使用，可长时间地提供不间断的净化电源和应急电源。它售价较高，但它节能环保，占地少，寿命长，免维护，是有发展前途的新型 UPS。

15.45　请简述静电放电对信息技术系统的危害及防范。

诸如信息中心、计算机站之类的场所如集聚了大量静电电荷而高电位大能量对地泄放，可干扰信息技术系统的正常工作以至损坏设备。为此在该等场所需架设能缓慢释放静电电荷的防静电地板，以避免大能量静电电荷的突然释放。

15.46　请举案例说明高频低阻抗的接地和等电位联结的布线对保证信息技术系统正常工作的重要性。

美国某信息中心工作不正常，怀疑是电压扰动之类的电能质量问题引起。花费巨资购置了多种电能净化设备来提高电能质量，但均未奏效。后请电能质量委员会的专家来治理。他发现为布线美观，该中心的信号接地线和高频等电位联结线都是水平和垂直布线，存在多处的直角拐弯，大大增加了该等线的感抗。他要求首先将这等线拉直，消除直角拐弯。由于感抗的降低，各 ITE 的信号接地的地电位得以均衡，长期信息系统工作不正常的难题未花分文就这样轻易地解决了。这一案例充分说明高频低阻抗的接地和等电位联结对保证信息技术系统正常工作的重要性。

15.47　IEC 对用电设备的 PE 线电流有无规定限值?

有。对以插座供电的 32A 及以下单相或多相用电设备 IEC 规定的 PE 线电流限值见下表:

设备额定电流	最大 PE 线电流
≤4A	2mA
>4A，但≤10A	0.5mA/A
>10A	5mA

对过大 PE 线电流危害没有采取问答 15.34 所述防范措施的固定式单相或多相用电设备或对以插座供电的大于 32A 的单相或多相用电设备，IEC 规定的 PE 线电流限值见下表:

设备额定电流	最大 PE 线电流
≤7A	3.5mA
>7A，但≤20A	0.5mA/A
>20A	10mA

15.48　配电用 Dyn11 绕组变压器能否消除用户自身产生的三次谐波，提高用户的用电电能质量?

否。当电网电源存在三次谐波时。Dyn11 绕组变压器内的三角形绕组能使三次谐波电流在绕组内被短路，不致向外"排放"，污染公用电网。但不能消除用户内部的三次谐波电流，也即不能提高用户本身的用电电能质量。

15.49　有些制造商常提出其产品要求单独接地，接地电阻要求为多少欧之类的要求，使工程设计人员十分为难，应如何处理?

这是因为这些制造商不了解电气装置用电安全所致。IEC 标准不允许建筑物内，某一设备单独接地，因为这将使建筑物内出现电位差引发人身电击等电气事故。我国某单位装用了进口仪器。按制造商要求单独接地，结果是该仪器屡被雷电感应产生的电位差击坏。改为共用接地后不再被雷击坏，仪器工作也很正常。在发达国家有些制造商也提出单独接地的要求。业主为此提出签订如因单独接地引发电气事故由制造商承担责任的协议，无一制造商敢签订此协议。这充分说明某些制造商提出的单独接地的要求是不能保证电气安全的。

IEC 标准允许信息技术设备可采用单独的绝缘的 PE 线，如问答 15.36 所述，但该 PE 线最后仍需接至接地母排而共用同一接地装置。

第16章 "断零"烧坏单相设备事故的防范

16.1 在三相四线供电建筑物内有时会发生大量单相设备烧坏的事故，它是三相负载不平衡引起的吗？

不是。三相四线配电回路内有时会发生某一相或两相内单相设备大量烧坏的情况。有的同行认为这是三相负载不平衡造成三相电压不平衡引起的，负载轻的一相电压最高，使这一相的设备大量烧坏。这一解释不尽正确，它只道出了部分原因，还另有更主要更深一层的原因。单相设备大量烧坏的主要原因是三相四线回路的中性线（包括 TT 系统、IT 系统的中性线和 TN 系统的 PEN 线或中性线）断线引起。在我国它被俗称为"断零"。它还可能引起其他电气事故。

16.2 为什么"断零"后会发生大量烧坏单相设备的事故？

这可用图 16.2 – 1 的示例来简单地加以分析。图中相线 L1 未带负载，L2 带一个 150W 白炽灯泡，L3 带一个 15W 白炽灯泡，三相负载非常不平衡。若以电压表测量三相电压，如果中性线未断线，会发现三个相电压并没有多少差异。这是因为这三相都是由相同的 220V 绕组电压供电，它们的电压差异只在于三相不同负载电流产生不同的线路电压降。而按照规定，相线和中性线上的总电压降一般不超过 5%，所以仅是三相负载不平衡是不会烧坏某相内的设备的，设备的烧坏另有原因。

现假设白炽灯泡前的中性线因故中断，如图 16.2 – 1 所示，则 150W 和 15W 灯泡成为串联后接在 380V 单相回路中。我们知道白炽灯泡基本上是个电阻性负载，其阻值 R 与功率 P 成反比，也即

$$R \propto \frac{1}{P}$$

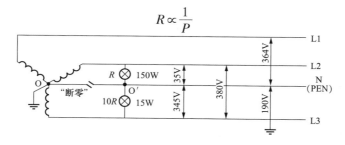

图 16.2 – 1 三相四线回路"断零"后三相负载不平衡，三相电压也不平衡

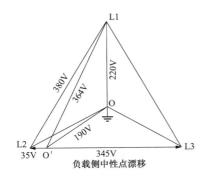

图 16.2－2　图 16.2－1 中"断零"事故的电压相量分析

因此如果 150W 灯泡的电阻为 R，则 15W 灯泡的电阻为 $10R$，这样 380V 电压就按 1 与 10 的比例分配在两个灯泡上。150W 灯泡上的电压仅为 35V，而 15W 灯泡上的电压则高达 345V，它很快就被烧坏。为进一步分析清楚，可作该回路的电压相量图，如图 16.2－2 所示。从图可知"断零"后三相回路相间电压仍为 380V 不变，负载侧的中性点由 O 点漂移到 O′点，中性线对地电压达 190V（在无等电位联结作用的 TN 系统中，此电压不烧坏设备，但可引起电击事故），而空载的 L1 相电压则高达 364V，L2、L3 相电压分别为 35V 及 345V，三相电压极不平衡。

白炽灯泡的寿命 T 与施加电压 U 的 14 次方成反比，即

$$T \propto \frac{1}{U^{14}}$$

施加电压越高，灯泡寿命越短。需要说明，白炽灯的寿命是指光通量降至额定光通量的 70% 的使用时间。图 16.2－1 中 15W 灯泡承受电压为其额定电压的 $345/220 = 1.6$（倍），如 15W 灯泡正常寿命为 1000h，则按上式计算其寿命将缩短为 1.9h。这时灯丝尚未烧断，但光效已很低，不久灯丝将被烧断。电视机显像管灯丝的寿命在此情况下也有很大程度的缩短。

电动机在电压过高时将因铁损增大而发热，电压过低时则将因铜损增大而发热，这都能使电动机绝缘劣化加速而缩短其寿命，但以前者的后果更严重。所以发生"断零"时单相电动机的绝缘寿命不论电压高低总难免缩短，但它对电压高低的敏感程度不如白炽灯泡。

16.3　为什么我国"断零"烧设备的事故频繁发生？

我国频仍发生"断零"烧设备事故的原因是很复杂的。例如一些电气装置还在按老观念进行设计，不看具体情况，将中性线截面积取为相线的 1/2 甚至 1/3，过细的中性线降低了中性线的机械强度。又如线路施工中不注意采取措施减少中性线特别是其连接接头承受的应力。另外，电气设计中错误地从上到下滥用四极开关，大量增加了中性线上不必要的连接点也是引起"断零"烧设备事故的一个原因。

"断零"烧设备事故频发的原因还在其隐蔽性，因为"断零"后虽然设备寿命缩短，但在这段时间内灯泡依然亮，电动机依然转，人们难以及时发现"断零"故障而加以排除，待设备大量烧毁后才发现是"断零"引起，这时为时已晚。

16.4　将 PEN 线或中性线重复接地是否可避免"断零"烧坏设备事故?

否。不少同行以及有些供电部门认为将 PEN 线或中性线（包括 TT 系统的中性线）作重复接地后，用大地通路代替中断的中性线作返回电源的通路，可避免烧设备事故。经相量分析和计算可知这是不可能的。因中性线阻抗以若干毫欧计，而大地通路阻抗则以若干欧计，相差悬殊。"断零"后三相电压依然严重不平衡，只是程度稍轻一些，烧坏设备的时间稍长一些而已，而 TT 系统中性线的重复接地却可导致一些安全隐患（见问答 8.4）。

图 16.4 - 1 和图 16.4 - 2 说明用大地通路代替中性线，在发生"断零"而三相负载又不平衡时三相电压仍然严重不平衡的情况。图 16.4 - 1 中三相负载为电阻性负载，其值分别为 22Ω、220Ω 和 ∞ Ω（空载）。如图 16.4 - 1 所示，三相电压分别为 142V、263V 及 273V，依旧严重不平衡。其理如上述，为节约篇幅，不作具体说明。如果中性线未断开，但中性线连接不良，接触电阻太大，同样也将发生类似以大地通路代替中断的中性线导致烧坏设备的事故。

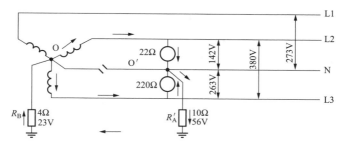

图 16.4 - 1　用大地通路代替中断的中性线，三相负载不平衡，三相电压也不平衡

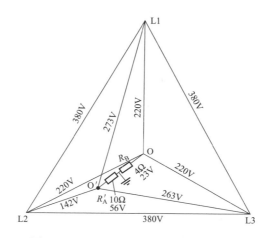

图 16.4 - 2　图 16.4 - 1 的电压相量分析

16.5 能否采用我国有的规范规定的带"断零"防护功能的断路器来防"断零"危害？

我国有的设计规范中曾有装设中性线断线故障保护的规定。它规定用检测 TN 系统中 PEN 线断线后电位升高的故障电压使断路器跳闸来防"断零"危害。这种故障电压型开关在 20 世纪 20 年代国外曾使用过，但 30 年代起即不再使用。因它需单独另设一个不受其他接地极电位影响的零电位接地极来检测 PEN 线的电位，这在建筑物林立的城市里是难以做到的。而这种中性线断线故障保护还要求断开 PEN 线，这又是违反 IEC 标准的基本安全要求的。所以这种防"断零"危害的规定在理论上是难以成立的，实践证明也是无效的，在新规范中已被删除。

16.6 国际上对"断零"危害的防范有何措施和规定？

发达国家现时能借装设检测三相电压不平衡度的检测仪器或智能型断路器在三相电压不平衡度超过 15% 时报警或切断电源的方法来防范"断零"危害。但这种仪器或断路器售价高昂，不可能广泛采用。一般只在线路的选用和敷设上采取各种措施，尽量减少"断零"的发生来防止"断零"烧毁设备。例如 IEC 标准规定 TN 系统中的 PEN 线只能用在固定安装的电气装置内，不论相线截面积多小，PEN 线的截面积不得小于 $10mm^2$ 铜线或 $16mm^2$ 铝线，以保证其机械强度，防止"断零"。例如一个三相四线回路的导线应用 $3 \times 4mm^2 + 1 \times 10mm^2$ 铜线而不应用 $3 \times 4mm^2 + 1 \times 2.5mm^2$ 或 $4 \times 4mm^2$ 铜线。这时 PEN 线截面积不是相线截面积的 1/3 或 1/2，而是 2.5 倍。这是因为在 TN 系统中如果 PEN 线折断，不但电气设备失去接地，招致种种电气事故，还可因"断零"而导致大量单相设备烧坏等诸多事故，后果十分严重。

对于只作载流而不作保护接地线的无谐波电流成分的三相回路中的中性线，IEC 标准规定建筑物内当相线截面积小于或等于 $16mm^2$（铜）或 $25mm^2$（铝）时，中性线截面积应和相线截面积相等而不应小于相线截面积。当相线截面积大于 $16mm^2$（铜）或 $25mm^2$（铝）时，中性线截面积至少应为 $16mm^2$（铜）或 $25mm^2$（铝）。IEC 这些规定都是为了提高中性线的机械强度，以减少"断零"危险。如果三相回路内存在大量三次及其奇数倍谐波电流，中性线截面积有时还应大于相线截面积，但这是出于防回路绝缘的过热（见问答 11.13）而非出于提高机械强度的考虑了。

16.7 为防"断零"危害，在电气装置的设计安装中应注意哪些？

在我国广泛采用低压三相四线供电的条件下，为防范"断零"烧设备事故，在电气线路的设计、安装和管理中应注意做到以下几点：

（1）在三相四线回路中应视具体情况适当放大中性线和 PEN 线的截面积，以保证其机械强度，特别是从电杆到建筑物电源线进线口的一段架空引入线十分易于折断，应按 IEC 要求铜线不小于 $10mm^2$，铝线不小于 $16mm^2$。

（2）采取有效措施防止中性线承受过大的应力。

（3）注意中性线接头的连接质量，以确保中性线接头的导电良好，应特别注意提高铝线的连接质量，因铝线表面极易因氧化或腐蚀而不导电。

（4）在中性线上尽量减少线路端子连接和接头，并尽量少串入开关和触头，例如没有特别的需要尽量少装用四极开关，以防因其中性线触头和接线端子接触不良而增加"断零"危险（见问答 17.4）。

（5）严禁在三相四线回路的中性线上串接熔断器，以防熔断器中的熔体因种种原因熔断而成为"断零"。

16.8　能否采用现时我国有的电气规范规定的装用过欠电压防护电器来防"断零"烧设备的危害？

否。我国现时有的电气规范规定为防"断零"引起的过欠电压烧坏用电设备，需装设自复式过欠电压防护电器来切断电源，并认为过电压超过 270V 时才可能烧坏用电设备，这一规定缺乏理论和实践根据。IEC 标准无此规定，因它是个错误的规定。为保证用电设备的正常功能和使用寿命，各国都规定了用电设备的允许电压偏差。发达国家用电设备材质较优，对电压偏差有较大宽容度，但都不超过 ±10% 。我国宽容度小，在《供配电系统设计规范》（GB 50052）内规定为 ±5% 。即设备端子上的电压变动范围为 209 ~ 231V。用电设备电压为 270V 时，正偏差为 + 23%，大大超过 ±5% 的规定值，这种过欠电压防护违反 GB 50052 规定，不可能防范烧坏用电设备事故。这一不当规定难免重蹈问答 16.5 所述过去"断零"防护断路器规定被删除的覆辙。

我国改革开放前电网容量严重不足，电压十分不稳定。笔者所住楼房下班后晚上电压仅 180V，荧光灯难以启动，易因多次启动而损坏。半夜电压则高达 250V，通夜长明的楼道灯常常损坏，正负电压偏差分别为 + 13.6% 和 − 18.2% 。笔者无奈，只得将废旧电子管收音机内电源变压器的一次 220V 绕组和三个二次灯丝绕组（电压分别为 6.3V、6.3V 及 5V，共计 17.6V）及一个双刀双投扳钮开关组成一如图 16.8 所示的自耦变压器型的电压调整器。当开关拨向右侧时，电压可提升 17.6V（ + 8%），使电压达 197.6V，用以顺利启动荧光灯。当开关拨向左侧时，电压可降低 17.6V（ − 8%），使电压达 232.4V，用以保护用电设备不致因过大的正负电压偏差而大大缩短使用寿命。至于半夜长明的 40W 楼道灯则串接一 100Ω 的线绕电阻，使 250V 电压降低至约 234V （ +6% ） 从而大大延长了灯泡寿命。

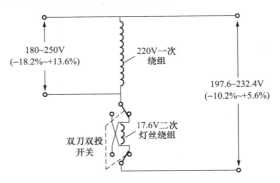

图 16.8　将自耦变压器正反接调整电源电压

　　笔者重温了改革开放前这段往事用来说明当年我所住小区 250V 和 180V 过欠电压对居民用电的严重不良影响，也说明现时规范中要求居宅中安装过欠电压防护将过电压动作值整定为 270V 就可防止用电设备烧坏是缺乏理论和实践依据，不能防止"断零"烧设备的。正确的解决途径只能是按 IEC 标准如问答 16.7 所述提高电气设计和安装质量从根本上防止"断零"的发生。

16.9　请举例说明四极开关"断零"烧设备的事故。

　　北京某设计院有一年在半年内就发生两次"断零"烧坏大量电脑的事故，祸根都在四极断路器上。一次是四极断路器中性线触头导电不良"断零"；另一次是四极断路器中性线接线端子接触不良"断零"。因此在电气装置设计中应慎用四极开关电器，以防止"断零"事故的发生。

第 17 章　电气隔离中四极开关的应用

17.1　为什么进行电气维修时应用四极开关作电气隔离？

我国过去学习前苏联广泛采用 TN－C 系统，在三相四线回路中不能切断 PEN 线，普遍采用三极开关。停电维修时切断三根相线就认为已切断电源可以安全地进行维修，但维修时依然不时发生电击伤人等事故，这是因为回路的带电导体并未做到完全隔离。设备的维修分机械维修和电气维修两类。机械维修不触及电气设备的带电导体，只需断开三根相线，设备不运转就可进行。电气维修则可能接触所有的带电导体，包括三根相线和一根中性线。过去认为中性线系自接地的中性点引出，它和大地是同一电位，不会引发电气事故。其实不然，接地极上存在电压降，中性线可能因各种原因而对地带电位，甚至带危险的电位。因此进行电气维修时不仅应断开相线，还应断开中性线，也即断开所有的带电导体，它是带电导体电气隔离（electrical isolation）的条件之一。在三相四线回路中电气隔离可用四极开关来实现，也可在中性线串入一个隔离板，在拉开三极开关后，拨开中性线上的隔离板来实现。所以装用四极开关并非实现电气隔离的唯一方式。也非满足电气隔离的唯一条件（见问答 17.12）。

17.2　试举电气维修时未作电气隔离引发电气事故的案例？

单电源配电回路中三极开关（包括三极的断路器、起动器和负荷开关等）断电后仍然发生电气事故的情况是不少的。例如曾发生架空线路停电维修，上杆的维修电工却被电击致死的事故，电死的祸根竟是电工手中紧握的那根带危险电压的中性线。又如一厂房停电维修，其柴油发电机站的维修工人用汽油清擦发电机时，突然爆炸起火，事后查明祸根也是带电压的中性线。原来他们在清擦发电机接电缆的端子时感到清擦不方便，就卸下电缆端头，将它随便扔置地上，不料电缆带电压的中性线端子因接触带地电位的运输钢轨而打火，引爆室内达到爆炸浓度的汽油蒸气，从而引起一场火灾。这种案例不少，不一一列举。

17.3　为什么切断三根相线后中性线还可能带危险电压？

三相断电后中性线带危险电压的原因是很多的，例如：

（1）低压供电网络内发生一相接地故障。它不是经 PE 线而是经大地返回电源的开关难以跳闸的接地故障。故障电流在变电所接地极 R_B 上产生电压降，使中性点和中性线对地持续带危险转移故障电压，如问答 7.6 内图 7.6 所示。

（2）保护接地和低压侧系统接地共用接地装置的变电所内如高压侧发生接地故障，其故障电流同样也在 R_B 上产生电压降。当高压侧为小电阻接地系统时将引起中性线带危险暂时过电压，如问答 13.6 内图 13.6 所示。

（3）低压线路上感应的雷电过电压沿中性线进入电气装置内，如问答 14.2 内所述。

上述中性线上的危险电压有的持续时间长，有的电压幅值非常高，都可能在电气维修时引发电气事故。因此在电气装置中应在线路的适当位置装设四极隔离开关，或采取其他电气隔离措施将相线和中性线与电源侧隔离。

17.4　有些电气装置为保证电气维修安全，自上至下全装用了四极开关，这些装置却多发生"断零"烧设备事故，何故？

采用四极开关切断中性线实现电气隔离，可保证电气维修安全。但为此需在中性线上增加一对刀闸的活动连接点和上、下两个进出线端子的固定连接点，这是有悖问答 16.7 中所述在三相四线回路的中性线上应尽量减少连接点和刀闸以减少"断零"事故的电气安全要求的。

如果发现四极开关有一对触头不导电，这一对触头往往是中性线上的触头。触头间的接触电阻主要由问答 12.23 中述及的膜电阻和收缩电阻组成。后者与本章关系不大，不予叙述。前者系由触头表面的一层化学腐蚀物、氧化物、尘埃脏物等组成的一层电阻膜，它阻碍电流的通过。当开关切断负载电流时，触头间产生电弧，这一电弧不大，并不烧损开关触头，但能烧掉和清除触头表面的电阻膜，从而减少接触电阻。对于四极开关产品标准要求分闸时先断开三个相线触头，后断开中性线触头；合闸时先合上中性线触头，后合上三个相线触头，以避免开关开合瞬间的"断零"引起短瞬三相电压不平衡。分闸时三根相线断开后中性线上不复存在电流，中性线触头自然不会拉出电弧来清除其电阻膜，所以中性线触头的接触电阻总是大于相线触头的接触电阻。实践证明如果四极开关有一极不导电，这一极也往往是中性线的一极。这正是四极开关易招致"断零"烧设备事故的一个重要原因。为保证电气维修时的电气安全应采用四极开关实现带电导体的电气隔离，但为减少"断零"事故的发生又应尽量少用四极开关以减少"断零"事故，这是相互矛盾的。在设计中应善于掌握分寸，正确装用四极开关。该装则装，不必要装则不装，尽量少装。例如用电单位内的电源进线总开关宜为四极开关，以保证全单位停电维修安全。单位内的分支出线开关则视具体情况尽量不用四极开关。现时我国有些地区不明白四极开关的"断零"危险，在电气装置内自上至下全部选用四极开关，失之过滥，增加了发生"断零"事故的几率。

17.5　在 TN-C 系统内是否可采用四极开关来保证电气维修安全？

否。TN-C 系统内没有单独的中性线，只有 PEN 线。但 PEN 线内包含 PE 线，而 PE 线是严禁切断的。因此 TN-C 系统内不允许装用四极开关，无法保证电气维修安全。这正是现时 TN-C 系统少被采用的原因之一。

17.6　为什么 TN-C-S 和 TN-S 系统建筑物电气装置内通常不需为电气维修安全装用四极开关？

常用的 TN-C-S 系统和 TN-S 系统内通常不必为电气维修安全装用四极开关。IEC 标准和我国电气规范都规定了在建筑物内设置总等电位联结的要求，一些未做总等电位联结的老建筑物因金属结构、管道等互相之间的自然接触，有时也具有一定的等电位联结作用。由于这一作用，TN-C-S 系统和 TN-S 系统通常不必为电气维修安全装用四极开关，这可用图 17.6 来说明。图中电气维修时中性线导入了对地危险电压 U_f，由于建筑物内进行总等电位联结使金属结构、管道等与 PE 线、中性线互相连通，都处于同一 U_f 电压水平上，维修人员触及中性线时因不存在电位差，不可能发生电击事故，也不可能打出电火花而引起爆炸和火灾事故。因此在具备总等电位联结作用的 TN-C-S 系统和 TN-S 系统建筑物内不必为维修安全装用四极开关。

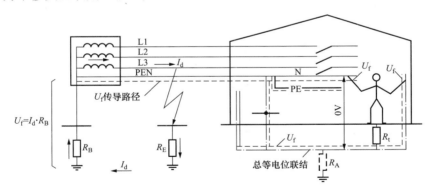

图 17.6　在 TN 系统内不必为电气维修安全装用四极开关

17.7　为什么在 TT 系统电气装置内应为电气维修安全装用四极开关？

在 TT 系统内，即使建筑物内设置有总等电位联结，也需为电气维修安全装用四极开关，这可用图 17.7 来说明。图中 TT 系统内的中性线和总等电位联结系统是不相连通的。当中性线带 U_f 电压进入建筑物内时，总等电位联结系统却为地电位，这一 U_f 电位差将引起电气事故。因此为保证维修安全，TT 系统应在建筑物内适当线段上，例如在电源进线处，装用四极开关。这正是较多采用 TT 系统的一些欧洲国家多采用四极开关的缘故。

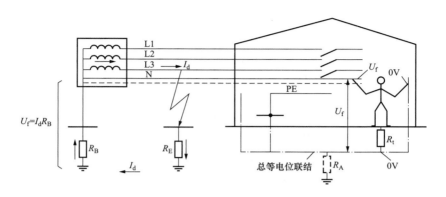

图 17.7　在 TT 系统内应为电气维修安全装用四极开关

17.8　IT 系统不引出中性线，是否不存在为维修安全装用四极开关的问题？

　　IEC 强烈建议 IT 系统不引出中性线，原本不存在采用四极开关的问题，但也有引出中性线的 IT 系统。如果引出中性线，当发生一相接地故障时，中性线对地电压也即维修时的接触电压将为相电压 220V，电击危险甚大，因此需为电气维修安全装用四极开关。

17.9　10/0.4kV 变电所内的变压器出线开关和母联开关是否应采用四极开关？

　　附设于建筑物内或单独设置的多变压器或单变压器变电所内，如果做有等电位联结，则不论所供的为 TN-C-S 系统、TN-S 系统或 TT 系统，在变电所内都不需为维修安全装用四极开关，这是因为这几种系统的变压器星形结点引出的都是 PEN 线（见问答 1.12），都是在变电所内直接接地。即使 PEN 线和某中性线出线上有由低压网络内传导来的故障电压 U_f，但由于等电位联结的作用，如图 17.9 所示 PEN 线与变电所的地和其他导电部分都升高至同一 U_f 电位，它们之间并不出现电位差，在图示备用变压器维修时，不会对维修人员构成危险。所以不必为变电所内总开关和母联开关装用售价高昂，又占用配电盘大量容积的四极开关。

　　需要说明，如问答 1.12 内所叙，自变压器星形结点引至配电盘的母排为通过正常对地泄漏电流和接地故障电流的 PEN 母排。PEN 母排是不允许切断的，也即不允许插入开关。因此变电所内的总开关和母联开关，无论是出于保证维修安全还是出于实现电源转换功能的考虑，它们都只能采用三极开关而非四极开关。这正是国外变电所内这类开关都是三极开关的另一个原因。我国变电所内不少错误地采用四极开关，说明我国建筑电气理论水平上的差距。

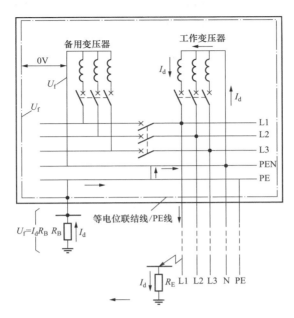

图 17.9　变电所的电源总开关和母联开关不必为电气维修安全采用四极开关

17.10　不少同行提出在三相四线回路上装用四极开关是为了防中性线过载。这种理解对否?

不对。在我国四极开关的作用常被误解,较普遍的误解是四极开关是用来防中性线过载的。认为三极开关是按相线截面积确定过电流防护整定值的,当中性线截面积小于相线截面积或中性线因大量三次谐波电流而过载时,三极开关就不能保护中性线,为此在中性线上也须装设开关触头和过电流检测元件来保护中性线,所以就需装用四极开关。岂不知这样做的后果是不必要地给回路增加了"断零"危险。IEC 标准的规定不是这样的,它规定为防中性线过载只需在中性线上设置检测过电流的检测元件(例如双金属片和电磁脱扣线圈),并按中性线截面进行整定,动作于三根相线的分断即可。因为三根相线分断后中性线电流自然消失,不需断开中性线。IEC 这一规定不但降低了断路器成本,还消除了"断零"的潜在危险。我国在变电站内将总开关和母联开关选用四极开关非但浪费,也是不安全的。请参见问答 11.27。

17.11　有的同行认为 PEN 线过载会引起人身电击事故,为此需装用四极开关。这种理解对否?

不对。这一理解错误地认为在 TN-C-S 系统内,如果含有中性线的 PEN 线过载,其上的电压降可能超过 50V,此电压沿 PE 线传导到电气设备金属外壳上,将引起人身电击事故，所以要装用四极开关来防止 PEN 线的过载。这一情况实际上是不存在的。因为在设计中规定建筑物内低压配电回路包括相线电压降在内的总电压降不应超过标称电压的 5%，即 $\Delta U \leqslant 220 \times 0.05 = 11V$，PEN 线上的电压降绝不会超过 50V，所以为这一原因装用四极开关的理由也是不成立的。

17.12 用作电气隔离的三相四极开关（或单相两极开关）对产品电气性能有哪些要求？

四极（或两极）开关用作隔离电器应满足下列电气隔离的主要要求：

（1）每个极的两个断开的触头间的空气间隙应能承受沿线路传导来的雷电冲击过电压而不被击穿跳弧导电伤害维修人员。按 IEC 标准，在 230/400V 系统内，问答 14.4 所述的Ⅲ级耐冲击过电压开关设备的这一间隙应能耐受 5kV 的冲击过电压，Ⅳ级耐冲击过电压开关设备应能耐受 8kV 的冲击过电压（电气设备耐冲击过电压水平的分级见问答 14.4 中的表 14.4）。此冲击电压系指新的开关电器在干燥清洁状态下能耐受的值。Ⅱ级和Ⅰ级耐冲击过电压的开关设备因间隙太小不得用作隔离电器。

（2）新开关电器两断开的触头间的泄漏电流，在干燥清洁状态下应不超过 0.5mA，在开关电器规定的使用寿命行将终了前应不超过 6mA。

（3）低压隔离电器并不要求有明显可见的断开点，但要求开关电器的分合状态应可以观察到，可用"分"、"合"之类的文字符号或不同的颜色标志予以明确的识别。

（4）开关电器应能防止无意的合闸和分闸，即除管理人员有意的操作外，电器本身不可能由于其他原因（例如受到振动之类的影响）而自行合闸和分闸。

（5）开关电器应能承受通过它的短路电流的热效应，也即在它的负荷侧发生短路时，互相接触的两个触头不会因短路电流的热效应而熔焊牢，无法分断。因为在发生短路后正需要拉开隔离电器以隔离所有带电导体来进行修理。

需要说明，符合上列要求的四极开关（或两极开关）才可兼用作电气隔离。应由制造商在产品说明书中予以明确该四极开关（或两极开关）是否具有电气隔离功能，以便用户能放心地将它用作隔离电器。还需说明，此处所提到的开关包括断路器。

17.13 一工人在雷雨时断开四极开关在户内进行电气维修，不幸雷击致死，死因为何？

这一案例说明断开的只是四极开关而非隔离开关。因未满足问答 17.12 所举隔离开关两触头间耐 8kV 冲击过电压空气间隙距离的要求。是沿线路导入的雷电冲击过电压击穿空气间隙将维修工人电击致死。

17. 14 为什么规范规定半导体开关电器不能用作隔离开关?

诸如晶闸管之类的半导体器件可用来作控制用电器具电源的开关电器。但它只能控制电流的通断,不能隔开电压的传导。没有电流不等于没有电压。因此,半导体开关电器不能用作隔离开关。

17. 15 请举例说明四极隔离开关的合适装用位置。

笔者在国外作设计时了解装用四极隔离开关的原则:一是保证检修安全;二是尽量少用,以减少"断零"危险。以宾馆为例,它有进线总配电箱和各楼层的分配电箱。这些配电箱的进线开关宜为四极隔离开关,以保证其引出干线的检修安全,而出线都为三极开关。每间客房内的末端配电箱因都是单相配电,不存在"断零"烧设备问题。其进线开关通常为两极,以保证客房内检修安全。出线开关则可为单极以节约投资。

第18章 末端电源转换中四极开关的应用

18.1 末端电源转换开关是否都应采用四极开关？

不一定。末端双电源（包括变压器电源和自备发电机电源）转换开关是用于转换电源的功能性开关而非防短路或过载的保护性开关，其设置应力求简单可靠。它是否需要断开中性线以消除杂散电流与许多条件或因素有关，例如两电源回路的接地系统类别、两电源回路是否出自一组配电盘、系统接地的设置方式、电源回路有无装设 RCD、电气装置内敏感信息设备的位置、自备发电机站内发电机的台数等，情况十分复杂。因此 IEC 标准从不用一个简单的条文来规定它应装用四极开关或三极开关，而是视具体情况规定它应装用四极或三极开关。下面的问答将举例说明这一问题。

18.2 两电源同在一处，并共用一组低压配电盘，末端电源转换开关应采用三极开关还是四极开关？

应采用四极开关。如图 18.2 所示，一个电气装置正常由变压器供电，装有柴油发电机作为备用电源。发电机与变压器同在一处而共用低压配电盘。为避免产生杂散电流，两电源的中性点只在低压配电盘处一点接地。这时末端双电源转换开关应采用四极开关，否则仍将产生杂散电流而引起种种不良后果。

从图 18.2 可知，如电源转换开关 Q1 及 Q2 为三极开关，中性线电流既可由本回路的中性线返回变压器电源，也可绕道沿备用发电机的电源线路中的中性线经配电盘的 PEN 母排返回变压器电源，后一电流即是杂散电流。这一杂散电流可引起一些不良后果，例如杂散电流的通路可形成一大包绕环，杂散电流产生的杂散磁场将可能对敏感信息技术设备产生干扰。

为消除引起上述不良后果的杂散电流，在上述情况下末端电源转换开关不应采用三极开关而应采用四极开关以截断中性线上的杂散电流通路。当末端用电设备正常由备用发电机供电时情况相同，不再赘述。

18.3 两电源不在一处，末端电源转换开关应采用三极开关还是四极开关？

应采用三极开关。在图 18.3 中，一个电气装置内的配电变压器和备用柴油发电机不在一处，不共用低压配电盘。为不产生杂散电流，如问答 1.9 内所述，

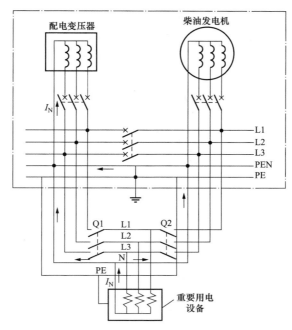

图 18.2　两电源共用配电盘，末端装用三极电源
转换开关将产生杂散电流而引起不良后果

全电气装置内的中性线只在变电所低压配电盘内一点接地，发电机处中性线不接地。当由任一电源供电时，中性线电流只能经由本回路的中性线返回电源，别无其他通路。这样末端电源转换开关采用三极开关也不会在备用电源中性线产生杂散电流而引起各种不良影响，而中性线上少插入开关则是有利于电气安全的。

18.4　TN 系统电源或 TT 系统电源与配出中性线的 IT 系统自备柴油发电机电源进行电源转换时，应采用三极开关还是四极开关？

应采用四极开关。IT 系统是不宜配出中性线的，其原理在问答 9.5 中已说明，但有时为取得 220V 电源也有配出中性线的。当引出中性线的 IT 系统柴油发电机电源用作 TN 系统或 TT 系统正常电源的备用电源时，其电源转换开关应为四极开关以切断中性线。不然在使用柴油发电机电源时，其中性点将通过 TN 系统或 TT 系统中性点的接地而接地，它将不是 IT 系统而是 TN 系统或 TT 系统，从而失去 IT 系统供电不间断性高的优点。

18.5　TN 系统电源或 TT 系统电源与不配出中性线的 IT 系统自备发电机电源进行电源转换时，应采用三极开关还是四极开关？

由于 IT 系统内没有中性线，不存在中性线转换的问题，没有必要采用四极

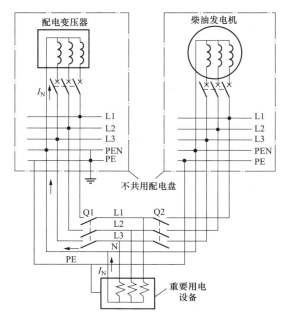

图18.3 两电源不共用配电盘，末端装用三极电源
转换开关不出现杂散电流和其不良后果

开关，只能采用三极开关，如问答 19.5 中图 19.5 所示。

18.6 末端电源转换开关的负荷侧如何保证电气维修安全？

电源转换开关是用以转换电源的功能性开关而非保护性开关。IEC 对其要求是可靠地（reliably）转换电源，不要求它切除故障。简言之，即采用 PC 型而非 CB 型。我国已因采用 CB 型电源转换开关多次在国际性体育赛事中全场停电造成不良影响。发达国家多采用多刀双投成套组合为一体的 PC 型开关，如问答 19.5 中图 19.5 所示。我国的正规开关厂也有此产品。因它不可避免地总要投向一个电源，为保证电气维修安全，应在其负荷侧设置一个具有隔离功能的开关电器。

第 19 章 IT 系统在应急电源 （EPS） 中的应用

19.1 备用电源和应急电源有什么不同？

世界上尚未出现过可保证供电不间断的地区电网。当电网因种种原因全网崩溃时，建筑物电气装置的电网电源回路再多也不能保证供电的不间断。为此重要的建筑物电气装置必须设置独立于电网电源的自备电源。我国通常将柴油发电机、蓄电池之类的自备电源称为备用电源，这一称谓有些含糊不清。在发达国家，自备电源可用作备用电源 （standby power supply，简称 SPS） 也可用作应急电源 （emergency power supply，简称 EPS），这两种电源在供电不间断要求上是不同的。备用电源只是一般替代用的电源，例如有些地方电网的供电可靠性不高，为此用户设置了一小柴油发电机作备用电源，电网停电时用它来供给一些照明之类的用电。如果柴油发电机也发生故障，就点蜡烛来照明，并不会发生什么严重后果。而应急电源的故障断电则可能导致生命财产的巨大损失，例如宾馆、商业办公楼之类的超高层建筑属发生火灾时难以逃离的 BD2 类或 BD4 类场所 （见附录 C），它不能依赖自电网取得的第二电源作为发生火灾时的消防电源，因为当电网崩溃时如发生火灾这两个电网电源回路都将无法供电，而消防车又因楼层太高不能喷水救火，消防人员也难以攀登救援，后果将十分惨重。为此需在适当位置设置与地方电网无关联的独立的自备发电机确保消防用电，这一柴油发电机被称为应急电源。它允许有一定的转换电源时间，但必须采取一切有效措施来保证这一应急电源的不间断供电，不然后果不堪设想。例如高层建筑中消防电气系统的逃离照明、卷帘门、消防泵等电源线路应采用在火灾中能照常工作的矿物绝缘电缆或其他等效的电缆，消防电源系统的过电流防护不作用于切断电源，以确保消防用电的不间断。

19.2 用于应急电源的电源设备采用柴油发电机好还是采用蓄电池好？

对于小功率短时间的应急用电，例如疏散照明可采用蓄电池。但对于大功率长时间的应急用电，例如大功率的用电持续时间长的消防水泵用电，采用蓄电池作应急电源在技术经济上显然是不合理的，对于这类应急用电应采用柴油发电机。

19.3 为什么应急电源的接地系统宜采用 IT 系统？

当应急电源给重要设备供电时 （例如供电给消防泵救火时），因接地故障而切断电源将导致严重后果。为此 IEC 提出了在应急电源系统中，不宜采用发生第一次接地故障即切断电源的电源端系统接地为直接接地的 TN 系统或 TT 系统，而宜采用发生第一次接地故障不切断电源的电源端不作系统接地的 IT 系统的规定，以提高应急电源的供电不间断性。

19.4 为什么我国 IT 系统在应急电源中的应用远不如发达国家普遍？

如问答 1.24 所述，IT 系统的应用因种种原因受到限制，但在发达国家它仍被广泛应用在对供电不间断和电气安全要求高的场所和电气装置。而在我国由于电气安全水平和建筑电气技术水平不高，电气人员对 IT 系统不理解不熟悉，IT 系统在我国应用的广泛性远不如发达国家。除少数工业企业外 IT 系统很少被应用在我国应急电源装置中就是一例。

以高层建筑中的消防用电为例。发达国家建设高层和超高层建筑远早于我国，他们深受高层建筑发生火灾时供电中断无法救火，造成生命财产惨重损失之苦，对高层建筑的保证消防供电不间断积累了丰富的经验。他们不惜花费投资在高层建筑内设置专门用于消防的应急柴油发电机，并采用 IT 系统为其供电，以提高消防救火时的供电不间断性。我国有些新建的高层或超高层建筑虽然也花费了大量投资配置了柴油发电机，但因不了解和掌握应用 IT 系统，往往只能用作备用电源而不能用作应急电源。因为由它供电的消防用电回路仍为发生第一次接地故障就切断电源的 TN-S 系统而非 IT 系统。在消防救火时因水的喷淋很易发生接地故障，TN-S 系统消防电源因接地故障跳闸而中断供电，不可避免地将为此付出惨重的代价。在国外和国内都曾发生过高层建筑起火无法扑灭，造成死亡数百人的惨剧。在发达国家的 BD2 和 BD4 难逃离场所（见附录 C）消防应急设备都从自备柴油发电机以 IT 系统供电。而在我国有关消防和建筑电气规范中迄今未见提及 IT 系统在消防中的应用。国外同行对此表示不解，其中差距可见一斑。在这个问题上我们应更新观念，重视并汲取发达国家多年来积累的教训和经验，对应急电源推广采用 IT 系统。

19.5 在电源接地的 TN-S（或 TT）系统建筑物内插入一电源端不接地的 IT 系统，这两种系统能在一个建筑物内共存兼容吗？

能。我国有的电气专业人员认为一个 TN-S 系统的高层建筑内又出现一个 IT 系统，在同一建筑物内存在两种接地系统恐难兼容。为简化设计，应急电源系统也应同样采用 TN-S 系统，这是一个误解和错误。这两种系统在同一建筑物内是完全可以兼容和共存的。现以图 19.5 所示的这两种系统共存的接线简图为例进行说明。正常时图中由电网供电的配电变压器中性点不经阻抗直接接地，它以 TN-S 系统向楼内设备供电。应急电源柴油发电机中性点不接地，也不引出中性线，它以 IT 系统专向消防电气设备供电。其控制盘上设有绝缘监测器以监测应急电源系统的绝缘水平（见问答9.8）。消防设备有专用的应急配电盘，它简单地经一三刀双投 PC 级电源转换开关经配电变压器接用电网电源，也可自柴油发电机接用应急电源。这一开关还可防止柴油发电机与电网的并联运行。因 IT 系统不配出中性线，应急系统内的单相用电设备都经 380/220V 降压变压器供电，以提高应急电源 IT 系统不间断供电的可靠性（见问答9.5）。

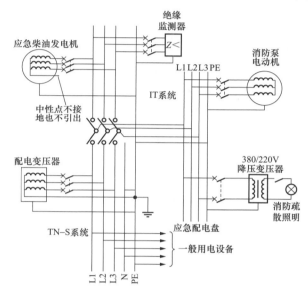

图 19.5　同一建筑物内供消用电的 TN-S 系统和 IT 系统的兼容共存

发达国家从不采用我国规范规定的凡消防用电都要求在末端双电源切换既无实效又浪费投资的供电方式。

19.6　在具有 IT 系统应急电源的电气装置中，平时和应急时应如何运作？

以图 19.5 所示的消防应急电源为例来做说明。平时消防设备定期试车时，它可自电网接电，也可自应急电源柴油发电机接电。一旦发生火灾电网电源仍可接用时，它仍可自电网接电救火和使人员逃离。如果电网电源因火灾或其他原因中断，即将电源转换开关投向发电机侧，这时柴油发电机即以 IT 系统用耐火电缆供给救火和人员逃离用电。当柴油发电机供电时，所接 IT 系统内任一处发生第一次接地故障都不会引发电击事故，供电也不会中断，直到火灾扑灭为止。

19.7　应急电源的 IT 系统不配出中性线，难以兼用作一般的备用电源，它长期被闲置不用是否浪费投资？

IT 系统应急电源不能提供 220V 电压，难以兼用作一般设备的备用电源。

IEC 标准规定除采取了有效的自动卸载措施外，应急柴油发电机和应急配电盘都只能专用于消防之类的应急用途，以确保应急电源供电可靠。不能将这一要求看作是对建设投资的浪费。"养兵千日，用于一朝。"一旦发生紧急情况，它可避免众多人员伤亡和巨大财产损失以及严重政治影响。我国和国外不乏因未设置消防应急电源而导致数百人死亡的案例。两相权衡，为应急电源 IT 系统多花一些投资是很值得的。

19.8　为什么图 19.5 中消防应急线路和设备的电源转换开关平时必须接向 TN – S 系统？

这是为了使消防应急电源平时处于带电压的热备用状态。当由于某一原因消防应急电源系统发生绝缘故障时，防护电器的跳闸可告示故障的发生而及时予以修复，避免一旦发生火灾因消防应急电源系统的绝缘故障而无法救火。

第20章　剩余电流动作
保护器（RCD）的应用

20.1　为什么对于防电击和防"漏电"火灾，剩余电流动作保护远比我国过去采用的零序保护灵敏？

　　过去在很长一段时期内我国推广采用 TN-C 系统（即前苏联的"接零"系统），以节约一根单独的 PE 线，因此对接地故障的防护只能在三相回路内采用所谓零序保护。其零序电流互感器只能包绕三根相线而不能包绕 PEN 线，无故障时互感器检测出的主要是三相不平衡电流，发生接地故障时则增加了接地故障电流。因此其整定值需大于三相不平衡电流，其值常以数十安、数百安计。因整定值过大，TN-C 系统的零序电流防护既不能防接地电弧火灾，更不能防人身电击，只是在发生接地故障时，其保护线路绝缘的灵敏度高于过电流防护而已。

　　我国引进 IEC 标准后开始重视采用 TN-S、TN-C-S、TT 系统和 IT 系统，这些系统都具有单独的 PE 线，剩余电流动作保护器（residual current operated protective device，简称 RCD）也随之大量装用。其电流互感器可包绕相线和中性线，但不包绕 PE 线。它的整定值只需躲开被保护回路的正常对地泄漏电流。由于三相不平衡电流和谐波电流在磁路内被抵消，其动作灵敏度得以大大提高，整定电流可以毫安计。高灵敏度的额定动作电流不超过 30mA 的 RCD，还可用作直接接触电击防护的附加防护（见问答4.6）。

　　零序电流防护只能用于三相回路，而 RCD 则可用于单相的手持式、移动式等电击致死危险大的设备回路上，这对减少人身电击事故具有十分重要的意义。

20.2　RCD 用以防接地故障危害，它是借故障电压来动作还是借故障电流来动作？

　　顾名思义，RCD 是故障电流动作型防护电器。20 世纪 20 年代国外曾开发过故障电压动作型防护电器，它靠电压检测元件检测发生接地故障时的故障电压来动作。20 世纪六七十年代我国农电也曾推广过多种类型的故障电压动作型的所谓触电保安器。但由于技术上难以克服的困难，这种故障电压动作型的防护电器无论在国内或国外都未能获得成功的应用。现在采用的接地故障防护电器全是故障电流动作型的 RCD。

20.3 RCD 有很高的接地故障防护灵敏度，为什么装有 RCD 的回路仍有电击致死的事故发生？

RCD 对接地故障危害的防范有很高的动作灵敏度，能在数十毫秒的时间内有效地切断小至毫安计的故障电流。即使发生直接接触电击，接触电压高达220V，高灵敏度的 $I_{\Delta n} \leqslant 30\text{mA}$ 的 RCD 也能在人体发生心室纤颤导致死亡以前快速切断电源使受电击人免于一死。但它的作用毕竟是有限的。例如，它只能在所保护的回路内发生故障时起作用，不能防止从别处沿 PE 线或装置外导电部分传导来的转移故障电压引起的电击事故，问答7.7 中图7.7 所示即是一例。不能认为 RCD 可以完全杜绝电击事故的发生，尤其是我国普遍采用的靠故障残压的能量来动作的不完全可靠的电子式 RCD。

20.4 为什么有些配电回路不允许装用 RCD？

有些电气设备，例如消防电气设备，是不允许装用 RCD 的，不能因为救火时发生接地故障，RCD 切断电源而停止救火。又如医院的维持病人生命的医疗设备回路和外科手术设备回路是不允许装用 RCD 的，胸腔手术设备的正常泄漏电流仅允许0.01mA，发生接地故障时的故障电流仅允许0.05mA，RCD 的动作灵敏度远不能满足这一要求。相反，它可能发生的误动却能导致供电中断引发医疗事故。

20.5 为什么电子式 RCD 不如电磁式 RCD 动作可靠？

RCD 分电子式和电磁式两类。电磁式 RCD 靠接地故障电流本身的能量使RCD 动作；而电子式 RCD 则借 RCD 所在回路处的故障残压提供的能量来使RCD 动作，如果因故失电压或故障残压过低能量不足，RCD 就可能拒动。所以电子式 RCD 不及电磁式 RCD 动作可靠，它只能有条件地装用。

20.6 为什么在 TN 系统内，电子式 RCD 距接地故障点过近时有可能拒动？

如图20.6 所示，在 TN 系统内发生相线碰设备外壳接地故障产生故障电流 I_d 时，RCD 处的故障残压为

$$U_{\text{RCD}} = I_d (Z_{\text{L}'} + Z_{\text{PE}})$$

当 RCD 距故障设备很近，L′线和

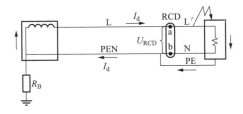

图20.6　TN 系统内 RCD 处故障残压
过低电子式 RCD 可能拒动

PE 线甚短时，U_{RCD} 也甚小。当 U_{RCD} 小到一定值时，它提供的能量过小，RCD将拒动。我国 RCD 产品能做到当 U_{RCD} 小到50V 时（国际标准规定为85V），电子式 RCD 还能保证动作。这一要求提高了电子式 RCD 的动作可靠性，但按以上

分析，如用电设备离 RCD 甚近，RCD 处故障残压低于 50V，但接触电压却大于 50V，仍然存在人身电击致死的危险。

又如在浴室和游泳池等特别潮湿的电击危险场所，由于人的皮肤湿透，人体阻抗大大下降，大于 12V 的接触电压即可发生电击事故，U_{RCD} 不小于 50V 才能动作的我国电子式 RCD 显然不能充分保证这等场所内的人身安全。

我国有的电气规范规定电源电压偏差较大地区应优先选用与电源电压无关的电磁式 RCD。这一规定将故障的 RCD 处的残压误为电网电压的负偏差，显然搞错了，因 220V 电网电压不可能低至 85V。

20.7　为什么在 TT 系统内不会发生问答 20.6 所述的 RCD 拒动的情况？

在 TT 系统内，如图 20.7 所示故障电流流经故障电流通路内两个主要阻抗 R_A 和 R_B，RCD 处的故障残压是图中 a 点和电源中性点间的电压，也即 R_A 和 R_B 上的电压降之和，其值接近相电压，所以这种 RCD 拒动的情况在 TT 系统内是不会发生的。

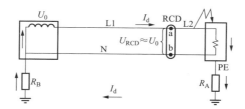

图 20.7　TT 系统内不存在故障残压过低电子式 RCD 拒动的问题

20.8　为什么中性线断线时，电子式 RCD 必然拒动？

当回路中的中性线断线时，电子式 RCD 必然无法动作，这可用图 20.8 来说明。图中为一个检修人员自带的便携式带 RCD 的插座盒，它用以保护检修人员使用手持式电动工具时免遭电击。图 20.8 中的电源拖线在地面上很易受机械损伤而使线芯折断，如果相线断线并不导致危险，但如果中性线断线而使用的电动工具又存在碰外壳接地故障，则检修人员将遭受危险电压的电击而此时 RCD 却因 U_{RCD} 为 0V 而拒动，电击伤亡事故将难以避免。因此检修人员自备的便携式 RCD 必须为与回路电压无关的电磁式 RCD。

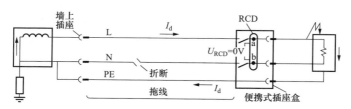

图 20.8　中性线断线电子式 RCD 在故障时不能动作

20.9 电子式 RCD 的动作不甚可靠，采用它时应注意什么？

电子式 RCD 借被保护回路的故障残压来动作，这在一定程度上降低了它的动作可靠性。按 IEC 标准的要求，这种 RCD 的采用应保证中性线的不断线，在 TN 系统中还应注意在回路故障时维持一定的故障残压，例如使图 20.6 中 L′线和 PE 线具有足够的长度（阻抗）以保证动作的有效。为此 IEC 规定这种 RCD 须由电气专业人员来维护管理，或采用局部等电位联结之类的措施作附加防护，使接触电压小于接触电压限值 U_L，否则应采用电磁式的 RCD，以保证其动作可靠。

20.10 发达国家在电子式和电磁式 RCD 的选用上有何经验可供参考？

由于电子式 RCD 需依靠线路残压提供的能量来动作，故配电电压采用 230V 的欧洲诸发达国家全都采用电磁式 RCD。美国广泛采用 TN 系统，他们一般采用电子式 RCD，因他们供电给电击危险大的手持式、移动式设备的插座回路电压为 115V，发生间接接触电击时的接触电压最大不超过 50V，所以即使采用电子式 RCD，人身安全仍能得到保证。我国和欧洲一样，配电回路电压为 220V，发生间接接触电击时接触电压也近百伏，而许多场所没有专业人员管理，也没有采取局部等电位联结之类的附加防护，采用电子式 RCD 是难以保证人身安全的。我国采用电子式 RCD 的原因是它对制造工艺和材料的要求不高，售价较电磁式 RCD 低廉。一般制造厂便于生产和营销。一些有关规范对这一危险掩耳盗铃、视而不见，回避 IEC 规定的要求。其结果是人身安全得不到保证，这恐是一个需认真处理的严肃问题，因为中国人和欧洲人的生命是同样珍贵的。

20.11 当接地故障电流内含有直流分量时对 RCD 的动作会产生什么影响？为此在 RCD 的选用上应注意什么？

RCD 保护的回路的故障电流内如有过量的直流分量，而装用的 RCD 又是对直流敏感的 AC 型 RCD，则此 RCD 可能拒动。这可用图 20.11 来说明。图 20.11（a）为装有 RCD 的回路简图，因被保护设备中有整流元件 V，回路故障电流 I_d 中存在直流分量。图 20.11（b）为 I_d 中没有直流分量，RCD 电流互感器磁场强度的变化幅度达到最大值 ΔB_1 的情况。当 I_d 内有整流元件作整流而出现直流分量时，其电流波形如图 20.11（c）所示。这时 RCD 电流互感器磁场变化幅度因波形变化和磁滞影响由 ΔB_1 减小到 ΔB_2。当发生接地故障时，因 ΔB_2 过小它可能不足以感应出足够的电动势使 RCD 动作。为此在有过多的直流分量情况下应采用对波纹形直流分量不敏感的 A 型 RCD 或对平滑形直流分量不敏感的 B 型 RCD。

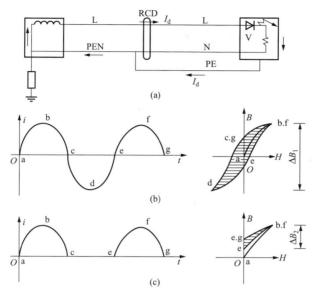

图 20.11　故障电流中的直流分量对 RCD 的影响

（a）产生直流分量的回路；（b）无直流分量时的 ΔB_1 幅度；

（c）有直流分量时的 ΔB_2 幅度

20.12　现时电气装置内非线性用电设备不断增多，电气装置内谐波含量也随之增大。它对 RCD 有何影响？应如何处理？

RCD 可能受大量谐波的影响而误动。因被 RCD 保护的设备和线路与地间存在电容 C，当回路谐波含量大时因谐波频率 f 的增大而使 $X_C = 1/2\pi fC$ 变小，对地电容泄漏电流随之增大，这种情况在谐波含量超标的劣质用电设备中时有发生。当回路总泄漏电流超过 RCD 的额定不动作电流 $I_{\Delta n0}$ 时，RCD 可能误动。

除采取措施抑制谐波外，在电气设计中应注意减少 RCD 保护的回路内非线性用电设备的数量。

20.13　雷击常引起 RCD 不应有的跳闸，应如何避免？

雷击可在建筑物电气装置内感应瞬态冲击过电压，其波头也是高频波，高频条件下容抗的减少，电容泄漏电流的增大可引起 RCD 误动。但这种瞬态冲击电压作用时间极短，以微秒计，如采用带少许延时的 RCD 就可避免这种误动。

20.14　为什么 RCD 必须与接地或等电位联结结合应用才能充分实现其保护功能？

RCD 以其高灵敏度切断电源的动作性能，既能作间接接触电击防护，又能作直接接触电击防护的附加防护，但不能由此误认为安装了 RCD 电气设备就可以不接地或不做等电位联结。如问答 3.5 及问答 3.6 内所述，人体电击致死的危险程度决定于两个因素：一是通过人体的电流的大小或人体接触电压的高低；二是人体通电时间的长短。接地和等电位联结用以降低接触电压，RCD 用以缩短通电时间。两者兼用，相辅相成才可以收到最好的防电击效果。还需知 RCD 并非绝对保证有效的保护电器，尤其是我国电子式 RCD 可能因各种原因拒动。如果做了接地，特别是做了等电位联结，由于接触电压的降低，受电击的人常可免于死亡。另外，如果设备绝缘损坏，外壳带危险电压，设备接地可为故障电流提供低阻抗的返回电源的通路，使 RCD 可在人体接触故障设备以前就切断电源，从而使人体免受一次电击的痛苦，而不做接地 RCD 就无从动作。还有，如前文所叙，RCD 不能防范自别处沿 PE 线传导来的转移故障电压导致的电击事故，这种事故只能靠等电位联结来消除。因此仅靠安装 RCD 来切断电源是不能完全满足防电击要求的，必须辅以接地或等电位联结措施，并需定期检验接地和等电位联结的导通性（见问答 23.6）。

20.15 为什么插座回路一般都装设 RCD？

手持式（也包括移动式）设备的电击危险远大于固定式设备。因人持握手持式设备遭受电击时，如电击电流超过 5mA，人手因肌肉痉挛将不能摆脱带故障的设备，人体可能因通电持续时间过长接触电流过大发生心室纤颤而死亡，为此应迅速可靠地在规定时间内切断电源，最有效的措施就是安装 $I_{\Delta n} \leqslant 30mA$ 的高灵敏度瞬时动作的 RCD。手持式设备功率较小，使用位置常不固定，它通常由墙上的插座供电，因此插座回路一般都为保证使用手持式设备时的人身安全而安装 RCD 作接地故障防护。TT 系统因接地故障电流小，往往不能将过电流防护电器兼用作接地故障防护，因此 TT 系统的插座回路必须装设 RCD。

20.16 为什么固定式电气设备不必装用 RCD？

不需人手持握的固定式设备当发生相线碰外壳接地故障时，人体虽与其接触而遭受电击，但不存在不能摆脱设备的问题，而是能立即摆脱设备，脱离与带电压外壳的接触。这时电击效应立即停止，人体只感受一次电击的痛苦，但没有发生心室纤颤致死的危险。所以对于固定式设备无论是否装用 RCD，其结果都是一样的，即都同样遭受一次电击痛楚而不致因发生心室纤颤而致死。因此 IEC 标准允许固定式设备可用过电流防护电器在不大于 5s 的时间内切断电源，以免接地故障电流的热效应烧坏线路绝缘，不要求为固定式电气设备安装 RCD。

20.17　有一种观点认为空调机应安装 RCD，以免其故障电压沿 PE 线传导至手持式设备上而引发电击事故。对否？

不对。这一种观点认为如空调机之类的固定设备也应安装 RCD，不然其接地故障的危险电压将沿 PE 线传导至同一配电箱供电的手持式设备上，而固定设备切断电源时间可长达 5s，这将使手持式设备的使用者电击致死。这一电击危险是存在的，但不必为固定式设备安装 RCD，以免 RCD 的装用过滥。IEC 标准对这一问题的处理措施不是为固定式设备安装 RCD，而是做局部等电位联结作附加防护，使接触电压降低至接触电压限值 U_L 以下，更有效地杜绝电击事故的发生。请参见问答 7.11，不多叙述。

20.18　如何正确选用防电击的 RCD 的额定动作电流值 $I_{\Delta n}$？

从问答 3.4 可知，额定动作电流 $I_{\Delta n}$ 为 30mA 的 RCD 能充分保证人体遭受间接接触电击时的安全，其额定不动作电流 $I_{\Delta n0} = 0.5 \times I_{\Delta n} = 15\text{mA}$，它应大于被保护回路的正常泄漏电流，并留有一定裕量，以适应日久回路绝缘电阻降低、用电设备增加、电压正偏差以及气候变化等因素引起的泄漏电流增大。基于这些考虑，在设计安装中应限制 RCD 所保护回路内的设备数量，使通过 RCD 的正常泄漏电流 I_Δ 不超过 $0.3I_{\Delta n}$，也即不超过 $30 \times 0.3 = 9\text{mA}$。

当电气装置内防直接接电击的措施因故失效，人体直接接触 220V 相线而遭受电击时，$I_{\Delta n}$ 为 30mA 的 RCD 一般也能及时切断电源，使受电击人免于一死，起到附加防护的作用，详见问答 4.6，不重述。

20.19　在浴室、游泳池之类特别潮湿的场所，是否应选用 $I_{\Delta n}$ 为 10mA 或 6mA 的 RCD？

不必。在浴室、游泳池之类的特别潮湿场所内，虽然人体阻抗下降，但人体发生心室纤维性颤动的电流值仍为 30mA，所以不论场所是干燥还是潮湿，$I_{\Delta n} = 30\text{mA}$ 的 RCD 都同样能有效地起到防电击作用。如果选用 $I_{\Delta n}$ 为 10mA 或 6mA 的 RCD，它可能因过于灵敏而频频误动，导致不良影响。

20.20　装有 $I_{\Delta n} = 30\text{mA}$ 的厨房电源回路经常跳闸或合不上闸，用户因此拆去了 RCD。妥否？

不妥。在厨房之类的场所内，因环境潮湿，油烟大，使绝缘水平下降，而用电设备则不断增多，其正常泄漏电流随之增大，常发生 RCD 跳闸或合不上闸的情况，为此应增加厨房的回路数以减少每一回路的泄漏电流。在现有建筑物厨房内发生上述情况时，有的用户用拆除插座回路上 RCD 的办法来解决厨房回路的频繁跳闸问题，这样做将使人身安全失去保障，显然是不妥的。如果不能增加配电回路，可换用 $I_{\Delta n}$ 不大于 100mA 的 RCD。RCD 的主要作用是防间接接触电击和接地电弧火灾。$I_{\Delta n}$ 不大于 100mA 的 RCD 能有效防范这类电气事故，因这类事故的接地故障电流通常都以若干安计，它们都大大超过 100mA。50mA、100mA 的 RCD 能否防范直接接触电击则视人体阻抗等具体条件而定，不能绝对保证，但这类事故的发生毕竟是很少的。电气安全不容忽视，在现有建筑物内因正常泄漏电流大而拆除 RCD 的做法是十分不妥的。

20.21 某银行的 RCD 每天上班后不定时地跳闸，这是何故？如何避免？

这是电气装置设计不当引起。银行内使用许多台式电脑，每台电脑的正常泄漏电流约 1~2mA。如果单相回路上装有 $I_{\Delta n}=30$mA 的 RCD，当回路泄漏电流 I_{Δ} 超过 $0.5I_{\Delta n}$ 也即 15mA 时就可动作。因此上班后当工作的电脑达到一定台数时 RCD 即动作。这就是 RCD 每天不定时地跳闸的原因。在电气装置设计中必须按问答 20.18 所述限制 RCD 所保护回路内的正常泄漏电流，避免 RCD 不应发生的跳闸。

20.22 建筑物低压三相电源进线处或变电所低压配电盘内用作"漏电火灾"跳闸（报警）的 RCD（RCM），其 $I_{\Delta n}$ 值应如何选取？

这一 RCD（RCM）必须对它所供电全部范围而不是局部范围内的接地故障作出反应的 RCD（RCM），其 $I_{\Delta n}$ 值的选用见问答 12.16，不重述。

20.23 RCD 所保护回路内的大功率设备起动时 RCD 即跳闸。这是何故？应如何避免？

这是在电气装置设计中 RCD 的额定电流值 I_n 选取不当而引起。RCD 的 I_n 值的确定除满足不小于负载电流的要求外，还需满足避免 RCD 误动的要求。由于相线和中性线在 RCD 零序电流互感器上的布置难以做到完全对称，当 RCD 所保护的回路没有故障时，电流互感器的二次绕组内多少仍会感应一些电动势，其值不大，不足以使 RCD 动作。如果被保护回路内出现大幅度的暂时过电流，例如电动机起动引起的大起动电流，当回路尖峰电流值超过 RCD 额定电流 I_n 的 6 倍时，这种因布置不对称在电流互感器二次绕组内感应产生的电动势将增大，其值足以使 RCD 动作，但这是 RCD 产品标准允许的。在这种情况下，应注意选用较大 I_n 值的 RCD，使其 6 倍 I_n 值大于电动机起动时的回路尖峰电流，以避免 RCD 的误动。例如一回路内最大电动机的起动电流使回路尖峰电流达 70A，而 RCD 的 I_n 值仅为 10A，电动机起动时 RCD 即误动。为此在不影响电动机回路过电流防护有效性前提下改用 16A 的 RCD，使 $6I_n$ 值为 96A，大于电动机起动时的回路尖峰电流 70A，RCD 即不再误动。

20.24　当电气装置内有多级 RCD 串联使用时，如何保证上下级 RCD 动作的选择性？

当多个 RCD 串联使用时应使上下级 RCD 之间实现有选择性动作以减少停电范围。RCD 间借额定动作电流 $I_{\Delta n}$ 和动作时间 t 的级差来保证动作的选择性。

（1）上级 RCD 的额定动作电流至少应为下级 RCD 额定动作电流的 3 倍。

（2）不论接地故障电流为多少，上级 RCD 的不动作时间应大于下级 RCD 的动作时间。

例如末端插座回路的下级 RCD 为 $I_{\Delta n}$ = 30mA，瞬时动作（剩余电流为 250mA 时的动作时间不大于 0.04s）的普通型（G 型）RCD，则上级 RCD 应选用动作时间不大于 0.15s 的选择型（S 型）RCD，其 $I_{\Delta n}$ 值可为 100mA 或 300mA。可参见图 20.24 的示例，不赘述。

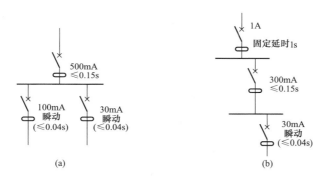

图 20.24　一建筑物内的多级 RCD
（a）两级 RCD；（b）三级 RCD

20.25　有一种概念认为接有单相负载的三相四线回路的中性线载有三相不平衡电流，这一回路上的 RCD 应采用四极的。对否？

这是一个理论上的错误。因 RCD 检测出的是回路四根带电导体的剩余电流，不是三相不平衡电流，RCD 的动作与中性线有无不平衡电流毫无关系。需要说明，即便为了防范三相不平衡电流导致中性线的过载，也没有必要采用四极 RCD。这在问答 17.10 中已讨论过，不重述。

20.26　为什么 TT 系统内的 RCD 应为能切断中性线的四极或两极的 RCD？

IEC 标准规定 RCD 应能在所保护回路内切断所有的带电导体，但 TN-S 系统（包括 TN-C-S 系统的建筑物内的 TN-S 部分）如能确保中性线为地电位，可不必装设触头来切断回路。图 20.26 为 TT 系统的户外部分装有 RCD 的回路。RCD 的电源侧发生相线接大地故障，其故障电流 $I_d = U_0 /（R_B + R_E）$，它在变电所接地电阻 R_B 上产生故障电压降 U_f，使中性线对地带危险故障电压 U_f。由于 TT 系

统的 I_d 值不大，电源端的过电流防护电器不能切断电源，使中性线持续带故障电压 U_f。但由于中性线是绝缘的，所以 U_f 一时并不导致电气事故，而是作为第一次故障的隐患而持续潜伏下来。当回路发生第二次故障，例如图 20.26 所示的相线碰外壳故障时，RCD 因检测出故障电流 I_d 而切断电源。如果中性线未装设刀闸，则第一次故障产生的故障电压 U_f 将如图 20.26 中虚线所示，沿中性线经设备内绕组以及相线碰外壳的故障点而呈现在设备外壳上。这时虽然 RCD 正常地动作，却无法避免电击事故的发生。如果中性线绝缘损坏碰外壳，后果也是同样的。假如 RCD 中性线上也设有刀闸并和相线同时切断，则 U_f 传导的路径被切断，这类事故就可以避免发生。

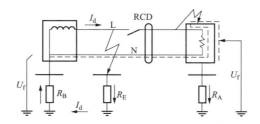

图 20.26　TT 系统内 RCD 不断开中性线，设备外壳可能带危险电压

需要说明，在图 20.26 所示发生 U_f 故障电压情况下，带 U_f 的中性线如果绝缘损坏对地故障而打火，RCD 虽然切断电源，但中性线上的 U_f 仍然继续存在而打火，可能引燃近旁可燃物而起火。为此防火 RCD 也应同时切断相线和中性线。

20.27　RCD 能否消除问答 7.13 所述的"电楼"现象？

否。RCD 只能防范被保护回路内接地故障引起的电击事故。"电楼"现象系因建筑物外接大地故障产生转移故障电压而引起。其故障电压 U_f 沿 PEN 线、PE 线导建筑物内，与 RCD 无关。因此 RCD 不能消除"电楼"现象。

20.28　现时变电所内变压器出线上装用的大电流框架式断路器带有接地故障防护功能，它是否即是 RCD 的功能？

为对一个电源所供电范围内的接地故障进行防范，需在该电源处装设总的 RCD，例如在一座大楼内变电所的配电变压器出线上装设总的 RCD。现时变压器出线上装用的大额定电流框架式断路器，大部分均带有所谓接地故障防护功能，理论上它即是剩余电流防护功能，但它的整定电流至少为断路器额定电流的 20%，例如一个 2500A 的断路器的接地故障防护的动作电流最小为 2500A × 0.2＝500A。如此大的动作电流对防电击和防接地电弧火灾几乎不起作用，它的作用只是在发生接地故障时提高保护线路绝缘的过电流防护的灵敏度。其接地故障防护动作灵敏度低的原因是其整定电流值受断路器内带电导体作过电流防护的电流互感器变比的限制。由于断路器内的容积有限，不能在其内装设变比为1:1的能穿过四根大截面积带电导体的大口径电流互感器，而只能借用套在四根带电导体上作过电流防护用的四个小型电流互感器，将其二次回路并联来实现对剩余电流的检测，如图 20.28 所示。由于这四个电流互感器有很大的变比，例如 2500/5，互感器二次侧检测出的剩余电流按此变比减少为 1/500，因此框架式断路器内这种方式的接地故障防护是难以提高其保护灵敏度的，必须另采取其他剩余电流防护方式。

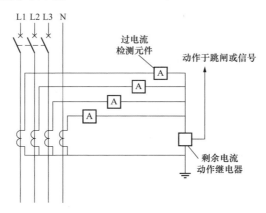

图 20.28　利用过电流防护电流互感器兼作 RCD 检测元件的动作灵敏度不高

20.29　是否可单独装设分离式的电流互感器来检测变压器二次侧的剩余电流，以实现总的 RCD 的功能？

为提高变压器出线总 RCD 的动作灵敏度，也可另外单独装设分离式的电流互感器和与其配套的继电器。它可动作于断路器的脱扣，也可动作于报警。但它只适用于小容量的变压器。由于技术上的困难，这种电流互感器的窗口直径无法做得很大来穿过四根大截面积母排，母排位置的不对称也难以均衡 RCD 磁回路中的磁场。因此大容量的变压器不能采用这种分离式电流互感器来实现高灵敏度的剩余电流动作保护。

20.30　有无简单有效的大容量配电变压器总的剩余电流动作保护方式？

对于大容量中性点直接接地的以 TN 系统和 TT 系统供电的变压器，可采用另一种简单有效的方式来实现全供电范围内的剩余电流动作保护。这种方式是将一个小型的电流互感器安装在变压器星形结点与接地系统的连接线上来实现的，如图 20.30 所示。大家知道接地故障电流返回电源不外两个途径，一是经PE 线，另一是经大地。将电流互感器安装在低压配电盘内图 20.30 所示的位置后，变压器所供电范围内任一处发生的接地故障的故障电流都可被检测出来，再通过一配套的继电器就可作用于跳闸或报警。这种互感器尺寸不大，安装也较简便，但其变比很小，动作灵敏度很高，动作电流以毫安计，可在全供电范围内起防接地电弧火灾的作用。它适用于配电变压器，也适用于自备柴油发电机之类的电源设备。

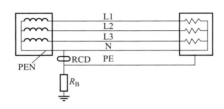

图 20.30　配电变压器出线高灵敏度 RCD 的电流互感器安装位置

20.31　有用户将按问答 20.30 图 20.30 接线的同样两台变压器并联运行时，两台变压器的出线断路器都跳闸。何故？

如果上述变压器之类的电源设备有两台，且可能并联运行，如按图 20.31 进行接线（图中只表示单相电路），当合上母联开关时，两台变压器的 RCD 将同时跳闸而使供电中断。这种不该动作情况的发生是因两台变压器本身之间的环流引起的。尽管这两台变压器为同一制造厂同一批的产品，其铭牌上的绕组接线以及技术数据都相同，但实际上它们的阻抗和电压总有少许差别。这点差别使两变压器的绕组间产生环流，环流的路径如图 20.31 中虚线所示。环流流经相线和 PEN 线，但其中部分环流也流经两 RCD 电流互感器的一次侧。这部分环流数值虽小，但足以使灵敏的 RCD 误动作。

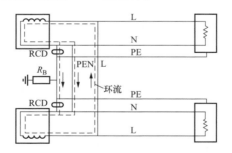

图 20.31　分设的 RCD 电流互感器使并联变压器中断供电

20.32　在多台变压器并联运行中如何避免变压器间环流引起的总 RCD 的误动作？

为避免变压器环流引起总 RCD 的误动作，对于需并联运行的多台变压器应改变 RCD 电流互感器的安装位置和接线，如图 20.32 所示。从图可知，多台变压器应共用一个电流互感器，由于这种接线方式没有环流的分流流经互感器，自然不会引起 RCD 的误动作。

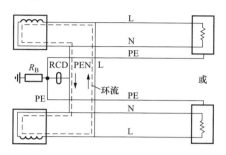

图 20.32　合用的 RCD 零序电流互感器使并联变压器正常供电

无论是单台变压器或多台变压器的变电所，这一 RCD 电流互感器的安装位置即是问答 1.9 中图 1.9 所示的低压配电盘内 PEN 线与 PE 线母排间作一点接地的跨接线，其安装十分方便。这也正是不论变压器台数为多少，变电所内只允许 PEN 线在低压配电盘内做一点接地而不允许在各变压器就地接地的原因之一。IEC 建筑电气 TC64 秘书长 Pelta 先生在我国一次归口委员会年会上一再强调按图 1.9 实施配电系统的系统接地是最经济简单、最方便有效的方式。此言确实不虚，反观我国有些规范规定的变压器就地直接接地的多点接地的方式却正是又浪费又易引起种种电气事故的不当的方式。它无法装用总 RCD 或总 RCM。

20.33　为什么 PEN 线如穿过 RCD，发生接地故障时 RCD 将拒动？

PEN 线不得穿过 RCD。如果穿过，则如图 20.33 - 1 所示，即使 PEN 线对地绝缘，当发生接地故障时，相线和 PEN 线中的故障电流在电流互感器中感应的磁场互相抵消，RCD 将检测不出故障电流而不动作。这时应更改 RCD 的接线如图 20.33 - 2 所示，在 RCD 的电源侧将 PEN 线分为 PE 线和中性线 N。中性线和相线一道穿过 RCD，而 PE 线则不经 RCD 电流互感器直接接被保护回路中的外露导电部分（设备外壳和敷线管槽等），这样 RCD 才能检测出接地故障电流而正确动作。

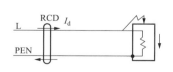

图 20.33 - 1　RCD 因穿入 PEN 线而拒动

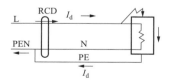

图 20.33 - 2　RCD 不穿入 PE 线能正确动作

20.34　为什么 RCD 所保护回路的中性线被重复接地后，RCD 将无法合闸？

如问答 1.9 所述，中性线只能在配电系统内一点接地，多点接地将产生杂散电流。但我国过去电气规范中有"零线"应重复接地的不正确规定，为此在电气装置内中性线往往被重复与 PE 线连接而接地，中性线因多点接地产生的杂散电流而引起种种不良后果，其中包括使 RCD（尤其是电流进线处的总 RCD）无法合闸通电。见问答 12.17 及图 12.17 - 2，不重述。

中性线接地的情况还常发生在施工不慎绝缘破损，中性线与穿线钢管或其他接地的金属部分短路。这样，一部分中性线的负载电流将作为杂散电流不经中性线而是经其他不正规途径返回电源。这些电流被 RCD 作为剩余电流检测出来，使 RCD 无法合闸。当然相线因绝缘破损对地短路，同样也能使 RCD 无法合闸。

20.35 为什么将中性线和 PE 线接反也能使 RCD 无法合闸？

中性线和 PE 线虽都自 PEN 线的同一点引出，但作用不同。我国施工中常对电线不加颜色区分，难免将 PE 线和中性线接错，如图 20.35 所示。图中将插座 2 的中性线误接于 PE 线端子上，PE 线则误接于中性线端子上。这样插座 2 的负载电流 I 不是经中性线而是经 PE 线返回电流，这样 RCD 的电流互感器将反应中性线上的负载电流而使 RCD 误动或无法合闸。关于这个问题也请参阅问答 12.17 及图 12.17 - 1，不重述。

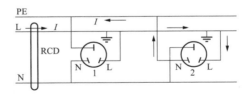

图 20.35 PE 线和中性线接反，RCD 无法合闸

1、2—插座

20.36 有时出现这样的情况，一个回路合闸通电时，另一个回路上的 RCD 就跳闸。何故？

这种 RCD 误动的情况是因施工错误引起。承包商为减少电气线路费用，常将多回配电回路共用一根中性线。如图 20.36 所示，将装有 RCD 的回路与其他回路共用一根中性线，这种不正确的做法必将使通过 RCD 电流互感器一次侧的电流不

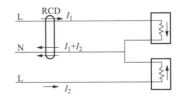

图 20.36 不同回路共用一中性线

引起 RCD 误动

平衡，导致 RCD 的误动。为避免 RCD 的误动，各 RCD 保护的回路应配出各自

的中性线。

20.37　一单位的电源总闸因故跳闸。恢复供电后电脑回路的 RCD 却无法合闸，何故？

电脑内开关模式电源配置有大对地电容，有较大的对地电容电流。多台电脑同时通电时将出现大幅值的电容充电涌流，其值大于回路 RCD 的 $I_{\Delta n}$ 值，使 RCD 误动。为此需先将所有电脑断开，再逐一通电，使充电涌流化整为零而不叠加，电脑回路的 RCD 即不再误动。

20.38　有些 ITE 为双重绝缘的 II 类防电击设备，为什么还在回路内配置 PE 线和 RCD？

如问答 15.36 及图 15.36 所示，有的 ITE 利用电源线路内的 PE 线兼作放射式的信号接地线。此时配电箱内的 PE 母排电位即信号地的地电位。而 PE 线已不用于防电击而只用作信号接地线。需要指出，如果 ITE 为 II 类防电击设备，就没有必要装设 RCD。它的装设只是浪费和增添一些麻烦。

20.39　一个大商场电气施工完毕并排除所有施工中的弊病，电流进线上的 RCD（RCM）依然误动，何故？

可检测一下总电源进线上的剩余电流，商场并非 BE2 类场所（见附录 C），不要求 RCD（RCM）的 $I_{\Delta n}$ 值不大于 300mA，可视具体情况适当放大 $I_{\Delta n}$ 值以避免误动。应注意商场中大量装用的气体放电灯的产品质量。劣质气体放电灯的谐波含量往往大幅值超标，从而大大增加对地电容泄漏电流，使 RCD（RCM）误动。某商场的电气设计安装均无问题，但 RCM 一直报警，最后查出是气体放电灯的谐波含量太大。更换正品气体放电灯后 RCM 即不再报警。这一经验教训值得吸取。

第 21 章　接地装置的设置

21.1　何谓接地装置？

建筑物电气装置内的接地装置由接地极、接地线和接地母排三部分组成，它被用以实现电气系统与大地相连接的目的。与大地直接接触实现电气连接的金属接地体为接地极。它可以是人工接地极，也可以是自然接地极。对此接地极可赋以某种电气功能，例如用以作系统接地、保护接地或防雷接地等。

接地母排是建筑物电气装置的参考电位点，通过它将电气装置内需接地的部分与接地极相连接。它还起另一作用，即通过它将电气装置内诸等电位联结线互相连通，从而实现一建筑物内所有导电部分间的等电位。

接地极与接地母排之间的连接线称为接地线。

21.2　对接地装置的设置，就防电击而言有哪些要求？是否必须为 TN 系统设置人工的重复接地？

对低压工频电气装置的防电击而言，接地装置的设置应满足以下要求：

（1）接地装置的接地电阻值应能始终满足各电气系统接地电阻值的要求。各种电气系统各有其不同的接地要求，例如就配电系统的防电击而言，按问答8.1内式（8.1）和问答9.2内式（9.2）在一般干燥场所内 TT 系统和 IT 系统的保护接地 R_A 的接地电阻值应分别满足以下两式的要求：

$$I_a R_A \leqslant 50V$$
$$I_d R_A \leqslant 50V$$

而问答7.2内 TN 系统的式（7.2）为

$$Z_s I_a \leqslant U_0$$

式（7.2）内未出现接地电阻 R_A，这是因为 TN 系统内发生接地故障时故障电流以 PE 线为返回电源的通路，与重复接地的接地电阻值没有关联。式（7.2）说明 TN 系统的外露导电部分通过电源端的接地而接地，在一定的 Z_s 值条件下，保护电器能在所要求时间内切断电源就能使受电击人免于电击致死。因此就防电击而言，TN 系统内打接地极作重复接地和其接地电阻值的降低对 TN 系统并无十分必要，因为 TN 系统内的总等电位联结已起到很好的自然重复接地的作用。在 TN 系统内如还有其他现成的自然接地体，也利用它作重复接地，使 PE 线和外露导电部分的电位尽量接近地电位，对降低电击时的接触电压也是有好处的。

（2）接地装置的各个组成部分应有足够的截面积，使正常泄漏电流和接地故障电流能安全地通过。

（3）接地装置的材质和规格在其所处环境内应具备相当的抗机械损伤、腐蚀和其他有害影响的能力。关于满足这些要求的允许最小截面积，我国有关规范中已有具体规定，为节约篇幅，不再多述。

21.3　为什么应充分利用自然接地体作接地极？

我国传统接地装置的做法是在屋外地下埋入若干角钢钢管或扁钢做人工接地极，其实这并不是经济合理的做法。因土壤对这种钢质接地极（包括镀锌处理的钢质接地极）有化学腐蚀作用，用不了多少年这种接地极就因受腐蚀而失效，不得不一再重新设置。我国接地规范中推荐充分利用自然接地体作接地极，即利用自来水管、基础钢筋、电缆金属外皮等自然接地体作接地极，这是很正确的。因利用这类自然接地体作接地极，不但节省投资和土石方工作量，而且接地极的寿命极长，接地电阻也可达到很低值。

需注意利用自来水管作接地极时，应与有关部门协议，在检修水管时事先通知电气人员做好跨接线，使接地装置始终导通有效。还应注意利用自然接地体时应同时采用至少两种自然接地体以策安全。例如同时利用自来水管和基础钢筋作接地极。

21.4　当土建结构人员不允许利用结构钢筋作自然接地极时应如何设置人工接地极？

对于某些钢筋混凝土结构（例如预应力钢筋混凝土结构），结构人员可能不允许利用它来做接地极。这时经济有效的做法也不是在泥土里打人工接地极，而是在建筑物基础水泥层内预置扁钢或圆钢作人工接地极。这种做法不仅节省土石方工作量，还能兼起接地和地面等电位的作用，对防间接接触电击和防雷击以及信息系统的抗干扰都有很好的效果。应注意接地极应包裹在基础水泥层内以避免与带酸性或碱性的泥土接触而受化学腐蚀，使其使用寿命和建筑物寿命相同。为此需在基础浇灌水泥前每隔适当间距预置用以固定扁钢或圆钢的支撑，使其与土壤间的水泥的厚度不小于50mm，如图 21.4 所示。接地极可用不小于 25mm × 4mm 的扁钢，也可用直径不小于 10mm 的圆钢。经在某处实测，干燥季节的接地电阻 140m 长的扁钢不大于 1.9Ω，45m 长的圆钢不大于 3.5Ω。

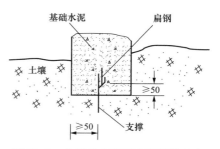

图 21.4　在基础水泥层内预埋接地极

费工不多，但其接地电阻值远小于传统的在泥土内打若干人工接地极的接地电阻值。

21.5 什么情况下需设置人工接地极？水平接地极和垂直接地极谁优谁劣？

当自然接地极不能满足接地要求时需辅以人工接地极。在有些情况下必须在户外土壤内打人工接地极，例如问答 13.8 中所述的 10kV 经小电阻接地电网内的变电所，有时需为低压侧中性点的系统接地在户外另打单独的接地极；又如在有地下室防水绝缘层，但无基桩的建筑物给雷电流和静电荷提供入地通路时也需在户外另打接地极。

上述利用基础钢筋和地下金属管道（不包括燃气、燃油、采暖管道）作接地极，或在基础槽内埋入扁钢作接地极，属水平布置的接地极。水平布置的接地极地下电位比较平坦，有利于降低雷击或高压接地故障时的跨步电压。但有些地区冻土层较深，水平布置的接地极难以实现低接地电阻的接地，这时需沿水平接地极补充打入长度不小于 2.5m 的钢管或角钢做垂直接地极以降低接地电阻。

21.6 IEC 较为推荐的是哪一类型的接地极？

在有关接地的 IEC 标准中排列在首位的是埋在建筑物水泥基础内的接地极。这不仅是因为它施工方便节省人力，更重要的是它具有很好的接地效果，免维护和几乎无限长的使用寿命，还可起到地面等地位的作用。这种接地极量大面广通过导电的水泥与大地的大面积接触可获很低的接地电阻值。它不似我国通常在泥土内埋设人工接地极那样需要引出一段距外墙若干米的接地线。需知这段接地线将增加接地装置的对地高频感抗和高频电压降 Ldi/dt。在基础内埋设接地极可完全消除这一感抗，这对防雷是尤为有利的。

有的同行担心它将使建筑物电位升高危及人身安全。其实由于建筑物内作了等电位联结，水涨船高，建筑物内并不出现电位差，毫不影响人身安全，这一担心是完全不必要的。推而广之，假如因某种原因不得不在建筑物外土壤内埋设接地极，则需注意在不影响建筑物基础稳定性前提下，接地极应尽量靠近建筑物，从而最大限度地减少接地线的高频感抗。

21.7 我国有一种做法，当建筑物处土壤电阻率高时，为降低接地电阻可在远处低土壤电阻率处或在水塘内放置接地极接地，妥否？

不妥。在远处打接地极将增大接地线长度。当长度过大时，由于高频感抗的过度增大，防雷装置等于未作接地。为了安全，宜更新观念，按 IEC 的建议如问答 21.6 所述，采用在基础内埋设接地极的接地方式，以增大与大地接触面积，缩短接地线的长度来提高接地效果。

IEC 规定不应将接地极直接浸入溪流、江河、池塘、湖泊等的水下来作接地。这是为了防止涉水的人体因水下接地极上的电位形成水下电场招致电击事故，是十分正确的。我国在水塘内放入接地极作接地的做法是有悖 IEC 标准和不安全的。

21.8　可否利用建筑物基础内土建结构的绑扎钢筋作接地极？

某飞机制造厂曾测试过几十年前抗日战争时期日本侵略者修建的几个飞机库的基础内绑扎钢筋的接地电阻值，其值都未超过 0.5Ω。该机库是钢筋混凝土结构。几十年来多次遭受雷击，但机库安然无恙，只是表面雷击点损坏，略事修补即可。这是因为机库屋顶、墙和基础内的绑扎钢筋起到了自然的接闪器、引下线和接地极的作用。这说明基础内利用绑扎钢筋作接地对防雷是有效的。但 IEC 认为绑扎连接不甚适用于低压电气装置的防电击，对于低压防电击用作接地极的基础内钢材的连接应采用焊接、压接等可靠的连接方式，其安装如问答 21.4 所述。

21.9　IEC 对接地装置的材质有何要求？

IEC 十分重视接地装置地下部分的腐蚀问题。经验证明，埋设在水泥基础内的钢材不存在化学腐蚀的问题。土壤有酸性的，也有碱性的，所以土壤内的钢材存在化学腐蚀的问题。土壤内的接地极和基础钢筋是有电气上的连通的。土壤内的接地极、接地线和基础钢筋如具有不同电位，两者将形成一个电池，土壤和水泥成为其间的电解质，是电池的内电路。其间的连接通路成为电池的外电路。电位较负的一方将被腐蚀，它被称作电化学腐蚀。IEC 认为铜材、包铜钢材、不锈钢等接地极在土壤内的电位接近基础内钢材的电位而较少引起电化学腐蚀作用，而钢质接地极和接地线在土壤内的电位较基础内钢材的电位为负而被腐蚀。因此 IEC 建议宜用铜材、包铜钢材、不锈钢等作土壤内的接地极和接地线。尤其不应用热镀锌钢材作接地极和接地线，因为锌的电位在这些材质中是最负的，最易招致电化学腐蚀。我国传统的做法多用热镀锌钢材作接地装置，恰与 IEC 的规定相反，对这一问题我们需深加考虑。

21.10　IEC 对不同接地系统接地线的选取有何区分？

与接地极连接的接地线需满足机械强度、耐腐蚀和通过故障电流时热承受能力等要求。在我国一些规范和资料内都有其截面积的规定。不足的是我国对不同接地系统接地线按接地故障电流热承受能力选取的截面积未加区分。对于 TT 系统，接地线是通过接地故障电流的。因此，需按问答 11.21 内式（11.21 - 1）或式（11.21 - 2）选取按热承受能力的导体截面积。对于 TN 系统或 IT 系统，因接地线不通过或仅通过微量接地故障电流,没有对热效应的要求,因此,就热承受能力而言,IEC 规定这些接地线的最小截面积可取为铜质 $6mm^2$,铝质 $16mm^2$,钢质 $50mm^2$。

21. 11 在问答 2. 6 图 2. 6 中建筑物燃气管入户处需设置绝缘板和放电间隙,是否与接地有关?

是与接地有关。建筑物内如有燃气管(包括燃油管),为消除建筑物内可能出现的电位差,它必需连接联结线作等电位联结。但 IEC 规定该管的户外地下部分不允许用作自然接地极。这是因为该管道可能因感应雷电瞬变电磁场产生雷电冲击电压而成为泄放雷电流的通路。雷电流在管内可能迸发电火花而引发爆炸危险。不让户外燃气管地下部分起接地作用就可消除这一危险。简易的做法是在燃气管入户后 5m 内的法兰盘连接处插入一个绝缘板使户内的燃气管与大地隔离。但雷电冲击电压可能击穿该处间隙而迸发电火花。为此如图 2.6 所示在法兰盘两侧跨接一放电间隙(SPD),使电火花在燃气管外发生以消除爆炸危险。这部分工作由燃气公司承担,与电气设计安装无关。本问答只说明其原由。

第 22 章　PE 线、PEN 线和等电位联结线的选用和敷设要求

22.1　为什么 PE 线、PEN 线和等电位联结线的可靠导通比带电导体的可靠导通更为重要？

一个回路内如果相线或中性线中断，电灯就不亮，电动机就停转或发出异声，人们可及时觉察并修复故障，在这时间内并未失去接地，后果并不严重。但用于接地的导体如果不导通，设备照常工作而无异常，故障不能及时觉察，但这时电气装置已失去接地，一旦发生电击、电气火灾爆炸等事故，才发现灾祸与接地中断有关，这时已无法弥补损失，所以 PE 线、PEN 线和等电位联结线的导通比带电导体的导通更重要。

为保证上述诸线的导通，它们的截面积应同时满足机械强度和对接地故障电流热稳定等要求，PEN 线还应满足通过负载电流时的允许载流量和电压降等要求。

22.2　IEC 对 PE 线、PEN 线的机械强度或截面积有何要求？

按 IEC 标准要求单根电线用作 PE 线时，铜线的截面积有机械保护时不得小于 $2.5mm^2$；无机械保护时不得小于 $4mm^2$；铝线因易折断，其截面积不论有无机械保护都不得小于 $16mm^2$。

当采用多芯电缆或护套电线中的一根芯线作 PE 线时，由于整个回路的截面积和机械强度的增大和提高，对此 PE 线无需规定按机械强度要求的最小截面积。

PEN 线只适用于固定安装在使用中不受挠曲的线路中。从机械强度考虑，即使它是多芯电缆中的一根芯线，也要求其截面积铜线不小于 $10mm^2$，铝线不小于 $16mm^2$。这是因为 PEN 线如果中断，事故后果尤为严重。因为它既因"断零"而烧坏单相设备，又因失去 PE 线而导致电击等电气事故。为策安全不得不放大 PEN 线截面，但这样做不但多耗费有色金属，而且也给施工带来许多困难。这也正是现时很少采用 TN-C 系统，普遍采用 TN-C-S 系统或 TN-S 系统的原因之一。因在这些系统中 PEN 线被截面积小许多的中性线和 PE 线替代，既节约投资，又方便施工。

还需注意，PEN 线应包以绝缘，其绝缘强度应能耐受可能遭受的最高电压，以避免产生杂散电流。

22.3 如何按 PE 线电流判定回路状况？

回路正常工作时 PE 线不通过工作电流，只通过微量的回路正常泄漏电流，其值一般以毫安计。如果正常工作时测得 PE 线带有以若干安计的电流，以致 RCD 或 RCM 合不上闸或误发出报警信号，则可以肯定此电流是施工中接线错误，用电设备谐波电流过大或维护不当引起的杂散电流。

PE 线在发生接地故障时可能通过大幅值的故障电流，其热效应可能大至使 PE 线不能承受而烧坏，为此应校验回路通过接地故障电流时的热稳定。

22.4 如何按通过接地故障电流时热稳定的要求来确定 PE 线和 PEN 线的允许最小截面积？

PE 线和 PEN 线应按式（22.4）来确定通过接地故障电流时按热稳定要求的最小截面积：

$$S \geqslant \frac{I}{K}\sqrt{t} \qquad (22.4)$$

式中文字符号的说明同问答 11.21 中的式（11.21 - 1）。

按式（22.4）进行校验十分复杂费时，为简化设计工作可采用表 22.4 所列值来确定发生接地故障时 PE 线和 PEN 线按热稳定要求的最小截面积。

表 22.4 PE（PEN）线按接地故障电流热稳定要求的最小截面积

相线截面积 S/mm^2	PE（PEN）线最小截面积/mm^2
$S \leqslant 16$	S
$16 < S \leqslant 35$	16
$S \geqslant 35$	$S/2$

采用表 22.4 所列值偏于保守，但能减少设计工作量。当 PE 线（PEN 线）与相线的材质不相同时，表 22.4 值应按相应电导值进行换算。

22.5 TT 系统和 IT 系统内的接地故障电流小，是否可不对 PE 线进行热稳定校验？

不少同行以为表 22.4 值只适用于接地故障电流大的 TN 系统，不适用于接地故障电流小的 TT 系统和 IT 系统。其实不然，表 22.4 值不仅适用于接地故障电流大的 TN 系统，也同样适用于发生两个故障的 TT 系统和 IT 系统。这可分别用图 22.5 - 1 和图 22.5 - 2 来说明。图 22.5 - 1 为一 TT 系统，图中设备 A 先发生中性线碰外壳接地故障，因中性线基本为地电位，故障电流甚小，回路上的过电流防护电器以致 RCD 都无法动作，此故障作为第一次故障得以长期潜伏下来。但因中性线与 PE 线因发生故障而导通，此 TT 系统实际上已转变成为 TN 系统。其后如图22.5－1中设备 B 又发生相线碰外壳接地故障，则如图22.5－1所示，PE 线上流过的将是和 TN 系统几乎同样大的以金属导体为通路的金属性短路电流，因此仍应校验热稳定。

图22.5－2所示为一个 IT 系统。如果设备 A 发生第一次接地故障后不能及时消除故障（例如遇到难以寻找和消除的故障，或绝缘监测器失灵未发出报警信号等情况），其后如图22.5－2所示设备 B 又发生第二次接地故障，则故障扩大为两相短路，这时 PE 线上将通过两相短路电流而非微量的接地电容电流，因此也应校验热稳定。

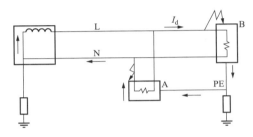

图22.5－1　TT 系统的两个接地故障

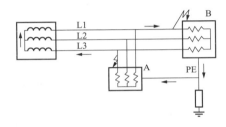

图22.5－2　IT 系统的两个接地故障

IEC 标准非常慎重地考虑电气事故的防范措施，在不少情况下需考虑发生两个故障引起的危险，上述即是两例。笔者20世纪70年代编制第一版《供配电系统设计规范》时不重视电气安全，其中在同一供电系统中不考虑同时发生两个故障的规定是错误的，它起了误导的作用。对此笔者深感内疚，应予纠正。

22.6　在电缆竖井或电缆槽盒之类的电缆通道内，能否以一根共用的 PE 线代替各回路的 PE 线？

现时有一种做法，在有多个配电回路的电缆竖井或电缆槽盒内，不为每一回路配出 PE 线而只在竖井或槽盒内设置一共用的 PE 线。只要此共用的 PE 线不远离回路相线，这一做法理论上是可行的。但需注意此共用 PE 线的截面积必须不小于其中最大回路 PE 线的截面积，而且各回路 PE 线自共用 PE 线的分支引出必须保证其连接导电的可靠。时下有一不区分具体情况，笼统地将 $40\text{mm} \times 4\text{mm}$ 的扁钢作共用的 PE 线的做法是不恰当的，因其电导仅相当于 27mm^2 的铜线。在许多情况下不能满足大电流回路大截面积 PE 线电导的要求。

22.7　是否可利用非多芯电缆线芯或非同一套管导线的导体代替 PE 线？

可以。可利用以下靠近回路的金属导体作为 PE 线的代用体：

（1）电缆和护套线的金属护套、屏蔽层、铠装等金属外皮。

（2）固定安装的敷线用的钢管和金属槽盒、托盘、梯架。

（3）某些非电气装置的金属管道和构架，但不包括水管、燃气管和燃油管、承受机械应力的结构件、软管、悬吊线等管道结构。

利用这些代用体时应注意满足以下一些要求：

（1）其电导不应低于专用 PE 线的电导，以保证不降低自动切断电源的防护电器的动作灵敏度。

（2）应保证它不受机械损伤、化学或电化学的腐蚀，以确保电路的可靠导通。

（3）槽盒、托盘、梯架等应便于引出连接可靠的 PE 线。

（4）可燃气体或液体管道严禁用作 PE 线和接地极，为此它进入建筑物后应在尽量短的距离内插入绝缘段，使之与其户外地下部分绝缘（见问答 21 – 11）。

上列对代用体的要求常难以满足，为保证电气安全仍以敷设专用的 PE 线为妥。

22.8 为何在 TN 系统内 PE 线和 PEN 线如不紧靠相线走线就会增大回路阻抗，降低过电流防护电器兼作接地故障防护时的动作灵敏度？

为提高 TN 系统中过电流防护电器兼作接地故障防护的灵敏度，应尽量降低故障回路阻抗以增大故障电流 I_d。在线路截面相同的条件下，回路阻抗取决于回路感抗，而回路感抗与回路电感成正比，回路电感可依式（22.8）估算

$$L = \frac{\mu_0 l}{\pi}\left(\ln\frac{D}{R} + \frac{1}{4}\right) \tag{22.8}$$

式中　L——回路电感（H）；

　　　μ_0——空间磁导率（H/m）；

　　　D——通过往返电流的电导体间的距离（m）；

　　　l——回路长度（m）；

　　　R——回路导体的半径（m）。

从式（22.8）可知 PE 线与相线间的距离 D 越大，线路感抗越大，过电流防护电器动作的灵敏度越低，因此 PE 线或 PEN 线应尽量紧靠相线敷设，以减少回路感抗。

改革开放前，我国建筑电气设计学习前苏联采用 TN – C 系统。工业设计中有一错误做法，一排靠墙机床由架空三根相线母排配电，而 PEN 线则用 40×4 扁钢沿墙脚接出。这一做法有两个错误：一是 PEN 线距相线太远，感抗太大，降低了过电流和接地故障防护动作灵敏度；二是 PEN 线未包绝缘，导致杂散电流和其不良后果的发生。

22.9 各类用于安全目的的联结线的截面积如何确定？

可按表 22.9 确定各类联结线的截面积。

表 22.9 联 结 线 的 截 面 积

取值 \ 类别	总等电位联结线	局部等电位联结线	辅助等电位联结线	
一般值	不小于 0.5 × 进线 PE（PEN）线截面积	不小于 0.5 × PE 线截面积①	两电气设备外露导电部分间	0.5 × 较小 PE 线截面积
			电气设备与装置外可导电部分	0.5 × PE 线截面
最小值	6mm² 铜线		有机械保护时	2.5mm² 铜线或 16mm² 铝线
	16mm² 铝线②		无机械保护时	4mm² 铜线
	50mm² 铁导体		16mm² 铁线	
最大值	25mm² 铜线或相同电导值的导线②		—	

① 局部场所内最大 PE 线截面积。

② 不允许采用无机械保护的铝线。采用铝线时，应注意保证铝线连接处的持久导通性。

22.10 为什么表 22.9 中总等电位联结线和局部等电位联结线的最大截面积仅为 25mm²？

表 22.9 中总等电位联结线和局部等电位联结线的最大截面积仅为 25mm²，这是因为用于电气安全的联结线只传导电位，不传送电流或只传导很少部分的电流。从线路结构分析可知联结线是和 PE 线并联的，但 PE 线紧靠相线感抗甚小，而联结线则远离回路相线，感抗相对甚大，因此绝大部分接地故障电流是流经 PE 线而不是流经联结线返回电源。所以除非为减少高频阻抗的需要（例如为减少信息系统电气装置内等电位联结系统的高频阻抗），就工频电气安全而言，不要求选用大截面积的联结线。

22.11 对接地母排和等电位联结端子板的材质和截面积有何要求？

接地母排和等电位联结端子板宜为铜质，其截面积应满足机械强度要求，并不得小于所接联结线截面积。

22.12 某电气装置的电源进线为 3×150mm² + 1×70mm² 的铜芯电缆，请确定其总等电位联结线的截面积？

按计算值总等电位联结线的截面积为 0.5×70mm² = 35mm²。但按表 22.9 的规定，可选用 25mm² 的铜芯联结线。

22.13 某小室内有相互靠近的 2 台用电设备和自来水管，其铜质 PE 线截面积为 25mm² 及 2.5mm²。因过电流防护电器不能满足故障时及时切断电源的要求，需在其间设置辅助联结线。请确定其截面积。

按表 22.9，两设备与水管间的辅助等电位联结线截面积计算值分别为 25 × 0.5mm² = 12.5mm² 和 2.5 × 0.5mm² = 1.25mm²，可分别取 16mm² 铜线和 2.5mm² 铜线（有机械保护）。两台设备间的联结线截面则取两设备的较小 PE 线的截面积，即 2.5mm² 铜线（有机械保护）。

22.14 一个车间内有多台生产用电设备和一些公用设施金属管道，其 PE 干线为 6mm² 铜线，请确定该车间内局部等电位联结线的截面积。

按计算值应采用 6 × 0.5mm² = 3mm² 铜线，但此截面积小于表 22.9 的允许最小值，因此应按表 22.9 采用截面积为 6mm² 的铜线。

22.15 电气装置中的 PE 线、PEN 线、等电位联结线以及中性线有时容易混淆，请对这些导体的用途、特征、标志等作简单说明和区分。

（1）中性线。中性线是回路的带电导体，它正常时通过单相电流、三相不平衡电流和某些谐波电流，这些电流引起的电压降使其末端正常时对 PE 线带几伏电压。如果此电压过大，说明其截面积选用过小，将影响设备的工作性能；如果此电压超过 10V，则说明电源线路上可能有故障，例如相线有接大地故障，或电源侧中性线有断线故障，应加检查以防止可能发生的电气事故。

用作中性线的导体除电源端的系统接地外不应再接地，在我国它采用浅蓝色的色标，以资识别。

（2）PE 线。PE 线指回路内用作设备保护接地的导体，它不是回路的带电导体，除微量的泄漏电流外（三相回路中为三相泄漏电流的相量和），它正常时不带电流，只在设备发生接地故障时传送故障电流并带故障电压。如果 PE 线正常时带有几安以至几十、上百安的电流和若干伏电压，则说明线路存在故障或疵病，例如安装中将 PE 线和中性线接反，或线路对地绝缘破损等，这些故障或疵病应及时排除或纠正，否则易导致电击或电气火灾等电气事故，并导致保护电器的频繁动作。

PE 线在 TN 系统中应贴近相线敷设，它应采用黄绿相间的色标，以与中性线区分。

（3）PEN 线。PEN 线指兼有 PE 线和中性线功能的回路导体，它只能在固定安装的回路中装用。它正常时带有和中性线相同的电流和几伏对地电压。发生接地故障时将带有与 PE 线相同的故障电流和对地故障电压。

PEN 线的通长可采用黄绿相间的色标，并在端头做淡蓝色标记，也可在通长采用淡蓝色的色标，并在端头做黄绿相间的标记。

（4）联结线。联结线不是回路导体，它的作用是传递电位。它虽然在电气上与PE线并联，但因远离相线，分流极少，故正常时几乎不带电流，故障时有少量PE线电流的分流通过。联结线以及连接接地极的接地线与PE线相同均属保护性导体，应采用黄绿相间的色标。

22.16　IEC 标准内常使用保护线一词，含义有些笼统不易理解，能否解释一下？

IEC 标准内保护线（protective conductor）一词是指为用电气安全目的而设置的导线。在广义上它包括自接地极引出的接地线（earthing conductor）、电气设备外壳所接的保护接地线（protective earthing condactor，即PE线），同时具有PE线和中性线功能的保护中性线（combined protective and neutral concluctor，简称PEN线）以及等电位联结线或联结线（equipotential bonding conductor or bonding conductor）。但狭义上常将回路内接I类设备外露导电部分的PE线称作保护线。

22.17　请以浅显易懂的物理概念说明联结线只用以传导电位，不用以传送故障电流的原由。

国外曾做过这方面的试验。在一 PVC 单相三芯电缆回路外 300mm 处敷设一材质、截面积和长度均相同的第二根保护接地线 PE′，如图 22.17 所示。现人为模拟一图示碰外壳接地故障，用仪表检测通过图中 PE 线和 PE′的接地故障电流。发现大于 90% 的故障电流通过电缆内的 PE 线，只有不到 10% 的故障电流通过相距 300mm 的 PE′线。原因很简单，如图中左下角所示，故障电流在紧靠相线的 PE 线内产生的磁通与在相线内产生的磁通方向相反而互相抵消。而如图中右下角所示，相距 300mm 的 PE′线产生的磁通则不能抵消。前者故障感抗小，而后者故障感抗大。所以故障电流愿走图中 PE 线而不愿走PE′线返回电源。正因为此，为减少故障回路阻抗，IEC 要求回路 PE 线应紧靠相线走线。

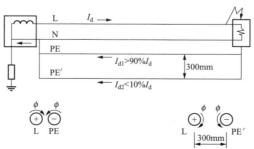

图 22.17　绝大部分 I_d 经紧靠相线的 PE 线返回电源

由于同样的原因，联结线在电路上虽与 PE 线并联，但它与回路相距甚远，感抗甚大，它不能传送故障电流，只能传导电位。因此，IEC 规定无论电气装置内回路导体截面积多大，铜质总等电位联结线的截面积最大不过 $25mm^2$。

22.18　一建筑物内的大件金属导电部分都需纳入等电位联结系统，电气设备的金属外壳是否也应连接联结线？

否。等电位联结系统内都需连接 PE 线。Ⅰ类防电击设备的金属外壳通过所连接的 PE 线已纳入等电位联结系统内，不必再连接联结线。需要说明，不接 PE 线的双重绝缘或加强绝缘的Ⅱ类设备和使用特低电压的Ⅲ类设备，如具有金属外壳也不得连接联结线，以免导入不同电位。

22.19　IEC 60364 标准内只有总等电位联结和辅助等电位，为什么我国多出了局部等电位联结？

在 IEC 60364 标准内没有规定局部等电位联结，而是将它归于辅助等电位联结内。但在 IEC 61140《电击防护的装置和设备的通用部分》标准内则规定有局部等电位联结。它规定总等电位联结是一建筑物内全部可导电部分间的连接，辅助等电位联结是伸臂范围内可同时触及的导电部分之间的连接，而局部等电位联结则是在一建筑物内的某一局范围内将可导电部分再进行一次类似总等电位联结的连接，以进一步降低电位差。例如，在浴室内为防人身电击或在爆炸危险区域内为减少电火花的发生而在该局部范围内作局部等电位联结。而 IEC 60364 标准内的辅助等电位联结其表达仅限于伸臂范围内的连接，显然是不全面和不完善的。因此我国诸如《低压配电设计规范》等规范按 IEC 61140 标准除辅助等电位联结外，还作出局部等电位联结的规定。

22.20　为什么金属水管、燃气管、燃油管不允许用作 PE 线和联结线？

金属水管常因检修而拆开，有时还串接计费水表，其导电不可靠。燃气管、燃油管如问答 21.11 所述为防通过故障电流时导电不良而迸发电火花引爆，因此，IEC 规定该等管道必须纳入等电位联结内，但不允许将该等管道用作 PE 线和联结线。

22.21　电缆金属护套和敷线用的管槽是否可用作 PE 线？

如问答 22.7 所述，电缆金属护套和敷线用的金属管槽因紧靠相线可用作 PE 线。前提是其截面积需满足问答 22.4 所提出的故障时的热稳定要求并能可靠地连接出转接或分支的 PE 线。需要说明，对于矿物绝缘耐火电缆，因其金属护套的热承受能力大于其内相线的热承受能力，可不必校验其热稳定。

22.22　IEC 对保护线的连接有何要求？

带电导体如连接不良电气设备就不工作或工作不正常，易于发现并及时予以修复。但关系电气安全的各种保护线如果连接不良不导通，则难以发现，容易导致严重事故。因此 IEC 对保护线的连接规定了具体要求，概述如下：

（1）保护线应尽量减少连接接头。

（2）保护线的连接应导电良好，并具有足够的抗机械损伤、化学或电化学腐蚀以及耐受故障时热效应和力效应的能力。

（3）保护线的接头应尽可能便于检测。

（4）保护线采用螺栓连接时，该螺栓不得兼做它用。

（5）保护线内不得串入任何开关器件。

（6）保护线的连接不得采用锡焊。因锡的熔点低，通过故障电流时可能因高温熔化而脱焊开断。

22.23　我国国产三相电源插座和插头都为四极，如果三相用电设备兼有中性线和 PE 线，PE 线应如何接？

在我国这是一个麻烦问题。如果用电设备没有中性线，第四极可接 PE 线。如果有中性线，则 PE 线无处可接。只得不接或胡乱接。这是非常不安全的。在发达国家凡三相电源插座插头概为五极。用电设备没有中性线时宁可让中性线极闲置，以确保 PE 线的连接导通。从插座插头这一线路附件的产品设计也明显暴露出我国对以人为本，电气安全的重视不够。

第 23 章　建筑物电气装置的检验

23.1　建筑物电气装置建成交付使用前为什么必须进行检验？

建筑物电气装置建成交付使用前必须进行检验，检验合格才能交付使用。设计中不少条件和数据是假设的，例如回路阻抗、接地电阻等数据，需通过现场实测以实际数据来验证。施工安装中可能因工作疏忽而留下瑕疵，也需通过检测来发现这些瑕疵予以改正。例如电气装置内中性线如果被接地，就需通过检验来发现和纠正，以防这类施工中的错误产生杂散电流引起电气危害。

23.2　检验工作分哪几部分？能否带电检验？

检验工作可在电气装置安装过程中或安装完毕后进行，它分视检和测试两个部分。应注意检验过程中的电气安全，一般在切断电源后进行检验，以防检验时发生人身伤亡和财产损失事故。

检验完毕后应编写检验报告，对检验中发现的问题提出改正意见，检验报告应存档备案。

23.3　电气装置进行改建、扩建和装修后是否需再次检验？这种检验应着重注意什么？

对现有建筑物进行改建或扩建后，包括对已检验合格的新建筑物进行装修后，都应对改建、扩建和装修后的电气部分进行检验。应着重注意这些改建、扩建和装修的施工安装不应降低原电气装置的安全水平。

23.4　何谓视检？它包括哪些主要内容？

视检一般在电气装置未用仪器检测以前进行。它指检验人员对电气设备和线路用直感进行的检查，它应确认固定安装的线路和所接电气设备的下列各项：

（1）符合电气设备和线路材料的产品标准的安全要求。

（2）其选用和安装符合电气设计和安装规范的要求。

（3）未出现有损安全的可感觉出的瑕疵。

视检应按需要对下列各项进行校核：

（1）对电击事故的防范是否已采用了合适的措施，例如绝缘、遮栏、外护物、阻挡物、伸臂范围以及接地、总等电位联结、局部等电位联结等措施的正确应用。

（2）对防电气火灾的蔓延和防电气设备正常高温引燃起火，是否都已采取了合适的封堵和隔热、通风、远离热源等措施。

（3）电线、电缆的载流量和电压降是否符合规定。

（4）过电流防护电器、RCD 以及绝缘监测器的选用、安装和整定是否正确。

（5）隔离电器和开关电器的装用是否正确。

（6）采用的各类电气设备和保护措施是否适用于所处的外界环境条件。

（7）单极开关电器是否安装在相线上。

（8）设备、线路的安装和布置是否便于安全操作及维护。

（9）中性线、联结线、PEN 线、PE 线、接地线以及相线有无色标区分。

（10）导体间的连接外观是否良好（对此可进行测定，连接点的接触电阻应不大于较小截面的被连接导体长度为 1m 的电阻）。

（11）电气设备的布置是否便于操作、识别和维护。

（12）有无设置了必要的诸如"电气危险"之类的警示标志。

（13）有无制作和配置配电系统图及各个回路、开关、熔断器、接线端子的用途的标志。

23.5 何谓检验工作中的测试？

在检验中进行视检后，用仪表对电气装置进行一些电气数据的测定，称为测试。通过测试可以用数据来判定电气装置在安全和功能上的有效性。需着重说明此类测试是对电气装置而非对电气设备的测试：电气设备技术参数的测试由制造商负责。

23.6 如何测试 PE 线、PEN 线和等电位联结线的导通性？

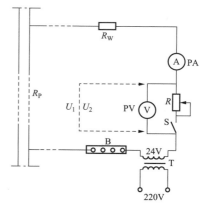

图 23.6 等电位联结导通性的检测

这些部分需采用测低电阻的欧姆表进行检测。为取得准确的测试数据，要求采用 4 ~ 24V 的交流或直流电源作测试电源，其测试电流不得小于 0.2A。市场上已有符合此要求的低欧表出售，也可在现场组装一般表计和电气元件来检测。图 23.6 所示为一个等电位联结系统内金属管道和其联结线电阻的检测。检测前先用欧姆表测出检测用连接线的电阻 R_W，然后按图 23.6 接线。检测时先将开关 S 置于断开位置，记下电压表 PV 读数 U_1，然后闭合开关 S，调节可变电阻器 R 使电流表 PA 显示大于 0.2A 的合适值 I，并记下电压表 PV 和电流表 PA 的读数

U_2、I 以及可变电阻器的电阻值 R，可得出如下关系式

$$U_1 = I(R + R_W + R_P) = U_2 + I(R_W + R_P)$$

式中　R 和 R_P——可变电阻标示的电阻和待求的金属管道和其联结线的电阻，略加推导可得

$$R_P = \frac{U_1 - U_2}{I} - R_W$$

就工频装置等电位联结而言，$R_P \leq 3\Omega$ 即可认为合格，因等电位联结只传导电位，并不传送电流，联结系统内不大的电阻并不影响其等电位作用。但有些特殊场所对 R_P 值有更高的要求，例如在医院的胸腔手术室内要求 R_P 值不得大于 0.2Ω，这将在问答 24.82 中进一步予以说明。

23.7　如何测试电气装置的绝缘电阻？

这里的绝缘电阻系指：

（1）两根带电导体（两相线或一相线与一中性线）之间的绝缘电阻。这一检测只能在电气装置安装过程中用电设备还未接入时进行，即它不受用电设备绝缘电阻的影响。

（2）带电导体和地之间的绝缘。这里的"地"包括 PE 线、PEN 线、大地以及与大地连通的装置外导电部分。进行这种检测时相线和中性线宜互相连通，以防损坏所接电气设备。

测得的绝缘电阻最小值应符合表 23.7 要求。

表 23.7　　　　　　　　　　电气装置绝缘电阻最小值

回路标称电压	测试电压/V	绝缘电阻/MΩ
≤50V	250	≥0.25
≤500V，但不包括上述电压	500	≥0.50
>500V	1000	≥1.00

测试用兆欧表的电源应为直流电源（例如过去用的摇表内的手摇直流发电机电源），当测试电流为 1mA 时，它应能输出表 23.7 中规定的测试电压。

检测时应切断装置的电源，并在装置电源进线处检测。

如果被测回路接有电子设备，则只能测回路的对地绝缘电阻，这时相线和中性线则应互相短接在一起，否则测试电源可能烧坏电子设备。

如果电气装置内安装有影响测试结果的 SPD 或其他电器，在检测时应将该等电器在进行检测前与装置断开，以保证测试结果的准确和避免这类电器的受损。当 SPD 系组装在电源插座内不便断开时，可将测试电压降为 250V，测得的

绝缘电阻必须大于 0.5MΩ。

如果电气装置绝缘电阻达不到表 23.7 所列值，可将电气装置适当分片测试。如果各片都能满足表列值要求，仍可认为该电气装置满足绝缘电阻的要求。

还需说明，新版 IEC 标准已将表 23.7 中的第一、二项的 0.25MΩ 和 0.5MΩ 分别提高为 0.5MΩ 及 1.0MΩ，但我国标准仍按表 23.7 规定值未作改动。

我国有的建筑电气规范内将 IT 系统内的绝缘监测器误为兆欧表，应注意勿将两者混淆。详见问答 9.13。

23.8　如何测试保护分隔防间接接触电击措施的有效性？

所谓保护分隔是指一个回路的带电导体与其他回路的带电导体以及地之间的分隔。问答 7.9 及问答 10.3 所述的采用隔离变压器供电即是通过电—磁—电的转换来实现保护分隔防间接接触电击的常用方式。用隔离变压器供电时其二次回路导体和所供的用电器具既不接地，也不与其他回路的带电导体有任何电的联系。因此检验回路保护分隔的有效性时，应测试被分隔回路带电导体与任一其他回路带电导体间，以及与地间的绝缘电阻，其值应符合表 23.7 所列值。

检测时应尽量接通被分隔回路中的用电器具，因所测绝缘电阻内包括用电器具的绝缘电阻（主要是对地绝缘电阻）的影响，测得的绝缘电阻值应大于 50kΩ。

23.9　如何测定绝缘场所内地板和墙壁的绝缘电阻？

电气安全中常提及绝缘场所。按 IEC 标准当装置电压为 500V 以下时，场所内地板和墙壁的绝缘电阻不小于 50kΩ，电压为 500V 以上时不小于 100kΩ，该场所的地板和墙壁才满足绝缘场所的要求，否则该场所内的地板和墙壁只能当作装置外导电部分来看待。为此在有些情况下需测试地板和墙壁的绝缘电阻。

检测时需使用测高电阻的兆欧表或摇表。对于 500V 以下的电气装置该仪表内的电源空载电压约 500V，对于 500V 以上的电气装置电源空载电压约 1000V。此外还需为检测制作一检测电极，它是一个 5mm 厚的铝质等边三角形电极，如图 23.9 所示。电极的每一角上装有一用导电橡胶制作的接触底脚，每个底脚与被测表面的接触面积约 900mm²。检测点的地板或墙壁的表面需加湿或覆以浸水挤干的湿布。将电极置于检测点处并施加 750N（地板）或 250N（墙壁）的接触压力，使其接触电阻小于 5000Ω。兆欧表一端接电极接线端子，另一端接近旁的 PE 线或联结线，这时该仪表显示的电阻值即地板或墙壁的绝缘电阻。

每一绝缘环境场所内至少需测三处，其中一处距可触及的装置外可导电部分的距离约1m，另两处的距离可大一些。

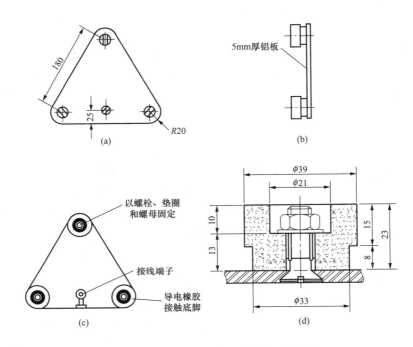

图 23.9　检测地板和墙壁绝缘电阻的电极

（a）顶视图；（b）侧视图；（c）底视图；（d）剖面图

附带说明，我国供电部门有关接地规范规定木质、沥青等不良导电地面的干燥房间内低压电力设备外壳可不接地或"接零"，换言之这一规定将这等地面当作绝缘部分来处理。和 IEC 标准相比我国供电部门这一规定缺乏定量的概念，显然是不严谨、不安全的。在符合我国供电部门这一规定的低压用户内，因不具备电网变电所、发电厂内电气设备前地上铺有绝缘地毯的条件，间接接触电击事故屡屡发生，可以说明这点。

23.10　如何检验 TN 系统中用过电流防护电器自动切断电源的间接接触电击防护措施的动作有效性？

常用的 TN 系统发生接地故障时，故障电流较大，可用熔断器、断路器等过电流防护电器来切断电源。这时需要满足的条件为

$$Z_s I_a \leqslant U_0$$

此式即问答 7.2 中的式（7.2），式中各符号含义在问答 7.2 中已作说明。为测试此间接接触电击措施的有效性，应检验过电流防护电器的最小动作电流 I_a 和故障回路阻抗 Z_s。I_a 只能凭视检防护电器铭牌数据来确认，Z_s 则可在现

场进行测试，其简便的测试方法如下述。

这一测试方法可利用电气装置的供电电源测出回路电压降，然后计算得出回路阻抗 Z_s。检测的接线图如图 23.10 所示。检测用的电源由被检验电气装置内的配电变压器低压侧提供，回路的相线和 PE 线间接有电压表、电流表、单极开关 S 和负载电阻器 R。测量时先将开关 S 分断，测得回路空载电压 U_1，然后合上开关 S，测得 R 上的电压降 U_2 及负载电流 I_R，则

$$U_1 = U_2 + I_R Z_s$$

式中　Z_s——故障回路阻抗，由此得

$$Z_s = \frac{U_1 - U_2}{I_R} \qquad (23.10)$$

依式（23.10）可方便地计算求得故障回路阻抗 Z_s，然后按式 $Z_s I_a \leqslant U_0$ 检验间接接触防护的动作有效性。

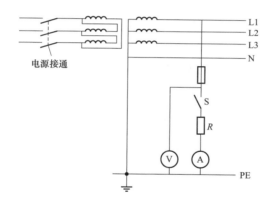

图 23.10　用回路电压降检测故障回路阻抗

23.11　问答 23.10 介绍的测试方法虽然简便，但测得的 U_1 和 U_2 值之差往往很小，影响测试的精确性。有无较精确的测试方法？

有。较精确的测试方法是不利用电气装置配电变压器电源作测试电源，而是另接一个单独的专用电源，按图 23.11 所示接线来测定。测试时配电变压器一次侧电源被断开，二次侧三根相线被短接，由专用电源 G 提供合适的测试电压。图 23.11 中电压表和电流表分别显示电源的端子电压 U 和被测故障回路电流 I，由此可方便地得出较精确的故障回路阻抗值

$$Z_s = \frac{U}{I} \qquad (23.11)$$

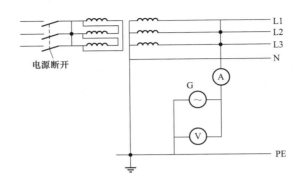

图 23.11　用专用电源检测故障回路阻抗

23.12　在以上问答的测试中忽略了交流系统中的感抗，这是否影响测试结果？

　　一般建筑物电气装置多用电缆或穿管电线配电，由于故障电流往返通路的相线和 PE 线毗邻紧靠，回路感抗甚小。如果铜质 PE 线截面积不大于 95mm²，则与电阻相比，故障回路内的感抗可忽略不计而只计电阻，这样对实际运作和电气测试的影响很小，但电气装置的设计和测试工作却可大大简化。

23.13　在 TN 系统内大故障电流产生的高温将使故障回路阻抗增大。在检验时如何消除这一变化产生的影响？

　　TN 系统因接地故障回路阻抗小，接地故障点被熔焊而成为金属性短路，故障电流可达导体载流量的几百倍以至上千倍。导体温度急剧上升，故障回路电阻随之增大，故障回路电阻值较室温下测得的回路电阻值大许多，因此检测测得的故障回路阻抗的合格值应适当减小，以符合故障时的实际情况。IEC 标准建议取 2/3 的降低系数，即检验时测得的阻抗值应满足下式要求

$$Z_{s(m)} \leqslant \frac{2}{3} \times \frac{U_0}{I_a} \tag{23.13}$$

式中　$Z_{s(m)}$——检测时室温下测得的故障回路阻抗（Ω）；

　　　　U_0——相电压（V）；

　　　　I_a——保证防护电器在规定时间动作的最小电流（A）。

　　如果实测值大于按式（23.13）求得的故障回路阻抗值 $Z_{s(m)}$，则需加装 RCD 或在该设备所在场所内做局部等电位联结或辅助等电位联结作附加防护来降低接触电压，使受电击人免于电击致死。

23.14　RCD 上配置有一个试验按钮，使用该按钮能否可靠地确定发生故障时 RCD 动作的有效性？

不能。使用该按钮可模拟产生一剩余电流来判断 RCD 产品本身能否在规定剩余电流值条件下有效动作。但它不能测定该 RCD 的最小剩余电流动作值，也不能肯定电气装置施工安装中如存在瑕疵，该 RCD 是否还能有效动作。

23.15　如何在施工现场测试某 RCD 的实际最小剩余电流动作值？

可按图 23.15 连接测试线路。图中高内阻的电压表用来显示相线对地电压是否正常。合上单极开关 S 后，电流表显示有一电流经测试用可变电阻 R_P 和大地返回电源，此电流模拟被 RCD 保护回路的剩余电流 I_Δ。将 R_P 调小以增大该电流，直到 RCD 动作。这时电流表显示的即是能使 RCD 动作的最小回路剩余电流。该值不得大于此 RCD 的 $I_{\Delta n}$ 值，否则将不能起到有效的防电击作用。该值也不能小于此 RCD 的 $I_{\Delta n0}$（或 $0.5 I_{\Delta n}$）值，否则此 RCD 可能误动。

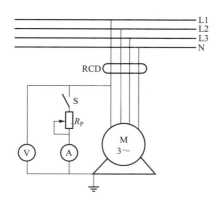

图 23.15　在回路末端测试 RCD 最小剩余电流动作值

此方法适宜于在回路末端进行测试。

23.16　如何在 RCD 安装处进行最小剩余电流动作值的测试？

为在 RCD 安装处进行最小剩余电流动作值的测试。如图 23.16 所示，可变电阻器 R_P 的一端经电流表接向 RCD 电源侧的一根带电导体上，另一端则接向 RCD 负荷侧的另一根带电导体上，电流表显示的即是被 RCD 保护的回路的剩余电流 I_Δ。逐渐减少 R_P 值使该电流增大直至 RCD 动作，这时电流表显示的电流即是能使 RCD 动作的最小剩余电流动作值。

23.17 如何对 RCD 动作的有效性，从 RCD 产品质量到设计安装质量进行全面的测试？

问答 23.15 及 23.16 所述的两法只能检测能使 RCD 动作的最小剩余电流值，

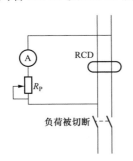

图 23.16 在 RCD 安装处测试
最小剩余电流动作值

但回路接线和接地装置是否符合要求却不得而知。为此 IEC 又推荐图 23.17 所示的方法。用此法测试时需打独立的辅助接地极，如图 23.17 所示。它应距装置外露导电部分的接地极 R_A 至少 10m，以免两接地极在电位上互相影响。随着 R_P 值的调小，RCD 检测出的剩余电流值逐渐增大，直至 RCD 动作。这时电流表显示的是能使 RCD 动作的最小剩余电流值 I_Δ，电压表显示的则为 I_Δ 在 R_A 上产生的电压降 $U = I_\Delta R_A$。

测得 U 值后，如它能满足式（23.17-1）

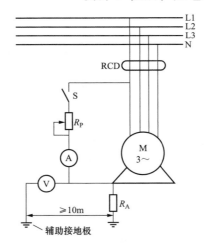

图 23.17 对 RCD 和电气装置设计安装的全面测试

要求，则可间接验证 R_A 值和所测得的 I_Δ 值是满足 TT 系统问答 8.1 中式（8.1）要求的

$$U \leqslant U_L \frac{I_\Delta}{I_{\Delta n}} \qquad (23.17-1)$$

式中：U_L 为接触电压限值。这一验证公式可作如下理解。

当采用 RCD 自动切断电源防间接接触电击时，因 $I_a = I_{\Delta n}$，故式（8.1）转化为

$$I_{\Delta n} R_A \leqslant U_L$$

也即
$$R_A \leqslant \frac{U_L}{I_{\Delta n}} \qquad (23.17-2)$$

将式（23.17-2）两边各乘以 I_Δ，得

$$I_\Delta R_A \leqslant \frac{U_L}{I_{\Delta n}} I_\Delta \qquad (23.17-3)$$

将 $U = I_\Delta R_A$ 代入式（23.17-3）即可得出式（23.17-1）。所以只要满足式（23.17-1），不必测量 R_A 为多少即可判定 R_A 值已满足式（8.1）的要求。

在此测试中增加了辅助接地极，它虽与电气装置的接地极 R_A 并联，但并不影响测试结果。因与其串联的电压表是个内阻为若干千欧计的表计，I_Δ 在电压表和辅助接地极通路上的分流极小。辅助接地极的接地电阻远小于电压表内阻，所以其阻值的大小无关紧要，辅助接地极的作用只是取得地电位而已。

此方法需打一简单的辅助接地极，但测试的结果是很完善的，既测试了 RCD 产品的动作是否可靠，也测试了电气装置的设计安装是否正确。

图 23.17 为 TT 系统。如果接地系统为 TN-S 或 TN-C-S 系统，则图 23.17 中的 R_A 是与该等系统内的 PE 线相连接的，R_A 值实际上是所有接于 PE 线上并联接地或重复接地的接地电阻，其他都和 TT 系统中的测试相同。因此除问答 20.6 所述 TN 系统内故障残压过低电子式 RCD 的拒动外，这一方法也可同样全面测试 TN-S 或 TN-C-S 系统内 RCD 的动作可靠性。

23.18　如何准确地测试接地极的接地电阻？

图 23.18 为 IEC 列举的接地极接地电阻三电极式测试法。图中 T 为被测的接地极；T1 为辅助接地极的电流极，它和 T 间的距离应足够大，使两接地极的电阻区域不重叠。T2 为辅助接地极的电压极，它位于 T 和 T1 的中间，它只是打入地下的一个长钉。检测时可采用只具备基本绝缘的一般双绕组变压器供电以与电源分隔。图 23.18 中的电流表和电压表分别检测流经 T1 的电流 I 和 T2 与 T 之间的电压 U。如果用工频电源测试，则电压表的内阻应最小为 $200\Omega/V$。

只要接地极 T 和 T1 的电阻区域不重叠，则接地极 T 的接地电阻即为

$$R = \frac{U}{I}$$

为校验 R 值的可靠性，可再作两次测试。第一次将 T2 向 T 移近 6m，第二次则自 T 移远 6m，如图 23.18 内虚线所示。如三次测试的结果大致接近，可取三次的平均值为被测接地极 T 的接地电阻值。如果测试结果相差甚多，则需加大 T 和 T1 的距离重新测试。

这种三电极式检测方法虽然操作比较麻烦，但测得的结果是可靠的。

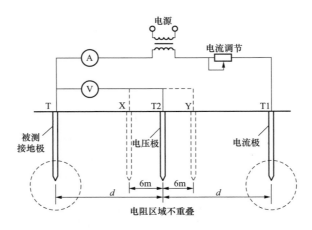

图 23.18 用三电极式测试法测试接地极的接地电阻

现时市场上有一种双钳形表的接地电阻检测器，它不需打辅助接地极，只需将它钳在被测接地极的接地线上即可测出接地电阻，十分方便。但我国一些现场使用经验表明，它只适用于与被测接地极并联的其他接地极总并联接地电阻为极小的条件，否则测得值将不准确。IEC 标准未推荐这种检测方法。

23.19　电气装置建成后是否需进行相序和极性测试?

电气装置建成后应对设备和回路导体测试其极性是否连接正确。例如三相电动机的相序有无接反，使电动机反转。又如三相回路内的中性线有无接入单极开关和熔断器，为日后"断零"烧设备事故留下祸根。又如回路内的中性线和 PE 线有无接反，使防电击和防接地电弧火灾的 RCD 无法投入使用。

23.20　除以上问答中的一些通常需检验的项目外，还有哪些项目也应尽可能进行检验?

除上述的诸检验项目外，还有一些项目也需进行检验，例如:

（1）在现场组装或改装的电气设备的耐压水平是否合格。

（2）成套开关柜、控制柜以及传动装置、连锁装置等的安装、调试是否符合标准要求。

（3）过电流防护电器是否正确安装和整定。

（4）回路的电压降是否超过规定值。

由于 IEC 对这些项目的检验尚未规定具体方法和要求，本章不作介绍。

23. 21 建筑物电气装置检验合格交付使用后，为什么每隔一段时间还需进行周期性检验？

建筑物电气装置周期性检验的目的是判断电气装置在使用一段时间后是否还符合规定的要求，是否损坏或劣化到不安全或不能实现其功能的程度。它也判断如果建筑物的用途改变，电气装置能否适应新用途的要求。

前面所述的交接验收中的检验要求，原则上也适用于周期性的检验。

23. 22 周期性检验的最短间隔时间取多少合适？

周期性检验的最短间隔时间视装置的特点、用途和所处环境条件而定。其最长间隔时间由主管部门来规定。如果没有规定，通常可取 3 年，但在诸如下列电气危险较大的场所则应适当缩短其间隔时间：

（1）电气设备和线路易于劣化以及有起火和爆炸危险的工作场所。

（2）兼有高压和低压电气装置的场所。

（3）公共活动场所。

（4）建设工地。

（5）较多使用手持式或移动式设备的场所。

对于住宅可取较长的间隔时间。对于大型电气装置（例如大型工业电气装置），如果有熟练的电气专业人员按适合的安全管理制度对设备和装置进行经常的监察和维护，可免除周期性的检验。

23. 23 周期性检验的主要项目是什么？

周期性检验至少应包括：

（1）直接接触电击和电气火灾防护措施的视检。

（2）绝缘电阻的测试。

（3）保护线导电连续性的测试。

（4）间接接触电击防护措施的测试。

（5）RCD 动作有效性的测试。

23. 24 存档的检验报告内应包括哪些主要内容？

建筑物电气装置建成进行检验后和每次进行周期性检验后，都应书写检验报告存档。报告内容应包括：视检和测试的结果，电气装置改建和扩建的情况以及被发现的部分电气装置不符合电气安全和功能要求的情况以及改正意见。

23. 25 如何检验回路导体的极性？

IEC 要求用不同颜色标志来识别不同回路导体的极性，以免接线错误。在我国三根相线和中性线、保护线分别以黄、绿、红和淡蓝、黄绿相间的颜色标志来识别。但在一些施工现场管理水平低、往往不加颜色区分，难免将极性接错，给检验带来许多困难，也导致一些事故隐患，须及时加以纠正。

如果三相电动机反转，说明相序有误，只需将其中两根相线对换一下，就可纠正。单相回路的单极开关电器必须安装在相线上。

如果将螺丝口灯头和螺旋形熔断器的螺丝口端误接相线，使用中将存在电击危险。可用试电笔发现接线错误并加纠正，免贻后患。

电源插座如果 PE 线和中性线接反，往往是难以检查出的。发达国家有专门的插座极性检测器件来检验这种接线错误，但售价高昂。这时插座电源侧 RCD 必然无法合闸，只能花时间来检查线路了。

23.26　在检验中如果发现电气装置的电压水平过高或过低应如何处理？

按我国标准用电设备的电压偏差宜在 ±5% 范围内，不然将在一定程度上缩短设备的使用寿命或影响设备的正常功能。作为设备电源的 10/0.4kV 变电所，因其在 10kV 电网内位置的不同，变压器的 10kV 电源电压有的偏高，有的偏低。为此需调整其 10kV 侧的无激磁调压分接头。我国在电气装置施工和验收时往往忽视正确调整配电变压器的无激磁调压分接头，使电气装置验收后长期运作于不合适的电压水平上，蒙受不应有的损失。在电气装置检验中应充分重视电压偏差的检验。

23.27　在测试中，各项测试的先后顺序如何安排为好？

IEC 建议有如下程序，可供参考。

（1）回路导体导通性的测试。

（2）电气装置绝缘电阻的测试。

（3）保护分隔、SELV、PELV 防电击功能的测试。

（4）地面和墙面的电阻/阻抗的测试。

（5）自动切断电源防护措施的测试。

（6）用 RCD 作附加防护的测试。

（7）回路导体的极性和相序的测试。

（8）开关电器的功能和动作可靠性的测试。

（9）回路电压降的测试。

23.28　在周期性检验中如何检测带电部分的异常高温和不正常的隐蔽的电火花、电弧？

过去常用黄蜡贴附在带电部分上判断有无异常高温。现时可用红外线检测仪定量测出异常高温而不必接触带电部分。至于不正常的隐蔽的电火花、电弧则可用超声波检测仪测出大体位置，十分方便。

第 24 章　特殊场所和特殊电气装置的补充和提高的电气安全要求

24.1　在电气安全标准内何谓特殊场所和特殊电气装置？

特殊场所或特殊电气装置是指在电气的某些方面具有特殊危险的场所或装置。在这类场所或装置内一般电气安全措施有些已不适用，需提高防护要求或补充安全措施。例如人体接触电压限值为 50V，这一电压只是对一般干燥场所而言的。但在施工场地之类的潮湿场所内，因人体表皮湿润使人体阻抗下降，这一接触电压限值就不再是 50V 而是 25V。因此采用 SELV 回路供电时为保证人身安全，回路标称电压和设备额定电压不能采用 48V 或 36V，而应采用 24V。在此等潮湿场所内采用 220V TN 系统供电时，其自动切断电源防间接接触电击的允许最大切断时间也已不再是 0.4s 而是 0.2s。由于诸如此类电气危险的增大和电气安全要求的提高，施工场地之类的场所就被归为对电气安全有特殊要求的特殊场所。

在装有大量数据处理设备的电气装置内，PE 线在正常工作时往往通过大幅值的泄漏电流。如果 PE 线不导通，即使装置内未发生接地故障人体触及这类设备的外露导电部分时也可能遭受电击，为此应采取专门的防范措施，这类电气装置也因而归为特殊的电气装置。

24.2　为什么在 IEC 和发达国家低压电气装置标准内都另立有特殊场所和特殊电气装置补充和提高电气安全要求的篇章？

IEC 标准和一些发达国家的电气装置标准都在同一个标准内在一般电气安全要求基础上另立篇章规定特殊场所和特殊电气装置的补充和提高的电气安全要求。这样既完善了不同场所电气安全的要求，也避免了不同场所条文规定的重复。但在我国规范的编制结构却难尽如人意。例如《建筑设计防火规范》和《高层民用建筑设计防火规范》都同是建筑物防火规范，但《高层民用建筑设计防火规范》却难以表明《建筑设计防火规范》内哪些一般性要求对它仍是适用的，哪些一般性要求对它是不适用的，需要补充和提高要求。这样就很难将《高层民用建筑设计防火规范》编制得完整。如果按 IEC 标准的编制方法，将《高层民用建筑设计规范》作为特殊建筑物的一章并入《建筑设计防火规范》内，在该章内只规定补充和提高的要求，这样我国的建筑物防火规范就可像 IEC 标准那样编制得既完整又精练了。

需强调说明，本章所述仅是特殊场所或特殊装置部分电气安全要求的补充和提高。以前各章所述的基本要求，凡未提及者均保留不变，本章不再重复叙述。

（一）浴 室

24.3 为什么浴室是电击危险大的特殊场所？

浴室是电击事故多发的特殊潮湿的场所，我国浴室内电击致死事故时有发生。只是多属个体死亡，媒体少作报道，人们鲜少知晓而已。人体阻抗主要是电流通过人体时两层表皮的阻抗。在一般干燥场所内因表皮干燥，呈现的人体阻抗大。当人体接触不同电位时导致心室纤颤致死的电流所需的电压较高；而在潮湿场所，人体表皮湿润，人体阻抗下降，导致心室纤颤致死的电压就较低。人在浴室内沐浴时，人体表皮湿透，如发生电击事故，人体阻抗很低，而电击电流通过人体的通路增大增多，电击致死的危险大大增加。IEC标准没有规定这种特别潮湿场所的接触电压限值，但规定水下电气设备的额定电压为12V及以下，可用来作为参考。

需要说明，浴室是指设置有浴盆、浴池、淋浴喷头进行沐浴的特别潮湿的场所。现时有些电气规范和设计文件内将它称作卫生间。但厕所也是卫生间，在厕所内人体是干燥的，它不具备浴室内的电击危险条件，不属电气危险的特殊场所。这一名词很易混淆和误导，因此在有关电气规范和电气设计文件内不宜将浴室称作卫生间。

24.4 为什么浴室内要分区？它是如何划分的？

为了便于区分要求和编写规定，IEC标准按电击危险程度将浴室内部划分为三个区域，如图24.4-1和图24.4-2所示。图中：

0区——浴盆或淋浴盆内部。

1区——围绕浴盆或淋浴盆外边缘的垂直面内，或距淋浴喷嘴0.6m的垂直面内，其高度止于离地面2.25m处。

2区——1区至离1区0.6m的平行垂直面内，其高度止于离地面2.25m处。

24.5 浴室内常见多发的电击致死事故的原因是什么？

浴室内的电击事故往往并非因使用有故障的用电器具而引起，而是因沐浴人同时接触不同电位的导电部分而引起。如果因种种原因浴室内出现电位差，即使其值不过十几伏，也能引起电击死亡事故。浴室中有冷、热水管，排水管，采暖管等各种金属管道和金属构件，这些金属可导电部分常成为传入不同电位的路径。如图24.5所示，浴室近旁一房间内的电子设备需将其金属外壳接地，

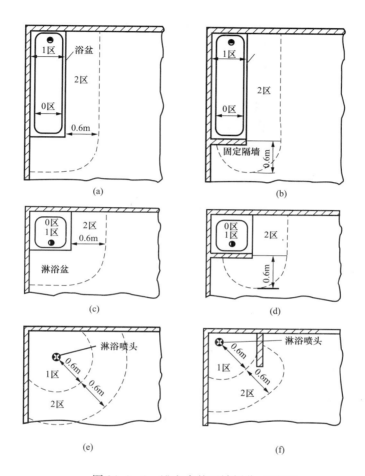

图 24.4－1　浴室内的区域划分（平面）

（a）浴盆；（b）有固定隔墙的浴盆；（c）淋浴盆；（d）有固定隔墙的淋浴盆；

（e）无盆淋浴；（f）有固定隔墙的无盆淋浴间

但墙上电源插座内没有 PE 线插孔，使用者即利用近旁的自来水管作接地。此电子设备电源回路的相线上装有与金属外壳相连通的大容量电容器。电容电流经设备外壳、自来水管、大地而返回电源。此自来水管的地下部分为一自然接地极，与大地间存在接地电阻，电容电流在其上产生电压降，从而使浴室内的自来水管带一定的电压。当浑身湿透的沐浴人接触自来水阀门时，自来水管与零电位的排水管的电位差即使不过十几伏，也可能使沐浴人电击致死。这一电压对皮肤干燥的人并不构成危险，甚至不产生麻电感，但对正在沐浴的浑身湿透的人却有致命的危险。

如果浴室内沐浴人突然死亡，而浴室内的电气线路和用电设备的绝缘却完

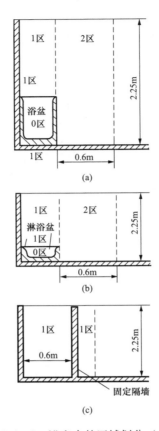

图 24.4－2　浴室内的区域划分（立面）

（a）浴盆；（b）淋浴盆；（c）有固定隔墙的无盆淋浴间

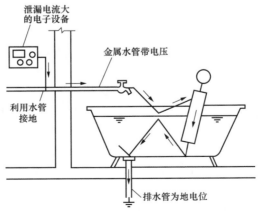

图 24.5　浴室内自来水管导来电位使沐浴人遭受电击

好无损，则死亡原因很可能是导电部分自室外传导来的不同电位引起。这可检查死者是否发生过电击引起的心室纤维性颤动等病理反应来判定。

24.6 如何防范浴室内因电压传导而引起的人身电击事故？

除一般场所的防电击措施外，对自浴室外部传导来的不大的电位引起的电击事故只能借实施局部等电位联结来防范。即在浴室内的局部范围内将各种金属管道和构件用导体互相连通。如果浴室内有 PE 线也必须与之连通，使浴室内各大件金属部分之间的电位相等。这样当某一管道或构件、PE 线导入电位时（包括雷电的高电位），其他金属部分和地面的电位也随之升高至同一电位，使浴室内不出现电位差，电击事故自然无从发生。

如浴室内有的管道采用了塑料管，因它不传导电位，不必纳入局部等电位联结范围内。

浴室内实施局部等电位联结的通常方式是在便于检验的位置离地 300 ~ 400mm 处的墙上，装一个嵌墙的内有铜质等电位联结端子板的小箱，端子板上有若干接线端子，箱面装有可上锁或用工具才能开启的小门。上述需联结的管道、构件则用卡子、抱箍、焊接等方法接出带黄绿相间色标，线芯截面积不小于 4mm^2 的铜芯绝缘导线暗敷或明敷至端子板上，如图 24.6 所示。

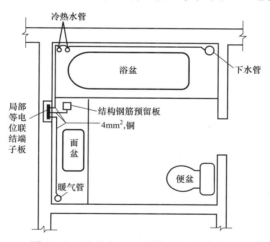

图 24.6 浴室内的局部等电位联结示例

如果浴室内有带金属外壳的 I 类电气设备，则此设备的 PE 线应与局部等电位联结系统相联结，使设备外壳通过 PE 线纳入局部等电位联结系统。如果浴室内没有 I 类设备和 PE 线，则勿特地自室外引入 PE 线接至等电位联结系统，以免引狼入室，自室外导入危险电位。如果有电气回路进入浴室，则回路应套塑料管勿套金属管，以减少危险电位沿金属套管导入浴室的可能性。

24.7 如果浴室内有 I 类用电设备，其 PE 线应与浴室内电源插座的 PE 线端子联结还是与浴室外末端配电箱的 PE 母排联结？

与浴室外配电箱 PE 线母排联结可能安装较方便，但与浴室内的 PE 线（例如电源插座的 PE 线端子）连接对人身安全更有利。可用图 24.7 来说明。图中方案（1）（点划线所示）系与电源插座的 PE 线相连接。从图可知用电设备发生接地故障时，故障电流 I_d 产生的人体接触电压 U_t 仅为 I_d 在图中 a–b 间一小段 PE 线上产生的电压降 $I_d Z_{a-b}$。而图中方案（2）（虚线所示）系与浴室外配电箱 PE 母排相连接，则 U_t 将增大为 $I_d Z_{a-b-c}$。显然方案（1）的 U_t 要小许多。因此浴室内 PE 线（也即用电设备外露导电部分）的局部等电位联结应与浴室内部的 PE 线相连接。

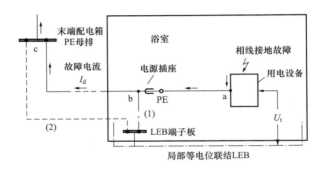

图 24.7　浴室局部等电位联结中 PE 线联结的两种方案的比较

从图 24.7 可知局部等电位联结的面积范围越小，范围内 PE 线越短，人身越安全。请参见问答 2.20。

24.8 对浴室内电源插座的设置有何要求？

IEC 标准规定在 0、1 区和 2 区内不得设置插座，但有些发达国家规范中规定了更高的要求，规定除电剃刀插座外，浴室内不允许装设其他电源插座。这是为防止一些不懂电气安全的人在沐浴时使用用电器具，导致电击事故。须知人身湿透时不高的接触电压也能将人电击致死。在奥地利曾发生过沐浴人泡在浴缸里使用电吹风致死的事故。经模拟试验，如电吹风落入池内，使用者这时去抓电吹风，通过人体的电流可超过 500mA。奥地利也曾发生过一男童沐浴时，其四岁的妹妹戏将带电的电吹风投入浴盆内，致使男童电击致死的事故。所以为策安全，沐浴时最好不使用用电器具，为此有些发达国家禁止在浴室内装设一般的电源插座，以杜绝这类事故的发生。

浴室内的电剃刀插座内装有问答 10.3 所叙的隔离变压器作保护分隔，因其

一、二次绕组间高度绝缘，二次回路虽然也是 220V，但它不接地，不构成故障电流返回电源的通路，不形成对地故障电压，所以使用这种电源插座时不存在电击危险。这种插座内配置有防过载的热脱扣器，当用电功率超过规定值时（一般为 20VA）能自动切断电源，以避免隔离变压器过载烧坏。这样做也可杜绝在浴室内使用其他电器。

24.9　对浴室插座回路上安装的 RCD 的额定剩余电流动作值 $I_{\Delta n}$ 有何要求？

如果需在浴室内安装一般电源插座，则插座回路上必须装设额定剩余动作电流 $I_{\Delta n}$ 不大于 30mA 的 RCD。需要说明，IEC 标准没有要求在浴室内装用 $I_{\Delta n}$ 小于 30mA 的 RCD，这是因为如问答 3.5 所述，人体发生心室纤颤致死的通常原因是通过人体的电流超过 30mA 且持续时间过长。环境潮湿只能降低人体阻抗从而降低接触电压限值，不能改变心室纤颤阈值，也即沐浴人的心室纤颤阈值仍为 30mA 而未变化。$I_{\Delta n}$ 为 30mA 快速动作的 RCD 依然能在沐浴人遭受电击发生心室纤颤致死前及时切断电源使人免于死亡，其效果与装用 $I_{\Delta n}$ 值小于 30mA 的 RCD 的效果相同。如装用 $I_{\Delta n}$ 为 10mA 或 6mA 的 RCD，反因浴室潮湿而易于误动，给沐浴人增加麻烦。

24.10　为什么在浴室内实施局部等电位联结特别重要？

局部等电位联结既可将浴室内接地故障引起的接触电压限制在 12V 以下，也可消除各种金属导体自浴室外导入转移故障电压引起的电击危险。当我国广泛采用的电子式 RCD 因故拒动时（见问答 20.5），它也可作为附加防护使人免于一死（见附录 A 的 77 款）。因此在浴室的实施局部等电位联结特别重要。

24.11　有盆淋浴是否较无盆淋浴电击危险更大？

是。有盆淋浴时人的双足浸泡在水中，皮肤阻抗大大减小，电击危险自然较无盆淋浴增大。同理，下文中喷水池也较无池喷泉的电击危险大。

24.12　对浴室内开合电路的小开关的设置有何要求？

浴室内墙上小开关因开关外露的金属固定螺栓与开关内带电部分间距未满足特别潮湿环境的间距要求，除采用配有绝缘材料制作的遮罩的开关外，为安全起见对一般小开关的安装位置也有规定。在 0、1 区及 2 区内不允许安装开关。如浴室内有淋浴小间，则开关的安装位置应至少离淋浴小间的门框边缘 0.6m，如图 24.12 所示。

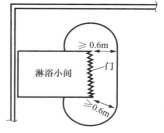

图 24.12　开关离淋浴小间门框
边缘至少 0.6m

24.13 对浴室内电气线路的敷设和选用有何要求?

浴室内的线路如为明敷或在埋设深度小于50mm的墙内暗敷时,线路应为双重绝缘,即应为非金属护套的电缆或穿绝缘套管的电线。这样可提高线路绝缘水平,也可避免金属护套或套管在浴室内导入故障电压的危险。另外,在0、1区及2区内不应让与这些区内用电无关的线路进入,在这些区内也不允许安置线路接线盒。

24.14 对浴室内电气设备的防水等级有何要求?

浴室内各区电气设备的防水等级的最低要求如下:

0区为IPX7级;

1区为IPX5级;

2区为IPX4级(在公共浴室内为IPX5级)。

各级IP对防水的具体要求见附录B。

24.15 某城市曾发生冲浪浴池电死一老者的事故,请分析该事故原因。

该冲浪浴池的冲浪系由邻室的电动水泵加压打水经水管进入浴池而形成。此水管应为绝缘管,但却误用了金属管。因水泵电动机绝缘损坏,水泵外壳带电压。此电压经金属水管导入冲浪池内,形成水下电场。水下电压梯度使沐浴人有麻电感,纷纷爬出水池。老者无力爬出,致电击死亡。如果该水管为塑料管就不致发生这一惨剧。

(二) 游泳池

24.16 为什么游泳池是电击危险大的特殊场所?

游泳池具有与浴室类似的电击危险,即人在游泳时全身湿透,皮肤阻抗大幅下降,接触电压超过12V即可导致电击死亡危险。因此游泳池及其周边场所属电击危险大的特殊场所。

24.17 游泳池及其周边场所是如何分区的?

按电击危险程度,IEC将游泳池及其周边场所划分为三个区,如图24.17-1及图24.17-2所示。

图中:

0区——水池内部。

1区——离水池边缘2.0m的垂直面内,其高度止于距地面或距人能达到的水平面的2.5m处。对于跳台或滑梯,其范围包括离边缘1.5m的垂直面内,高度止于距人能达到的水平面的2.5m处。

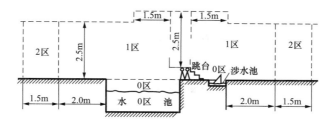

图 24.17－1　游泳池和涉水池的区域划分示例

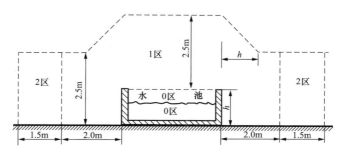

图 24.17－2　地面游泳池的区域划分示例

2 区——1 区至离 1 区 1.5m 的平行的垂直面内，其高度止于距地面或人能达到的水平面的 2.5m 处。

24.18　游泳池场所内的局部等电位联结应联结哪些部分？

在游泳池场所内的 0、1 区及 2 区内应将所有装置外导电部分和 PE 干线通过等电位联结端子板互相联结。场所内电气设备的外露导电部分原已与 PE 干线相连通，不需再做联结。此局部等电位联结不得和其近旁的建筑物内的总等电位联结相连通。

24.19　对游泳池场所内的电源插座的设置有何要求？

在游泳池场所的 0 区和 1 区内不得装设插座。2 区内可装设电压为 50V 及以下的由 SELV 回路供电的插座。但应注意在 0 区和 1 区内只能使用电压不大于 12V 的设备。作为 SELV 回路电源的隔离降压变压器应安装在 0、1 区及 2 区以外。

2 区内也可装用由变比为 1:1 的隔离变压器供电作保护分隔的插座，一个变压器或一个变压器二次绕组只能供电给一个插座（即一台设备）。隔离变压器应安装在 0、1 区及 2 区以外。

在 2 区内也可装用 $I_{\Delta n}$ 不大于 30mA 的 RCD 作保护的插座，这时不需采用保护分隔措施。

24.20   对游泳池场所内开关的设置有何要求?

在游泳池场所的0区和1区内不得设置开关。在小型游泳池内如无法在1区以外装设开关时,在1区内允许装设非金属外罩的开关,其安装位置应离0区边缘1.25m(即伸臂范围)以外,并离地面至少0.3m,这一要求也适用于插座的装设。

经开关供电的设备和线路的防护要求和问答24.19对插座的要求相同。

24.21   对游泳池场所内线路的敷设有何要求?

游泳池场所内的电气线路宜用绝缘套管敷设。在0、1区及2区内的线路不应有人体可触及的电气设备或线路的金属外护物。人体触及不到的线路金属外护物也应与游泳池的局部等电位联结系统相连通。

24.22   IEC对游泳池(也包括喷水池)电气设备的IP防水等级如何要求?

IEC对该等电气设备的最低IP防水等级见表24.22。

表 24.22   各区内电气设备的最低 IP 防水等级

分区	户外,用喷头清洗	户外,不用喷头清洗	户内,用喷头清洗	户内,不用喷头清洗
0	IPX5/IPX8	IPX8	IPX5/IPX8	IPX8
1	IPX5	IPX4	IPX5	IPX4
2	IPX5	IPX4	IPX5	IPX2

24.23   为什么在表24.22内的水下的0区内,电气设备需同时满足IPX5和IPX8两个防水等级要求?

为节约用水,池内可不放水而对电气设备和池面带水进行清洗。这时由人用一6V的电动清洁器在水下对电气设备进行清洗,电气设备满足IPX8要求即可。如果水池本需换水,则可在放尽池水后用自来水喷头进行喷洗,这时电气设备还需满足防喷水IPX5的要求。IEC认为电气设备满足IPX8要求不等于满足IPX5要求。所以在0区内需同时满足IPX5和IPX8两个防水要求。

24.24   游泳池是否可用特低电压PELV来防电击?

否。对于游泳池这类特殊电击危险场所,IEC规定只能用SELV来防电击,不能用连接有PE线的PELV来防电击。以免由PE线传导来的大于12V的转移故障电压引发电击事故。即使实施等电位联结作附加防护也不能可靠地保证人身安全。

24. 25　对游泳池的水下照明有何要求？

对于训练游泳运动员用的游泳池，需对运动员的游泳动作录像，以便教练用流体力学原理分析和纠正运动员的动作。为此需在透明的池壁后设小间，在其内装用录像用灯具和录像机。这时应注意勿使这些用电设备的外露导电部分和透明池壁的金属框架有任何电气导通，以防设备绝缘故障时危险电位传导至游泳池水下导致电击事故。

24. 26　如果在游泳池地面下装用发热器件，应注意什么？

有的游泳池地面下埋设有加热电缆之类的发热器件，这时为防间接接触电击应采取如下安全措施之一：

（1）以 SELV 回路给发热器件供电，SELV 回路的电源应设置在 0、1 区及 2 区之外。

（2）如发热器件以 220V 供电，则应在发热器件上覆以 200mm × 200mm 的金属网格或其他金属覆盖物，这时网格和覆盖物需用 PE 线接地并将 PE 线与局部等电位联结系统相联结（因 PE 线是局部等电位联结系统的组成部分），从而降低加热器件发生绝缘故障时出现的电位差。在加热器件的电源回路上则应装用 $I_{\Delta n} \leqslant 30\text{mA}$ 的 RCD，以便在加热器件发生绝缘故障时及时自动切断电源（请参见问答 24. 125）。

（三）　喷水池

24. 27　为什么喷水池是电击危险大的特殊场所？

喷水池不是指无池的喷泉，它和游泳池有些类似，但有许多不同处。在游泳池内人体是浸入水内的，人体阻抗大幅度下降，为此，游泳池内电气设备和线路的电压不得超过 12V。而喷水池内的潜水泵和水下照明灯具往往以 220V 以至 380V 电压供电。如果设备或线路绝缘损坏，池内水下将形成电场和电压梯度，从而引起人身电击危险。因此在电源未切断情况下，不允许人体进入喷水池内。IEC 规定，如果允许人体进入通电的喷水池内，则此喷水池的防电击要求和游泳池相同。即水下的电气设备和线路的电压不得超过 12V。但不能排除意外情况的发生，例如在池内水下出现危险电压梯度时，不熟悉电气安全知识的人误进池内或池边的人不慎坠入池内从而引发电击事故。20 世纪 90 年代，我国某城市一个人工湖的水下喷泉设备因绝缘损坏使水下出现电压梯度，一小孩不慎坠入湖中，湖边有十几人入水抢救溺水小孩，不幸酿成一起 7 人被电击致死的群亡惨剧。应充分认识喷水池的电击危险性，在电气设计安装和维护管理中应采取适当的措施，防止电击事故的发生。

24. 28 喷水池及其周边场所是如何分区的？

喷水池没有 2 区，只有 0 区和 1 区：

0 区——水池内部；

1 区——离水池边缘 2.0m 的垂直面内，其高度止于距地面或人能达到的水平面的 2.5m 处。

喷水池区域划分的示例如图 24.28 所示。

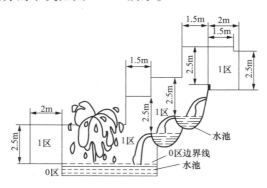

图 24.28　喷水池区域划分示例

24. 29　喷水池的 0 区和 1 区内应为维护人员的人身安全采取哪些防电击措施？

当喷水池抽尽水后，0 区和 1 区仍为电击危险大的潮湿场所，应为维护人员的用电安全采取下列防电击措施之一：

（1）采用 50V 及以下的特低电压（SELV）供电的维护设备，其电源设备（例如隔离特低电压变压器）应设置在 0 区和 1 区以外。

（2）如使用 220V 的维护设备，应为其设置额定动作电流 $I_{\Delta n}$ 不大于 30mA 的 RCD。

（3）采用隔离变压器以电气分隔措施给维护设备用 220V 电压供电。

24. 30　对喷水池场所内线路的敷设和选用有何要求？

喷水池场所内线路的敷设和选用应满足下列要求：

（1）0 区内电气设备的电源电缆应尽量远离水池的边缘，以降低池边水下故障电压梯度。在水池内它应尽量以最短捷的路径接至设备。电缆应穿绝缘管敷设以便换线。

（2）1 区内的电源电缆应具有合适的机械保护。

布线应采用符合 60245 IEC 66 型电缆或至少具有与其等效性能的电缆，制造厂应保证该电缆与水长期接触情况下其绝缘性能不劣化，还应符合 GB 5013.1

和 GB 5013.4 的规定。

24.31　对喷水池场所内接线盒的应用有何要求？

除 1 区内的 SELV 电源回路外，IEC 标准不允许在喷水池的 0 区和 1 区内装用电缆的接线盒。但我国销售水下电气设备的电源电缆的长度有限，常需用接线盒来延长线路。美国《国家电气法规》（NEC）允许在喷水池内装用接线盒，但要求和电缆套管做丝扣连接，并采取密封防水措施。例如接线盒应为铜质或其他防锈蚀材质，盒内应填满化合物填料以防水分渗入等。电缆端头和护套也应以填料填充，接线盒还应妥善连接 PE 线。

24.32　对喷水池场所内电气设备的选用和安装有何要求？

在喷水池场所的 0 区和 1 区内的水泵和灯具应是固定安装型的，其防水等级应符合 IPX8（见附录 B）的要求，还应符合 IEC 60598 - 2 - 18 的规定。

0 区和 1 区内包括水下灯在内的电气设备的供电电压可达 220V 以至 380V，因此这类电气设备在水下的安装应能防止人体的触及。为此对于这类设备应装设只能用工具才能拆卸的网格玻璃或网栅来加以遮挡。

24.33　可否将农村中抽取地下水的地下电泵用在喷水池内？

绝对不允许。现时农村中使用一种地下电泵来抽水。只需在地面打一小洞孔深至有地下水处，将这种泵放入地下通电即可抽水。这种泵没有 PE 线，不接地，但对用这种地下泵抽水的人并没有电击危险。因为泵在地下深处而人在地面上，人体不可能接触带故障电压的泵的外壳，而所用水管是绝缘的，不传导故障电压，所以不会电击伤人。现时发现有的承包商将这种地下抽水泵用在作景观的喷水池内，这是十分危险的。因为一旦水泵电动机进水发生绝缘故障，设备外壳和水下带故障电压时，电源线路上的 RCD 因设备外壳未接地而无法动作，很易导致电击事故，在喷水池的电气设计、安装中应注意这一问题。

24.34　我国喷水池电击死亡事故多发，请分析一下其原因。

我国喷水池电击死亡事故多发，其原因如下：

（1）喷水池内使用 220V 以至 380V 电压的电气设备，但我国由于电气产品质量不高，防水性能差，使用日久进水，绝缘失效，在 220V 电压作用下，水下有故障电流通过，在水下形成电场和电压梯度，水下不同位置的电位不同而存在电位差，当人体不同部分电位差过大时，将遭受电击。

（2）人体阻抗主要是皮肤阻抗，人体在水下皮肤湿透，人体阻抗大幅下降，使通过人体的接触电流大幅增大。

（3）在水下人体与带电压的水的接触非但接触面积大，而且接触电流在人体内的通路也多。在地面上电击的死因主要是接触电流流通心脏时引发的心室纤颤。而在水下接触电流通过大脑等器官也可致人死亡，即致死原因更多。

（4）当通过人体的接触电流大于5mA时，人体将因肌肉痉挛倾倒水中。由于人体与带不同电位的水的大面积的接触，电击致死的危险极大。$I_{\Delta n}$为30mA的RCD对此无能为力。RCD主要是为喷水池内水抽干后维护人员在潮湿的池内工作时的防电击用的，在空气中而非水下RCD才是有效的。

24.35 用变比为1:1的隔离变压器作保护分隔给水下设备供电是否可避免喷水池电击事故？

否。保护分隔在地面空气中是十分有效的防电击措施，而在喷水池内则不然，因为水下仍存在220V的电场。电线、电缆的芯线和水都是导体，其间只隔着薄薄一层绝缘。因形成的电容C大，容抗X_C小，设备发生故障或进水漏电时故障电流I_d将相当大。如图24.35-1所示，故障电流I_d的路径为：相线L1—设备外壳—设备外壳与水间的接触电阻R—水电阻R_{H_2O}—人体阻抗Z_t—水电阻R_{H_2O}—X_C—相线L2—变压器阻抗Z_I—相线L1。由于I_d通过人体的效应，电击致死的危险是很大的。

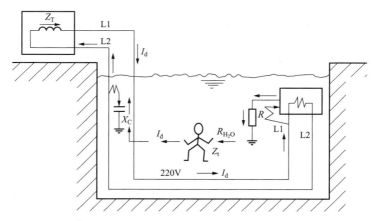

图24.35-1　水下经隔离变压器以220V供电，一个故障时的故障电流I_d路径

如果水下发生两个故障，如图24.35-2所示，相线L2也发生绝缘故障，这时I_d的路径相同，只是将图24.35-1中的X_C换为L2与池水间的接触电阻R'。显然，R'小于X_C，电击危险将更大。

遗憾的是我国广泛执行的《民用建筑电气设计规范》（JGJ 16—2008）第12.9.4条第3款第2）错误地将池内无水时用于维护人员人身安全的防电击措施用于喷水池水下，这显然是错误和危险的。在喷水池电气设计中应注意避免引用这一错误规定。

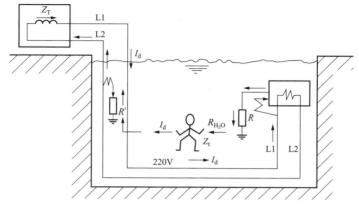

图 24.35 - 2　水下经隔离变压器以 220V 供电，
两个故障时的故障电流 I_d 路径

24.36　如何减少我国现时多发的喷水池电击事故？

我国喷水池电击事故多于发达国家与我国国情有关。对于喷水池的电击隐患而言，我国不利的国情是水下电气设备和电气线路往往不能满足 IPX8 防水要求，电气安全管理水平低下，国民对水下电气危险的无知。而一旦发生电击事故，则常归咎于建筑电气设计不当。由于我国建筑电气规范水平不高，在电气设计中应正确执行 IEC 标准（在我国被翻译转化为 GB 16895.19 规范）。在喷水池电气设计中，为明确事故责任在设计文件中应写明以下重点要求：

（1）水下电气设备和线路必须满足 IPX8 防水要求。

（2）水下电源回路不得有接头。如有接头必须采取保证接头不进水的措施。

（3）喷水池边应树警示牌，告诫喷水池通电时人体和宠物不得进入池内。

（4）电源回路上的 RCD 应有效动作，因当 $I_d > 30mA$ 时它可切断电源，但不能确保喷水池内的人身安全。

（四）桑拿浴室

24.37　为什么桑拿浴室是电气危险大的特殊场所？

桑拿浴室是高温潮湿场所。高温是降低电气设备和线路绝缘水平引起电气火灾和缩短使用寿命的常见原因，而潮湿则是引起人身电击的环境因素，因此桑拿浴室被归为电气危险的特殊场所。

24.38　桑拿浴室内是如何分区的？

根据高温对电气设备、线路的危害程度，桑拿浴室划分为三个区，如图 24.38 所示。

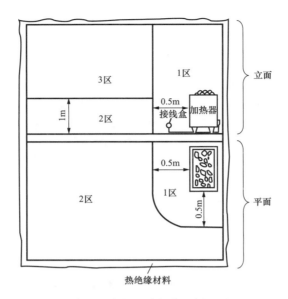

图 24.38　桑拿浴室内的区域划分示例（平面及立面）

图 24.38 中：

1 区——离加热器边缘 0.5m 的垂直面内。

2 区——1 区以外离地面 1m 水平面以下的区域。

3 区——1 区以外离地面 1m 水平面和顶板之间的区域。

在以上四个区内，1 区紧靠加热器，3 区为热空气对流趋向的温度高的上方，这些区对耐高温都有要求。

24.39　桑拿浴室内电气设备的选用和设置应注意什么？

电气设备需具备 IP24 级的遮栏和外护物。当采用喷头清洗时，需满足 IPX5 的防水要求。各区内对电气设备耐高温的要求如下：

1 区：因一般电气设备线路的耐高温能力差，在此区内除加热器及其附件外不得装设无关的电气设备。

2 区：可装用一般的电气设备。

3 区：电气设备绝缘应至少能耐 125℃ 的高温。

24.40　桑拿浴室内电气线路的选用和敷设应注意什么？

电气线路应尽量敷设在桑拿浴室墙外。1 区和 3 区内的线路绝缘应至少能耐 170℃ 的高温。线路的金属套管或护套应不被人体无意触及。

24.41　桑拿浴室内开关和插座等线路附件的设置应注意什么?

除桑拿浴室加热器内装的开关外，其他开关都应安装在桑拿浴室的墙外。

在桑拿浴室内严禁安装电源插座，以杜绝在室内使用其他用电设备。

（五）施工场地

24.42　为什么施工场地是电气危险大的特殊场所?

有以下几个方面的原因使施工场地比一般场所具有更大的电气危险性。

（1）施工场地属户外不具备等电位联结的场所，在相同的故障条件下施工场地的接触电压更高，电击致死的危险更大。为减少电击死亡事故，在施工场地内要求在更短的时间内切断接地故障。

（2）施工场地是电气环境条件恶劣的场所，它不仅因风吹、雨淋、日晒等恶劣气候条件使电气绝缘水平下降，而且由于场地内众多运输车辆和施工机械的运作，使电气设备和线路易受撞击碾压导致机械损伤。另外，施工用的配电箱、插座箱和电线电缆等设备线路还经常更换场地，整个施工场地就是一个临时性的电气装置，频繁的挪动和运输十分容易给施工用配电设备和电线电缆造成机械损伤，留下事故隐患。

（3）在施工场地作业的施工人员自身还特别易受电击的伤害。因为他们在作业中常被水溅雨淋，使皮肤潮湿人体阻抗下降，所以施工场地的接触电压限值 U_L 不是 50V 而是 25V；他们又经常使用发生电击时难以摆脱的手持式和移动式的电动施工工具降低电源额定电压，这些不利因素都能使施工人员遭受电击时发生心室纤颤致死的危险增大。

24.43　发达国家对施工场地采取了哪些值得借鉴的电气安全措施?

一些发达国家十分重视施工场地的电气安全。例如为了降低发生电动施工工具碰外壳接地故障时的接触电压，他们对功率为 3.75kW 和 2kW 以下的电击致死危险大的手持式和移动式电动施工工具降低电源额定电压，分别采用三相三线和单相两线 110V 电压供电，降压变压器二次绕组的三相中性点和单相中性点接地，如图 24.43 所示。当发生绝缘损坏事故时，其直接接触电压不超过相线对地电压，即 63.5V 和 55V，间接接触电压不超过 31.7V 和 27.5V。而我国施工场地采用的三相 380V 和单相 220V 中性点接地系统，其直接接触的接触电压为 220V，间接接触的接触电压可达 100 多伏，两者电击致死的危险程度是无法比拟的。

又如为满足施工场地的特殊要求，IEC 还制订了施工场地成套配电设备专门的产品制造标准 IEC 439 - 4《建筑工地用成套组装箱（ACS）的特殊要求》，对适应环境、气候、运输等的电气性能和机械强度都规定了严格的试验要求，还对电源总进线箱、分配电箱、降压变压器箱、隔离变压器箱，以及施工场地工

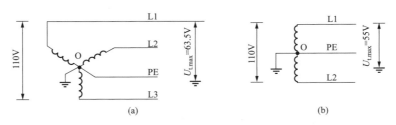

图 24.43　110V 接地系统的最大接触电压

（a）三相三线接线；（b）单相两线接线

人接电用的末端插座箱的制作都分别规定了具体要求。比起我国随便制作一些配电箱在施工场地上凑合使用，在安全保证上也是不可同日而语的。

24.44　施工场地应采用何种接地系统较为安全？

当施工场地由施工专用变压器供电时，接地系统不宜采用 TN 系统而宜采用 TT 系统。因 TT 系统在场地内可分组设几个互不关联的独立的接地极分别引出其 PE 线，可避免或减少转移故障电压在场地范围内的传导，减少电击事故的发生。这点对环境潮湿又无等电位联结作用的施工场地十分重要。但因 TT 系统的接地故障电流小，必须在每一回路上装设 $I_{\Delta n} \leqslant 30\text{mA}$ 的瞬动 RCD。在满足问答 7.6 中式（7.6 – 3）要求时也可采用 TN-S 系统，因其故障电流较大，可用断路器或熔断器来切断故障，保护电器的设置比较简单。但由于施工场地为无等电位联结作用的场所，发生接地故障时接触电压较高，TN-S 系统切断手握式或移动式施工工具，允许最长时间不是通常的 0.4s，而是 0.2s，故应予以校验。如不能满足 0.2s 切断时间要求仍需在供电回路上安装 RCD。

同理，当施工场地由地区公用低压电网供电时，应采用 TT 系统，或局部 TT 系统，以免电网其他处的故障电压沿 TN 系统的 PE 线传导至施工场地电气设备外壳上，引起电击事故。

24.45　施工场地的接地装置应如何设置？

采用 TT 系统时施工场地如没有现成的自然接地体可利用作接地极，则在施工用电前就应在施工电源进线配电箱处打入工接地极，如图 24.45 所示。接地极引线和 PE 线的连接必须可靠导电。接地电阻 R_A 必须满足式 $I_a R_A \leqslant U_L$ 的要求。如前述，施工场地的 U_L 为 25V，RCD 的 I_a 值（即 $I_{\Delta n}$ 值）为 0.03A，得 $R_A = 833\Omega$，一般选用 R_A 值不大于 500Ω 即可，这一电阻值是很易实现的。

施工中完成的建筑物基础，其内埋入的镀锌扁钢或结构用钢筋是很好的低阻抗接地极，IEC 建议既可利用它作建筑物建成后电气装置的永久性接地极，也可利用它作施工场地的临时性接地极。

采用 TN 系统时也应在施工用电前利用现成的自然接地极，或打人工接地极作 TN 系统的重复接地，以使施工场地的 PE 线电位更接近地电位。

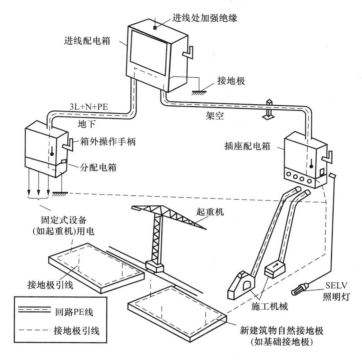

图 24.45　施工场地接地装置示例

24.46　对施工场地用的配电箱及其组件有何要求？

施工场地用的配电箱和其组件应满足如下要求：

（1）能适应施工场地和运输途中的撞击、振动、水淋、日晒、多尘等严酷条件。

（2）能满足不同施工场地的各种需要。

（3）便于更换组件。

（4）便于操作、运输和存放。

（5）能保证施工人员和电气管理人员的用电、操作、维护、检修时的安全，例如进线上必须安装能保证电气检修安全具有隔离功能的开关电器，又如非电气人员不能接触箱内电气设备，只能使用箱面上的插座来接通电源等。

24.47　施工场地内对特低电压的应用有何要求？

施工场地为无等电位联结作用的场所，其特低电压回路必须采用问答 10.7 所述的不接地的 SELV 回路。又因施工场地属潮湿场所，其接触电压限值为

25V，因此 SELV 回路（例如手提照明灯回路）不应采用我国常用的 36V 电压，而应采用 24V 或 12V 电压。

24.48 对施工场地内插座的设置有何要求？

除给 SELV 回路供电的插座外，施工场地内接用电源的插座必须由 $I_{\Delta n} \leqslant 30\text{mA}$ 的瞬动 RCD 作电击防护，以缩短跳闸时间。

24.49 在施工场地内采用隔离变压器作保护分隔时应注意什么？

在施工场地采用隔离变压器供电以实现保护分隔作防间接接触电击措施时，IEC 规定一台隔离变压器或其一个二次绕组只能给一台施工工具供电，以策安全。见问答 10.4 的说明。

24.50 对施工场地内 RCD 的设置有何要求？

由于施工场地的电气设备和临时线路易受损伤而发生接地故障，需装设 2～3 级的 RCD 在事故时迅速切断电源，以防人身电击和电气火灾事故。图 24.50 为 IEC 列举的施工场地三级 RCD 的设置。

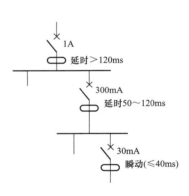

图 24.50 施工场地三级 RCD 设置举例

24.51 对施工场地电气线路的敷设有何要求？

施工场地的电气线路大都为临时线路，易受机械损伤和气候条件的不利影响，因此线路的布置除应执行有关布线规范外，还应根据施工场地特点注意满足如下要求：

（1）架空线路应尽量布置在受车辆和施工机械碰撞危险小的位置，应尽量减少导线连接端子处承受的应力。

（2）不宜采用无机械保护的电线，宜采用具有护套的电缆或护套线。

（3）电缆的走线应尽量避免与车行道的交叉，交叉时必须套以钢管。

（4）当采用移动电缆时应采用能耐受外力的重型橡套电缆。

24.52 如何做好施工场地电气安全的监管？

施工现场存在诸多不利于电气安全的环境条件，应有专人负责电气安全的监管。IEC 建议应重视对下列各项日常的电气安全的监管：

（1）电气施工工具处于良好的维护保养状况。

（2）带电压的裸导体不可能为人体触及。

（3）有关安全的保护导体（例如 PE 线）的连接和导通良好。

（4）手持式和移动式电气施工设备的软电源线的绝缘和导通良好。

（5）防护用开关电器的动作值选用正确。

（6）RCD 能有效动作。

（六）农畜房屋

24.53　为什么农畜房屋是电气危险大的特殊场所？

农畜房屋指牛棚、马厩、猪圈、鸡舍之类动物饲养场所和干草、麦秸等的堆储库房等建筑物，它属畜禽电击和火灾危险场所。随着我国电气化饲养场的发展和农业电气化水平的提高，农畜房屋的电气事故也随之增多。饲养设备，如饲料槽、自动饮水槽、粪便自动清除槽和各类管道多为导电的大型金属物体，容易传导故障电压。畜禽较人更易受电的伤害，接触电压大于 25V 就可电击致死。一些大牲畜的首尾和前后脚的距离大，容易同时接触两不同电位而导致电击危险。如图 24.53 所示，牛棚内自动清除粪便的电动机因绝缘故障带危险电压 U_f。如图中虚线所示，此电压经金属传动杆传导至粪便槽的金属槽框上。图中的乳牛后脚与带电压的金属槽框接触，而其嘴鼻则与带地电位的金属饮水槽接触。电位差 U_f 将使多头乳牛因电击且难以挣脱而同时死亡。

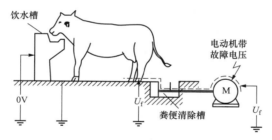

图 24.53　大牲畜容易同时接触不同电位

农畜房屋不少为易燃的木质结构，而库房内堆放的麦秸、稻草之类也多为可燃物，这类房屋被划为 BE2 类火灾危险场所（见附录 C），极易被电气高温或电弧、电火花引燃起火。

由于农畜房屋具有上述一些电气危险，IEC 和一些发达国家都将它归为特殊场所，制订了专门的电气安全标准。

24.54　在农畜房屋内如何实施等电位联结？

农畜房屋内可能被畜禽同时触及的装置外导电部分和外露导电部分，诸如金属的饲料槽、饮水槽、粪便自动清除槽、挤奶设备、栓系金属杆、门窗金属框架、管道、栏杆等大型导电物体都需通过 PE 线和联结线互相连通以实现等电位联结。牲畜豢养处的地面下如无钢筋、金属管道应人为地铺设金属网格并与局部等电位联结相连通。

24.55 对农畜房屋内 RCD 的设置有何要求?

农畜房屋内的末端插座回路上应装设 $I_{\Delta n}$ 不大于 30mA 的瞬动 RCD。IEC 建议如果回路的正常泄漏电流 I_Δ 不大,最好装设 $I_{\Delta n}$ 小于 30mA 的 RCD(例如 $I_{\Delta n}$ 为 10mA 或 6mA 的 RCD),以更好适应牲畜对电击敏感的特点。

堆集麦秸、稻草之类可燃物的农畜房屋属 BE2 类火灾危险场所,IEC 标准规定其电源进线处防接地火灾 RCD 或 RCM 的 $I_{\Delta n}$ 值应不大于 300mA,动作时间不宜大于 1s。

24.56 在农畜房屋内采用特低电压回路时应注意什么?

农畜房屋内的特低电压回路应为不接地的 SELV 回路而非 PELV 回路。因畜禽的接触电压限值不是 50V 而是 25V,故用电设备特低电压额定值不为 36V 而应为 24V 或 12V。SELV 回路导线不应裸露而应包以绝缘。

24.57 对农畜房屋内电气设备的选用和安装应注意什么?

畜禽饲养场所常需用水冲洗和清扫,因此装用的电气设备应能防喷水,其防护等级不得低于 IP35(见附录 B)。开关电器的安装位置应使它不受畜禽的碰撞,畜禽所处位置应使它不妨碍管理人员对电气设备进行操作和维护。

白炽灯之类正常工作时能产生高温的设备应离干草、麦秸堆垛等可燃物一足够的距离。如采用电热设备,应将其固定安装,使其不能轻易挪动,且安装位置应距畜禽豢养处和可燃物一适当距离,以防伤害畜禽和烤燃可燃物起火。如果装用多台红外线采暖器,其相互间距应不小于 0.5m。

24.58 请叙述发达国家对大牲畜采用 $I_{\Delta n}$ 为 10mA 或 6mA RCD 的一段演变过程。

美国奶牛场过去以人工挤奶,费时费力效率很低。其后开发应用了电动挤奶器,效率大大提高,但因挤奶器绝缘故障,乳牛被电击致死的事故随之而来。装用了 30mA 的 RCD 后电击事故大大减少,但仍有发生。原因在大牲畜对电击电流较人类更为敏感。改用 $I_{\Delta n}$ 为 10mA 或 6mA 的 RCD 后,才有效避免了奶牛电击事故,$I_{\Delta n}$ 为 10mA 或 6mA 的 RCD 在美国因之被称作奶牛卫士(cow guarder)。出于这一考虑,IEC 规定在大牲畜豢养处只要电源回路正常泄漏电流不致引起 RCD 的误动,应尽量装用 $I_{\Delta n}$ 小于 30mA 的 RCD。

24.59 在农畜房屋内曾多次发生大牲畜成群电击致死事故,原因何在? 如何防止?

发生这种事故的主要原因是大牲畜豢养处未设置完善的等电位联结。当豢养处电气装置发生接地故障出现危险工频电位差或当雷电在豢养处感应瞬态过电压时，大牲畜遭受电击。但由于被铁链锁住，无法挣脱，往往成群被电击致死。为此须将电气装置的 PE 线，外露导电部分以及装置外导电部分间妥善实施等电位联结，消除或降低种种原因引起的电位差。

需要注意的是大牲畜除对电位差敏感外，由于前后脚间距大，雷击时承受的跨步电压也大于人体，为此需重视地面电位的均衡。IEC 规定在大牲畜豢养处的地下需铺设网眼不大于 150mm×150mm 的网格。它可用 30mm×3mm 的镀锌扁钢或 φ8mm 圆钢制作，并可靠地纳入等电位联结系统内。

（七）狭窄的导电场所

24.60　为什么狭窄的导电场所是电气危险大的特殊场所？

所谓狭窄的导电场所系指空间不大的场所，在此场所内大都是带地电位（零电位）的金属可导电部分，人体接触较大电位差的可能性较大。它属人体接触地电位的电击危险大的 BC4 类场所（见附录 C），例如金属罐槽和锅炉壳体内部。在此场所内使用电气设备时如果绝缘损坏，其外露导电部分所带故障电压与场所地电位间的电位差（即接触电压）为最大值，而在此狭窄导电场所内人体难以避免与故障设备及大片带地电位的金属可导电部分的同时接触，电击危险很大。为此狭窄导电场所被 IEC 标准和发达国家电气标准列为电击危险大的特殊场所。

24.61　在狭窄导电场所内如何给手持式或移动式电气设备供电？

为减少或消除电击危险，应：

（1）尽量使用 II 类电气设备。

（2）功率小的电气设备，可用降压隔离变压器作电源的 SELV 回路供电。

（3）功率较大的电气设备可用变比为 1∶1 的隔离变压器以保护分隔措施供电。隔离变压器可有多个二次绕组，但一个二次绕组只能供一台电气设备。当所供 I 类设备具有手柄，则手柄应为绝缘材料制成，或将金属手柄覆以绝缘材料。

（4）手提灯必须用 SELV 回路供电，其光源可为白炽灯泡，也可为由其内装的双绕组变压器和逆变器供电的荧光灯。

以上（2）~（4）项所述降压隔离变压器和 1∶1 的隔离变压器应放置在狭窄的导电场所以外。

24.62　如果狭窄导电场所内有固定安装的采用信息技术的测量设备和控制设备，应如何处理该等设备的功能性接地与其他设备保护性接地的关系？

如果狭窄导电场所内固定安装有需作功能性接地的测量设备和控制设备，

则此场所内所有的外露导电部分、装置外导电部分应通过等电位联结与该等功能性接地系统互相连通，即采用共用接地装置，以避免场所内出现不同接地装置的不同电位而引起人身电击和设备损坏事故。

（八）有大量信息技术设备的电气装置

24.63 为什么装有大量信息技术设备（ITE）的电气装置是电击危险大的特殊装置？

装有大量 ITE 的电气装置对防范电磁干扰有很高的要求，这在第 15 章的诸问答中已叙及。由于它具有较大的 PE 线电流（正常泄漏电流），在某些故障情况下它也是能引起人身电击和经济损失之类不良后果的特殊电气装置。

24.64 为什么 ITE 具有较大的 PE 线电流？

ITE 的电源进线处往往配置有大容量电容器跨接在相线和 PE 线之间。在装用许多台 ITE 的电气装置内，同一电源线路上若干个这类电容器被并联，如图 24.64 所示。由于并联的电容量大，容抗随之减小，PE 线中流过的泄漏电流因此增大，其值为

$$I_\Delta = \frac{U_0}{X_C} = 2\pi f C U_0 \tag{24.64}$$

式中　U_0——相对地标称电压，为 220V；

　　　X_C——若干并联电容器的容抗（Ω）；

　　　f——工频频率，为 50Hz；

　　　C——若干并联电容器的总电容（F）。

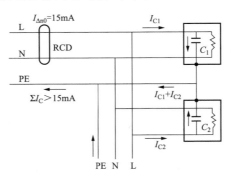

图 24.64　接有大量 ITE 的电源回路 PE 线
内流过大幅值电容泄漏电流

按式（24.64）计算，当 C 值大于 0.217μF 时，且不考虑接通电源时的初始

充电电涌电流和谐波电流的影响，正常工作的 ITE 的稳态泄漏电流 I_Δ 即可大于电源插座回路上 RCD 的额定不动作电流 $I_{\Delta n0}$ 值 15mA，RCD 有可能因此误动而中断对 ITE 的供电，从而造成种种不良后果。为此需限制每回电源线路上 ITE 的台数，也即增加给 ITE 供电的回路数。

24.65　为什么大量 ITE 的过大 PE 干线电流可引起电击事故？

由于 ITE 的电容泄漏电流大，它还可能因电源线路中 PE 线的中断而导致人身电击事故。这可用图 24.65 来说明。图 24.65 为 ITE 的电源线路图，当图中 PE 线导电良好时，PE 线的阻抗以若干毫欧计，而接触设备的人体阻抗以若干千欧计，ITE 工作时电容器的泄漏电流只经 PE 线返回电源，它对人体的分流可忽略不计。如果 PE 线受机械损伤中断或其某一连接处因种种原因不导电，电容泄漏电流将转而经人体和大地这一通道返回电源。人体阻抗和地板、鞋袜的阻抗将与电容器的容抗串联接于 220V 电源上，人体的预期接触电压 U_t 为此阻抗串联电路中按相量计算的在人体阻抗和地板鞋袜阻抗上的分压，它可以下式计算求得

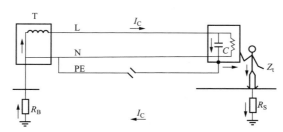

图 24.65　ITE 电源回路中 PE 线中断时
人体可能遭受电击

$$U_t = U_0 \frac{Z_t + R_s}{X_C + Z_t + R_s + R_B + Z_T + Z_L} \qquad (24.65-1)$$

式中　Z_t——人体阻抗（Ω）；

　　　R_s——地板和鞋袜电阻（Ω）；

　　　R_B——电源侧系统接地的接地电阻（Ω）；

　　　Z_T——变压器阻抗（Ω）；

　　　Z_L——相线阻抗（Ω）。

应注意式中诸阻抗为相量相加。

因 R_B、Z_T 和 Z_L 的值相对甚小，可忽略不计，式（24.65-1）可简化为

$$U_t = U_0 \frac{Z_t + R_s}{X_C + Z_t + R_s} \qquad (24.65-2)$$

由式（24.65 – 2）可知当 X_C 值越小（即诸 ITE 滤波电容器并联的数量越多，容量越大），人体阻抗 I_t 越大，PE 线中断时的 U_t 值也越大，也即人体遭受电击致死的危险也越大。换言之，即使电气装置内没有发生任何故障，只是因为 PE 干线电流过大，当该 PE 线某处中断或导电不良时人体触及 ITE 外露导电部分就可能引发电击事故。

24.66　如何防止 ITE 电气装置 PE 线电流过大引起的电击事故？

由于装有大量 ITE 的电气装置中过大的 PE 线电流能引发电击危险，IEC 将这种电气装置列为电击危险大的特殊电气装置，并建议采用下列措施之一防止PE 线中断：

（1）采用电线明敷供电时，不论相线截面积为多少，铜芯 PE 线的截面积都不小于 $10mm^2$，或采用两根并列的且有各自接线端子的双 PE 线，每根 PE 线的截面积不小于 $4mm^2$。

（2）采用电缆供电时，电缆内 PE 线、相线和中性线截面积的总和不小于 $10mm^2$。

（3）采用穿管电线供电时，应采用符合 GB/T 14823.1—1993《电气安装用导管特殊要求—金属导管》的金属管敷线，PE 线应与该金属管并联，且 PE 线截面积应不小于 $2.5mm^2$。

（4）利用敷线的金属管槽作 PE 线时，其导电和连接应可靠，并应具有足够的截面积、机械强度以及抗腐蚀强度。

（5）尽量缩短可能因断线引起电击危险的 PE 线长度。

24.67　如何利用双绕组变压器来防止 TN 系统过大 PE 线电流引起的电击事故？

为防止过大 PE 线电流引起的电击事故，IEC 推荐一个简单有效的措施。为抑制自配电线路导入的共模电压等干扰，常为 ITE 配置一台 1:1 的双绕组变压器作简单分隔。可利用此变压器形成一另起的局部 TN-S 系统，从而最大限度地缩短此局部 TN-S 系统内 PE 线的长度，减少其中断的可能性。如图 24.67 所示，ITE 回路的直接电源（即其始点）是双绕组变压器的二次绕组，其出线上的过电流防护熔断器兼作接地故障防护。正常工作时电容器的大泄漏电流经图 24.67 中 PE′线返回双绕组变压器的二次绕组，不再返回配电变电所的变压器。当设备对地绝缘损坏发生接地故障时，因回路接线短，阻抗小，故障电流能使双绕组变压器二次侧过电流防护器动作切断电源。双绕组变压器电源侧很长一段 PE 线的中断却不会对接触设备的人构成电击危险，因它已不是 ITE 内大电容泄漏电流的通路。大电容泄漏电流只能通过图 24.67 中局部 TN-S 系统很短一段 PE′线返回其电源双绕组变压器。但双绕组变压器就在设备近旁，PE′线是在使用和管理人员的直接监视之下，它中断的可能性几乎不存在，所以这一防护措施能有效杜绝上述过大电容泄漏电流 PE 线中断引起的电击危险。

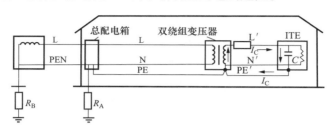

图 24.67　利用双绕组变压器防止 TN 系统过大
PE 线电流的电击事故

24.68　如何利用双绕组变压器来防止 TT 系统过大 PE 线电流引起的电击事故？

如果变电所以 TT 系统给一信息技术建筑物供电，同样也可利用净化电能用的双绕组变压器来防止过大 PE 线电流引起的电击事故。如图 24.68 所示，双绕组变压器电源侧为变电所引来的 TT 系统，它用 RCD 来防范接地故障。其负荷侧回路的 PE′线则引自其电源（双绕组变压器的二次绕组）的接地点。它同样被称作局部 TN-S 系统。此回路的接地故障由局部 TN-S 系统的熔断器或断路器来防范。和上一问答的理由相同，在此情况下不考虑因 PE′线中断引起电击事故的可能性。

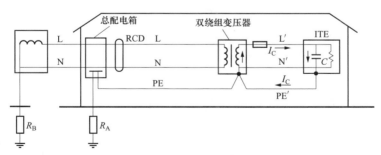

图 24.68　利用双绕组变压器防止 TT 系统过大 PE 线电流的电击事故

（九）医　院

24.69　为什么医院是电气危险大的特殊场所？

医院是病人诊断、治疗和生活的场所。就人的能力而言，病人属生理和智力有缺陷的 BA3 类人员（见附录 C）。他们行动不便，对包括电击在内的各种危险情况反应迟钝，电击和电气火灾的后果往往比较严重。手术中的病人难免与电气医疗设备的可导电部分直接接触。如果手术器件进入人体内或与人体接触，而手术器件因绝缘故障而带电位，即使此电位不高，人体也很易受电击伤害，特别是在靠近心脏处做手术，危险更大。遗憾的是人们往往不知晓病人的真实致死原因是电击事故。有些维持生命的电气医疗设备如果断电也将危及病人。由于医院的这些电气危险因素，IEC标准对医院的不间断供电、防电击、防电气火灾等电气安全措施提出了更高的要求，将它归为电气危险大的场所。

由于医疗电气设备的应用日益广泛，医院内的电气危险和其复杂程度也日益增大和提高，对医院电气装置的设计和安装的要求也不断提高。在一些发达国家，不具有专门许可执照的承包商是不能从事医院的电气设计和安装的。

24.70 如何按电气安全要求将医院内的医疗场所进行划分？

按IEC标准，医院内有两种划分场所的方式：一是按医疗电气设备与人体接触的状况和断电的后果，将医疗场所进行分类；另一是按医疗场所电源转换时，按允许间断供电的时间将医疗场所进行分级。这两种划分互相独立而互无影响。

24.71 按医疗电气设备与人体接触的状况和断电的后果，医疗场所被划分为哪几类？

IEC按医疗电气设备与人体接触的状况和断电的后果，将医疗场所作如下分类：

0类场所：在此场所内不使用医疗时与人体接触的可导电医疗器件。

1类场所：在此场所内上述可导电医疗器件与人体外部接触，或进入人体与人体内部接触，但不包括2类场所。

2类场所：在此场所内进行诸如心脏内部手术、外科手术和中断供电将导致生命危险的治疗。

24.72 按医疗场所电源转换的允许间断供电时间，医疗场所被划分为哪几级？

IEC要求医疗场所的重要用电负载自动转换电源，并按允许间断供电时间 t 的长短，将医疗场所作如下分级：

（1）$t \leqslant 0.5s$ 场所：在此场所内电气设备要求在 $0.5s$ 内恢复供电。

（2）$0.5s < t \leqslant 15s$ 场所：在此场所内电气设备可在 t 大于 $0.5s$ 但不大于 $15s$ 内恢复供电。

需要说明，除上述医疗场所按电源转换允许间断供电时间的分级外，医院内有些场所和电气设备对电源转换时间没有特殊要求，即允许在大于 $15s$ 的时间内恢复供电，对这些场所或电气设备 IEC 不予列级。

24.73　我国电气规范有负荷分级及相应电源要求的规定，在医院电气设计中如何执行该规定？

我国仿效前苏联电气规范按停电后果将用电负荷划分为三级，并分别规定供电电源要求，这是前苏联在计划经济时代为便于主管政府部门控制电源投资拨款的做法。但电气负荷对电源的要求千变万化，难以简单地用几个条文加以概括清楚，常因被错误套用而引起不良后果。因此 IEC 和发达国家电气标准都不做我国这种负荷分级的规定。医院内进行治疗时，医用电气设备断电时间长短直接关系病人安危。IEC 根据电气安全要求，按医疗场所电源转换允许断电时间进行分级是很科学而有实用意义的。

24.74　能否举例说明 IEC 对医疗场所类别和级别的划分？

表 24.74 为 IEC 对医疗场所类别和级别划分的示例。此表仅供参考，设计时需与医院主管部门具体协商确定。

表 24.74　医疗场所的类别和级别划分示例

序号	场所名称	类别			级别	
		0	1	2	$t \leqslant 0.5s$	$0.5s < t \leqslant 15s$
1	按摩室	×	×			×
2	普通病房		×			
3	产房		×		×[①]	×
4	心电图室、脑电图室、子宫电图室		×			×
5	心内窥镜室		×[②]			×[②]
6	检查或治疗室		×			×
7	泌尿科治疗室		×[②]			×[②]
8	放射线诊断及治疗室（不包括第 21 项所列场所）		×			×
9	水疗室		×			×
10	理疗室		×			×
11	麻醉室			×	×[①]	×
12	手术室			×	×[①]	×
13	手术准备室		×		×[①]	
14	上石膏室		×		×[①]	
15	麻醉复苏室			×	×[①]	×
16	心导管室			×	×[①]	×
17	重症监护室			×	×[①]	×

续表

序号	场所名称	类别			级别	
		0	1	2	$t \leqslant 0.5s$	$0.5s < t \leqslant 15s$
18	血管造影室			×	×①	×
19	血液透析室		×			×
20	磁共振成像室		×			×
21	核医学室		×			×
22	早产婴儿室			×	×①	×

① 指需在0.5s内或更短时间内恢复供电的灯具，或维持生命用的医疗电气设备。

② 并非指手术室。

24.75　在1类和2类医疗场所内采用特低电压时应注意什么？

（1）应尽量采用SELV。

（2）特低电压不得大于交流25V和直流60V。

（3）特低电压的设备和线路都应具有绝缘、外护物或遮栏等防直接接触电击措施。

（4）2类医疗场所内特低电压电气设备的外露导电部分，例如手术台的灯具，都应与联结线相连通。

24.76　在医院内采用TN系统时应注意什么？

（1）不得采用TN-C系统，采用TN-C-S系统时在电源进线处就需将PEN线分开为PE线和中性线，即在医院内不应出现PEN线。

（2）1类场所内32A及以下的末端回路，应装设$I_{\Delta n} \leqslant 30mA$的RCD作附加保护。

（3）在2类场所内只能在下列电气设备的回路内才可装用$I_{\Delta n} \leqslant 30mA$的RCD动作于自动切断电源，其他回路不得装用RCD：

1）手术台。

2）X光机。

3）额定功率大于5kVA的大型电气设备。

4）不重要（不影响生命安全）的电气设备。

应注意，勿使一个RCD所保护的电气设备数量过多，以免引起RCD不必要的跳闸而导致医疗用电中断。还应注意在1类和2类医疗场所内只允许装用对回路电流直流分量不敏感的A型或B型RCD。

在TN-S系统内，宜装用剩余电流动作原理的监测器（RCM）来持续监测所有带导体的绝缘水平。

24.77　在医院内采用 TT 系统时应注意什么？

问答 24.76 内所述 TN 系统 1 类和 2 类医疗场所内装用 RCD 的要求都适用于同类场所的 TT 系统。应特别注意 TT 系统全部电气装置应置于 RCD 和 RCM 的保护和监测之下。

24.78　医院内何处应采用局部医疗 IT 系统？

在医院的 2 类医疗场所内离手术台周边水平距离 1.5m，高度为 2.5m 内的环境被称作病人环境，如图 24.78 所示。在此环境内用于维持生命或进行外科手术的医疗电气设备，应采用局部医疗 IT 系统供电，但不包括问答 24.76 第（3）项所列用 $I_{\Delta n} \leqslant 30\text{mA}$ 的 RCD 保护的设备。

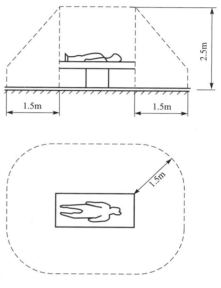

图 24.78　病人环境示例

24.79　请说明病人环境内采用局部医疗 IT 系统的必要性。

按 IEC 产品标准，进行心脏手术的医疗电气设备的正常泄漏电流不得大于 $10\mu\text{A}$；当发生一个接地故障时，其故障电流不得大于 $50\mu\text{A}$。因通过人体心脏的电流如超过 $50\mu\text{A}$ 就可导致心室纤颤而死亡，它被称作微电击致死。为限制故障电流，需在手术室内或其贴近处安装一台 1:1 的隔离变压器，其二次回路导体不接地，所供医疗电气设备的外露导电部分接电气装置的 PE 线，以局部医疗 IT 系统供电。并辅以局部等电位联结，如图 24.79 所示，当发生接地故障时，故障电流仅为流过自隔离变压器至胸腔手术设备间一小段非故障线段极小的对地电容电流 I_C，这样才能有效地满足发生一个接地故障时泄漏电流不大于 $50\mu\text{A}$ 的要求。为确保病人安全并确保供电的不间断，用于维持生命的、其他外科手术的以及位于问答 24.78 所述病人环境内的医疗电气设备也应以局部医疗 IT 系统供电。

如果相邻的几个房间都属 2 类场所，则至少需为这些房间设置一个共用的局部医疗 IT 系统。

24.80　对局部医疗 IT 系统的绝缘监测器（IMD）有何要求？

医疗 IT 系统须配置一个绝缘监测器，它应在该 IT 系统绝缘水平下降至整定值时发出报警信号。该监测器要求：

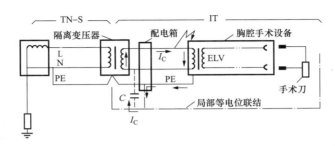

图 24.79　2 类医疗场所内的 IT 系统和局部等电位联结

（1）交流内阻抗至少为 100kΩ。

（2）测试电压应不大于直流 25V。

（3）即使在故障情况下，其测试电流也不得大于 1mA。

（4）至迟在绝缘电阻降低至 50kΩ 时，它即应发出报警信号，为此需另配置一测试绝缘的仪器来检验绝缘监测器的这一性能。

绝缘监测器的简单工作原理示例见问答 9.8。

24.81　医疗 IT 系统的声光信号如何显示系统的绝缘状况？

医疗 IT 系统应在适当位置设置与绝缘监测器配套的声光信号设备，以便医务人员能时时监察系统的绝缘状况。IEC 要求配套的声光信号设备如下：

（1）用一绿色信号灯来表示 IT 系统绝缘情况正常。

（2）用一黄色信号灯来表示 IT 系统的绝缘值已降低到最低水平；在正常绝缘情况得到恢复或第一次接地故障排除前，此信号灯不得熄灭。

（3）用一报警声响信号表示 IT 系统的绝缘电阻值已降低到最低水平，此声响信号可以消除。

24.82　对 1 类和 2 类医疗场所内的局部等电位联结的设置有何要求？

为了最大限度地减少 1 类和 2 类医疗场所内的电位差，除采用局部医疗 IT 系统外，还应在该等场所内实施严格的局部等电位联结，即在该等场所内分配电箱旁设置一个局部等电位联结端子板，用联结线将下列部分联结到端子板上。

（1）PE 线。

（2）装置外导电部分。

（3）防电场干扰的屏蔽层。

（4）隔离变压器一、二次绕组间的金属屏蔽层。

（5）地板下可能设置的金属网格。

固定的可导电但不用电的病人躺坐的台、椅，例如手术台、理疗椅、牙科手术椅等，除非将它与地绝缘，也宜与局部等电位联结系统连通。

在 2 类医疗场所等电位联结系统中，局部等电位联结端子板与插座 PE 线端子、固定式设备 PE 线端子以及装置外可导电部分等之间的联结线和连接点的电阻总和应不大于 0.2Ω。为此必须提高其连接质量，必要时可适当放大联结线的截面积。为便于联结线的检测，其连接点应能方便地观察到并便于拆卸以进行检测。联结线应有黄绿相间的色标以便识别。

24.83　是否需为局部医疗 IT 系统内电气设备的外露导电部分单独设接地极和 PE 线作保护接地？

不允许这样做。局部医疗 IT 系统的 PE 线乃是医院内 TN-S 系统的 PE 线的延伸，也即 IT 系统和 TN-S 系统共用同一个保护接地的接地装置。如果另打单独的接地极，引入另一 PE 线给 2 类场所电气设备进行接地，同一场所或同一建筑物内将出现两个独立的接地装置，两个接地系统之间可能出现电位差，这对人身安全是十分不利的，在电击危险大的 2 类医疗场所内更不允许这种电位差的出现。

有的设计人员担心 TN-S 系统内的转移故障电压会沿 PE 线传导危及病人。这种担心是不必要的。因为只要病人环境内实施了有效的局部等电位联结，当 PE 线上传导来故障电压时，包括雷电高电压，该环境内所有可导电部分都将升至同一故障电压水平而不出现电位差，因而对病人毫无影响。

24.84　对将 TN 系统或 TT 系统转换为医疗 IT 系统的隔离变压器的选用和装设有何要求？

此变压器二次侧的额定电压不得超过交流 250V。它通常为单相隔离变压器，可用来供电给移动式或固定式设备，其容量不小于 0.5kVA，但不大于 10kVA。如用以给手术设备供电，则所供手术台不宜多于两台，以限制 IT 系统故障时的对地电容电流。如果医疗 IT 系统内有三相负荷，应为其另装用单独的三相变压器，其相间电压也应不超过 250V。

需为局部医疗 IT 系统的隔离变压器设置过载报警器和温度报警器。

24.85　医院电气装置对过电流防护有何要求？

医院内每一个末端回路应具有短路防护和过载防护，但是上述为局部医疗 IT 系统装用的隔离变压器的电源侧和负载侧的回路上是不允许装设过载防护电器的。如问答 11.20 所述，回路过载的后果只是劣化绝缘，并不直接引起电气灾害。没有必要因回路过载而切断重要医疗设备的电源。

24.86　对 2 类医疗场所局部医疗 IT 系统插座的设置有何要求？

在 2 类医疗场所内给病人进行治疗处，例如病床床头处，应设置多个由该

IT 系统供电的插座。为保证供电可靠，该等插座应分别至少由两个电源回路供电。如只有一个电源回路供电，则应为每个插座设置各自的过电流防护。

在同一 2 类医疗场所内除该 IT 系统插座外，如还有 TN-S 系统或 TT 系统的插座。IT 系统插座插孔布置的形式应能防止 TN-S 系统或 TT 系统用电设备的插头插入，或者它应具有明显的永久性的 IT 系统标志，以防误插。

24.87　对医院内医疗电气设备的不间断供电要求，IEC 如何规定？

如问答 24.73 所述，IEC 标准不作我国 20 世纪 50 年代学习前苏联的按间断供电的后果的负荷分级。它只按电源转换允许时间 t 的长短，将用电设备分为五级，即 t 为 0s、不大于 0.15s、不大于 0.5s、不大于 15s 和大于 15s 的五级。医院中的医疗电气设备通常为不大于 0.5s、不大于 15s 和大于 15s 三级，医疗电气设备按允许间断供电时间的场所分级的示例参见问答 24.74 的表 24.74。当电网电源中断或电网电压低于标称电压的 90% 时，为避免用电电能质量问题引起医疗事故，需通过转换开关将供电自动转换至自备电源上。

由于医疗场所对不间断供电的高要求，医院中的柴油发电机、蓄电池等自备电源不少需用作应急电源（EPS）。医院内一般不需用不间断供电的 UPS。关于应急电源的设置要求在第 19 章中已有叙述，不重述。

24.88　医院内对照明的供电有何要求？

当电源电压不合格或停电时，IEC 要求手术台以及心内窥镜等重要照明用电应在 0.5s 内转换至应急电源上，并至少维持供电 3h。

诸如下列安全照明设施要求在 15s 内恢复供电：

（1）疏散通道灯，其正常电源与应急电源应间隔交替地给灯具供电。

（2）通道出口指示灯。

（3）应急电源发电机组的开关柜、控制盘以及正常电源和应急电源总配电盘处的照明灯。

（4）水、气等重要公用设施操作场所的照明灯，在此等场所内至少有一个灯具系由应急电源供电。

（5）1 类场所内至少有一个灯具，2 类场所内至少有 50% 的灯具由应急电源供电。

24.89　医院内一些公用设施对允许间断供电的时间有何要求？

医院内诸如下列公用设施在工作中如因故断电要求在 15s 内恢复供电：

（1）消防电梯。

（2）排烟机。

（3）调度系统。

（4）医疗气体施用设备，如空气压缩机、真空抽吸器、麻醉气体施加器及其监视器。

（5）火灾报警设备和喷淋设备。

有些公用设施可在超过 15s 的时间内恢复供电，例如消毒设备、空调设备、暖通设备、垃圾清除和排污设备、制冷设备、炊事设备、蓄电池充电机等设备。

24.90　在医院电气线路的设计安装中为有效防范线路短路或接地故障起火应注意什么？

医院内一旦因线路短路或接地故障起火，众多的病人将因行动不便来不及逃生而导致大量死伤事故，所以医院内应十分注意正确设计和敷设线路，将电气线路短路起火的危险减少到最低限度。万一发生短路或接地故障起火，应尽量使火势勿沿线路蔓延，并应保证有关消防的电气线路有效运作。以下是一些医院电气线路的设计安装中应予注意的问题：

（1）从应急电源（柴油发电机、蓄电池等）至其控制盘的一段线路是无法安装过电流防护电器的，在敷线中应采取措施，杜绝发生短路的可能。

（2）应急电源线路应采用耐火电缆或类似电缆，其他线路应采用阻燃电缆。

（3）在 2 类医疗场所内应避免无关电气线路通过。

（4）电气线路应尽量远离可燃物。

关于防止线路短路和接地故障的发生，有下述措施可供参考选用：

（1）在外护物内，或在上锁的电气间内，用硬电线以绝缘子布线，并使相间或相地间保持适当距离，或用定位隔板予以分隔。

（2）采用单芯电缆或护套电线敷线，并尽量减少该等线间或线与外露导电部分、装置外导电部分间的直接接触。

（3）提高线路绝缘水平，例如采用额定电压不低于 1.8/3kV 的电缆敷线（1.8kV 为相对地额定电压，3kV 为线间额定电压）。

（4）电缆和护套电线的敷设路径应便于检视，不靠近热源，并避免受机械损伤。

（5）将线路敷设在即使发生短路或接地故障也无从起火的地方，例如将电缆埋设在地下。

（6）单芯绝缘电线可用下列方式敷线：

1）用定位隔板夹持电线，使电线间保持固定的合适距离。

2）将电线安置在分开的槽盒内或同一槽盒分开的槽沟内。

3）将电线分穿各自的套管。

24.91　医院内有无电气爆炸危险？应如何防范？

手术用的麻醉气体是一种爆炸危险气体，存在被电气火花引爆的危险。因此易迸发电火花的电源插座和开关之类的电器在安装时，应注意离麻醉气体出口至少有 0.2m 的水平距离。

24.92 对医院电气装置建成后的交接检验有何补充要求？

由于医院对电气安全要求的特殊性，除第 23 章规定的一般电气装置交接检验要求外，IEC 对医院电气装置的交接检验还提出了如下补充要求：

（1）检验局部医疗 IT 系统的绝缘监测器和其声光报警系统的功能。

（2）检验局部等电位联结系统的应联结部分有无遗漏和联结线（包括联结点）的电阻是否合格。

（3）检验局部等电位联结端子板的安装及位置是否恰当。

（4）检验应急电源的装设是否满足应急用电的要求（见第 19 章）。

（5）检验局部医疗 IT 系统隔离变压器空载时输出回路和其外壳（即 PE 线）的泄漏电流。

24.93 医院电气装置周期性检验的间隔时间以多长为合适？

IEC 建议医院电气装置按下列间隔时间进行周期性检验：

（1）电源转换开关的功能性试验——1 年。

（2）局部医疗 IT 系统绝缘监测器的功能性试验——1 年。

（3）回路防护电器整定值的视检——1 年。

（4）局部等电位联结系统电阻值的仪器检验——3 年。

（5）等电位联结系统联结部分完整性的检验——3 年。

（6）下列功能性试验的间隔时间为 1 个月：

1）蓄电池应急电源，供电持续时间为 15min。

2）柴油发电机应急电源，供电持续时间为达到发电机额定运转温度时为止的时间（做耐久性试验的间隔时间为 1 年）。

3）蓄电池应急电源的安时容量的测试。

4）柴油发电机应急电源，供电持续时间为 60min。

在以上诸种试验中，电源设备的负载应至少达到其 50% ～ 100% 的额定容量。

（7）局部医疗 IT 系统隔离变压器泄漏电流的仪器测试——3 年。

（8）RCD 在回路剩余电流为 $I_{\Delta n}$ 时的动作时间的仪器测试——不超过 1 年。

24.94 为什么 IEC 将用电负荷按允许中断供电时间作五级负荷分级，不同于我国的三级负荷分级？

笔者 20 世纪 70 年代曾参加第一版《供配电系统设计规范》内负荷分级及

供电方式的编制工作，深深体会到我国沿袭前苏联的三级负荷分级系计划经济体制下中央控制建设投资和行政干预的产物。实际上各行各业对各类用电设备供电不间断要求情况十分复杂，无法用几个条文写清楚。果然，经两次开会共十天的审查讨论，那一版规范的负荷分级条文在会上因各行各业分歧太大未获通过。主管部门只得授权规范组自行定案。其后二版的该规范只是在文字名词上作些更动，未脱离前苏联计划经济的老框框。当然仍是无法用条文规定清楚的。例如，对医院内一些不间断供电要求高的医疗设备，我国有关规范规定只有在床位为 500 以上的三级医院内才能作为一级负荷为之配置柴油发电机作独立电源。换言之，同样攸关生命安全的医疗电气设备如在 500 床位以下的医院内就不成其为一级负荷，就不为之配置柴油发电机。按此，当地区电网事故停电，这等医院内靠医疗电气设备维持生命的病人（例如，靠体外循环设备，早产儿暖箱等）就只能坐以待毙了。显然，这有违以人为本的基本原则。顺便提及，笔者在国外做设计时调查的医院全备有柴油发电机。

　　IEC 没有将医疗电气设备按床位数来进行负荷分级，而是按中断供电时间长短的危险后果来分级。这是必要和科学的。它还强调，由于情况千变万化，这种分级不能生搬硬套，需视具体情况区别对待。这一提醒也是很客观的。

（十）　临时性的展览会、陈列厅和展摊

24.95　为什么临时性的展览会、陈列厅和展摊等场所是电气危险大的特殊场所？

　　临时性的展览会、陈列厅和展摊等场所的电气装置，可以是建筑物内的临时装置，也可以是户外的临时装置。它的危险性在于没有正规的电气装置设计，只求在短期内的临时将就使用，因此无论是设备材料的选用，或是电气装置的安装，其安全要求往往失之偏低。而场所又属人员复杂和密集的类别，管理比较困难，电气装置易受机械损伤和严酷气候条件（例如风雨）的侵害，容易发生电气火灾、电击等电气事故。由于这些不利因素，IEC 也将这等场所列为电气危险的特殊场所。

24.96　临时性展览会之类的电气装置宜采用何种接地系统？

　　场所内的接地系统当采用 TN 系统时不得采用 TN-C 系统，以避免这种系统固有的缺点导致各种电气危险，详见问答 1.20。

　　当为户外电气装置时宜采用 TT 系统，详见问答 7.6 及 7.10。

24. 97 临时性展览会之类电气装置的控制用和保护用开关电器的选用应注意什么？

在选用开关电器时应注意满足以下要求：

（1）为保证电气线路更换和维修时的电气安全，每一独立经营的售货车、商品铺位和供电给户外装置的配电箱的电气回路，都应满足电气隔离的要求，即为其配置能同时切断相线和中性线的合适的开关、断路器或 RCD。

（2）在场所的电源进线处应装设有适当延时的 RCD，以与下级瞬动 RCD 有选择性配合，其额定动作电流应不大于 300mA，以保证防接地电弧火灾的有效性。可参见问答 20.24。

（3）除应急照明回路外，所有 32A 及以下的照明和插座回路上，都应装设额定动作电流 $I_{\Delta n}$ 不大于 30mA 的瞬动 RCD 作电击防护。

24. 98 临时性展览会之类的电气装置容易发生电气火灾，对其防范应注意什么？

这类电气装置内常用的诸如白炽灯、聚光灯、投光灯及其他正常工作时能产生高温的电气设备，其安装应符合有关标准的要求，并应远离可燃物，以防其高温引燃起火。

商品柜、陈列柜和标志灯应具有足够的难燃、电气绝缘和机械强度以及通风散热等性能。在布置时应充分注意展品或商品的易燃性，防止展品被烤燃起火。

商品铺位应避免将能产生高温的电器和灯具集中布置而集聚热量，难以避免时应对其采取适当的通风散热措施，例如对顶棚内过多集中的高温电气设备采取通风措施，并采用难燃的顶棚建筑材料。

24. 99 临时性展览会之类的电气装置内电源插座的装设应注意什么？

（1）为便于接用电源和减少易引发电气事故的插座板的使用，场所内应安装足够数量的固定插座。

（2）地板插座的安装应采取有效措施防止水的流入。

（3）每一个插座只能连接一回电源线路，不得在插座上用三通插头连接件来接用多回电源线路。

（4）使用插座板临时接用电源时应注意：

1）一个固定插座只能连接一个插座板，不得辗转串接多个插座板。

2）插座板的连接线应具有护套和 PE 线，其长度不得超过 2m。

24. 100 临时性展览会之类电气装置内照明灯具的装用应注意什么？

（1）离地面 2.5m 以内的灯具或容易不小心触及的灯具应牢固地安装，其位置的选择应避免伤害人身或引燃近旁可燃物。

（2）Ⅰ类防电击等级的灯具应连接 PE 线。

（3）不得采用借刺破电缆绝缘的方式来接电的灯头，除非灯头和电缆是契合的，且灯头是不能挪动的。

24.101　临时性展览会之类电气装置内电气线路的选用和敷设应注意什么？

（1）可能遭受机械损伤的线路应采用铠装电缆，否则应对线路采取防止机械损伤的措施。

（2）应采用额定电压不低于 450/750V 的聚氯乙烯绝缘或橡皮绝缘的铜芯电缆，其线芯截面积应不小于 1.5mm^2。

（3）拖曳电缆的长度应不超过 2m。

（4）如建筑物内未装设火灾报警，则应采取下列措施：

1）采用阻燃低烟电缆。

2）采用单芯或多芯无铠装电缆用金属的或非金属的防火套管或线槽敷线，其防护等级至少应为 IP4X。

（5）除回路引出端外，电缆或护套电线不应有中间接头。如必须做接头，应采用符合产品标准的连接器件进行连接，以减少连接不良的起火危险。

（6）线路接头应避免承受拉力，如果承受拉力，该局部电缆应予固定并消除接头处的拉力。

（十一）家　具

24.102　为什么家具内的电源线路系统也被列为特殊的电气装置？

随着生活电气化水平的提高，卧床、柜橱、书桌、座椅等家具内也颇多装设了灯具、插座、开关和电气线路。家具有附属于建筑物的，也有家具厂生产的。前者内的线路一般与建筑物的线路直接固定连接，后者的线路则通过电源插头与建筑物的墙上插座连接。家具内的这部分电气装置由于其使用特点也易发生电击或电气火灾等事故。为避免家具内线路、设备选用和安装不当引起电气事故，IEC 也编制有安全标准。

需要说明，某些摆放在家具内由墙上固定插座接电的用电器具和电气设备，例如电视机、收音机、电冰箱等，其电气安全要求另有 IEC 标准作规定。商店橱窗内的设备和线路也可按家具电气装置来处理。

24.103　对家具内电源线路的相数、电压和电流有何要求？

家具内的电源线路应为单相的，其标称电压不高于 240V，总负载电流不超过 16A 的线路。

24.104　对家具内电源线路及其附件的选用和安装有何要求？

（1）当建筑物电气装置和家具内的线路间为固定连接时，应采用单芯刚性导体电缆。当为经插头、插座连接时，应采用橡皮绝缘的软电缆或软护套电线以及聚氯乙烯绝缘的软电缆。

（2）上述线路铜导体的截面积应不小于 1.5mm^2，如线路不是向家具上的插座供电，且其长度不大于 10m，则此截面积可减小至 0.75mm^2。

（3）无论是采用电缆或护套电线，都应在家具内固定敷线，或在套管、槽盒、线槽或在家具内预置的走线槽内敷线。

线路应避免承受拉力或扭力。在线路进入家具处或在线路的接头附近，应采取措施使线路不受力。

（4）选用线路附件时应注意插座、开关、线路连接件等应具有足够的机械强度和阻燃性能，它们应固定安装在家具上，其防固体物进入的防护等级应不低于 IP3X。

24.105　对家具内电气设备的选用和安装有何要求？

（1）家具内灯具和其他电气设备外壳的正常工作温度应不大于 90℃，发生故障时的温度应不大于 115℃。应注意对开关触头和与线路连接不良产生的高温引燃起火的防范。它们的安装位置和距可燃物的安全距离应符合该等设备产品说明书的要求，否则应采取适当的防范措施。

（2）应按家具内灯具上标明的装用灯泡的允许最大功率来装用灯泡，以防装用过大功率的灯泡引燃灯具材料起火。

（3）如果家具上的门关闭后其内的空间有限，而电气设备产生的热量的积蓄足以引燃家具内的可燃物，例如衣柜内的衣物，则应在门上安装一个连锁开关，使家具关门时能可靠地切断电源。

（十二）　户外照明装置

24.106　为什么将户外照明装置列为电击危险大的电气装置？

IEC 将户外照明装置列为电击危险大的特殊装置，这是因为户外照明装置需承受种种恶劣环境条件的影响，例如雨淋、日晒、风吹以及当地某些腐蚀性气体和尘土的危害。它还暴露于不懂电气安全的公众前，也易受鸟类或其他动物的触动。和其他户外电气装置一样，它通常处于无等电位联结的场所，在相同故障情况下户外照明装置较户内照明装置的接触电压高，从而增大了电击致死的危险。另外，当采用 TN 系统时，同一电源供电的所有电气设备的金属外壳都是通过 PE 线或 PEN 线而互相连通的，这又给户外照明装置带来另一危险，即他处电气设备发生接地故障时，其转移故障电压可沿 PE 线或 PEN 线传导至无等电位联结的户外照明设备上，从而增加了电击危险发生的概率。户内照明由于等电位联结的作用可以减少或不出现电位差，而户外照明设备金属外壳上的故障电压与户外大地零电位间形成的超过接触电压限值的电位差则可能导致电击危险。应注意户外照明装置的这种电击危险，并在电气设计安装中予以防范。

需要说明本节讨论的户外照明装置包括小区或庭园内的道路、户外活动场所、运动场以及电话亭、停车场、纪念碑、广告牌、地图牌、路标等的照明装置，但不包括由公用部门管理并承担安全责任的公用照明装置（例如交通大道的路灯）、安装在建筑物外部由建筑物内的线路直接供电的照明装置（例如屋顶花园的照明装置），以及临时性的花灯、指挥交通的红绿灯等。游泳池和喷水池等户外照明装置的安装要求见本章第（二）节和第（三）节的有关问答。

24.107　选用户外照明装置的电气设备时应如何考虑？

户外照明装置用的灯具、控制箱和配电箱等电气设备应能适应所在户外场所的严酷环境。环境温度可按温度变化范围为 $-40℃ \sim +5℃$ 和 $-5℃ \sim +40℃$ 来考虑，环境相对湿度可按湿度变化范围为 10%　～100% 和 5%　～95% 来考虑。为防外来固体物和水的进入，电气设备的防护等级应至少满足 IP33 的防护要求，也即能防大于 2.5mm 的固体物的进入和防淋水。

24.108　户外照明装置应采用何种接地系统？

庭园灯之类的户外照明装置所处为不具备等电位联结的潮湿场所。为减少电击事故的发生，除非满足问答 7.6 中式（7.6 - 3）的要求，不宜采用 TN 系统，而宜采用 TT 系统或局部 TT 系统，其理由见问答 7.10。这时应在户外照明装置内装设 RCD 作接地故障防护。

24.109　我国户外灯具防水差，路灯、庭院灯采用 TT 系统时如何防止 RCD 的误动？

发达国家一般采用 TT 系统给路灯、庭院灯供电，但我国由于灯具防水差，下雨时灯具进水使 TT 系统的 RCD 频繁跳闸，不得不改用以过电流防护来防电击的 TN 系统，这又将招致 TN 系统 PE 线传导故障电压的风险，十分矛盾。我国某企业以三相四线 TT 系统给厂区路灯供电，用 100mA 的 RCD 防电击，如图 24.109 所示，较好地处理了这一矛盾。因路灯灯具安装位置高，可不考虑防直接接触电击。当 $I_{\Delta n}$ 为 100mA 时，$R_A \leqslant 250\Omega$ 即可满足户外潮湿条件下 TT 系统的 $R_A I_{\Delta n} \leqslant 25V$ 的要求。虽然我国户外灯具防水差，但三相泄漏电流因相量相加，大部分可互相抵消，下雨时 100mA 的 RCD 并不动作。但当灯具发生接地故障时，因故障电流 I_d 以若干安培计，RCD 将切断电源。该企业多年来以此方式给路灯供电，效果良好。这一路灯供电方式能适应采用 TT 系统时我国户外灯具防水差的国情，颇有参考价值。

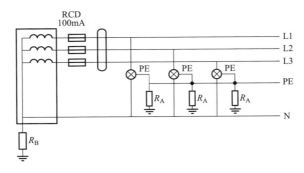

图 24.109　三相四线 TT 系统内防水差的路灯正常泄漏电流互相抵消

由于金属灯杆或钢筋混凝土灯杆的杆基具有自然接地极的作用，如果经测试，其总接地电阻小于 250Ω，可利用图中灯杆的自然保护接地 R_A，不必打人工接地极。IEC 要求 TT 系统内一 RCD 保护范围内应共用一个地，为此需设置一共用的 PE 线。虽然增加了投资，但为确保人身安全这样做是值得的（请参见问答 8.9）。

24.110　高杆灯宜采用何种接地系统?

体育场、机场之类场所的高杆灯是易遭雷击的灯杆。其防电击和防雷应通盘考虑。为防直接雷击灯杆上端应装设接闪器（俗称避雷针），并利用金属灯杆作防雷引下线。为通盘考虑防雷和防电击，宜在杆基地面下埋设两圈间距约 600mm 的铜带接地环，如图 24.110 所示。因灯具的 PE 线与金属灯杆连通，此几圈环形接地极既是防雷的接地极，也是照明电源回路中 PE 线保护接地的接地极，通过它也实现了灯杆与地面的等电位联结。这样在发生雷击或电击时它能十分有效地降低接触电压和跨步电压，对人身安全起到很好的保护作用。

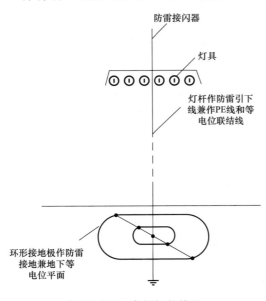

图 24.110　高杆灯的接地

由于高杆灯和大地间实现了等电位联结，高杆灯可采用 TN 系统供电而不一定采用 TT 系统供电，也即可用熔断器、断路器兼作接地故障防护而不必装用 RCD，从而简化了防护电器的设置。

24.111　户外照明装置对防直接接触电击应注意些什么？

户外照明装置内如设有带裸露带电部分（如裸露的带电压的熔断器）的配电箱、柜，其门应用钥匙或工具才能开启，以防无关人员触及带电部分。当灯具离地面的高度小于 2.8m 时，其光源应用遮栏或外护物来防止直接接触。

24.112　户外照明灯具的防护等级应至少为哪一级？

户外照明灯具的防护等级应至少为 IP33，即至少应能防淋水和防直径大于 2.5mm 的固体异物进入。灯具需确保规定的防水性能，以免雨水进入灯具内引起 RCD 的误动作。

24.113　当户外照明采用 II 类防电击类别灯具时应注意些什么？

当户外照明采用 II 类防电击类别的灯具时，应注意如果 II 类防电击类别的灯具有外露可导电的金属部分，则该部分不得人为地将其接地，即不得将其接 PE 线。如果灯具的电源线具有金属外皮，则此金属外皮应用绝缘的套管与灯具的外露金属部分绝缘，以确保该灯具作为 II 类设备的防电击功能。

（十三）　特低电压照明装置

24.114　为什么特低电压照明装置也被列为特殊电气装置？

50V 以下的电压被认为是电击危险小的特低电压。因为电压低，危险小，电气人员对这种特低电压电气装置的电气事故往往掉以轻心，不加注意。岂不知特低电压的电气装置，如果设计安装不当往往导致电击危险。为此 IEC 对特低电压照明装置也专门规定了电气安全要求。

24.115　特低电压照明装置应采用哪一种特低电压回路？

固定安装的特低电压照明装置应采用 SELV 而不应采用 PELV，即特低电压回路的带电导体和外露导电部分不接地（见问答 10.7）。这是因为这种照明装置的带电导体没有必要接地，而 SELV 的防电击较之 PELV 更为安全和简单的缘故。

由于照明设备耗用功率较小，因此特低电压照明装置的电压应不大于 25V，以获得更好的防电击效果。

24.116 特低电压照明装置如采用隔离降压变压器作电源，对其装用有何要求？

如采用加强绝缘的隔离降压变压器作特低电压照明装置的电源，应将此变压器固定安装。为增大电源容量，可将多个相同参数的变压器并联供电。应注意只有当一次绕组并联时，二次绕组才能并联供电。当多个变压器并联供电时，应在该变压器的一次回路上装设一个共用的具有隔离功能的开关电器，以防反馈电流危及电气检修人员。

24.117 特低电压照明装置的过电流防护应如何设置？

可为每一个 SELV 回路设置各自的过电流防护电器，也可为多个 SELV 回路设置一个共用的过电流防护电器。确定降压变压器一次侧过电流防护电器的额定电流值时，应考虑变压器铁芯的励磁电流和通电时的涌流，为此需适当加大过电流防护电器的额定电流值。例如加大为变压器额定电流的 1.5 倍至 2 倍。

此过电流防护电器应不能自动复位。

24.118 如何防范特低电压照明装置的火灾？

应满足灯具和降压变压器产品说明书所规定的防火要求，当这些发热的设备安装在可燃物上时更应注意其烤燃起火危险的防范。

对于 SELV 回路短路引起变压器高温导致的电气火灾，可以在变压器一次侧装设过电流防护电器来防范，也可以采用具有限制短路电流功能的变压器来防范，这种变压器的内阻抗较大，当 SELV 回路短路时，变压器内阻抗限制了短路电流，使变压器不致产生高温而引燃起火。

24.119 特低电压照明回路宜采用何种敷线方式？

特低电压照明回路宜采用下列敷线方式：

（1）绝缘电线穿管或用槽盒敷设。

（2）电缆、软缆或护套电线明敷。

（3）利用导轨作回路带电导体供电。

不得利用建筑物内的金属构件、管道等作特低电压回路的带电导体。

24.120 当特低电压照明装置为悬挂式时，其安装要求应注意什么？

当特低电压照明装置为悬挂式时，为满足动应力的要求应注意用以悬挂特低电压灯具的悬挂器件以及承重的电线电缆应能承受灯具重量总和的 5 倍，但不得小于 10kg。

导线的端头连接和中间连接应采用螺栓连接或无螺栓压接（例如弹簧压接帽），在被悬挂的绝缘导线上不得采用绝缘穿刺连接器和端头线来分支接线。

照明装置的悬挂部分应用绝缘的夹隔板固定在墙上或顶棚上，其全长应便于检视和维修。

24.121　特低电压照明装置导线的最小截面积按机械强度要求最小为多少？

特低电压照明装置所用导线按机械强度要求的最小截面积为：

（1）铜质电线应不小于 1.5mm²，当采用长度不超过 3m 的软电缆时可为 1mm²。

（2）悬挂的软电缆或绝缘电线按机械强度要求应不小于 4mm²。

24.122　特低电压照明装置内降压变压器和过电流防护电器的装设应注意什么？

用作特低电压回路过电流防护电器的熔断器宜直接安装在降压变压器上，成为变压器的一个附属部分。如果将它与变压器分开设置，应将它固定安装在便于检视和操作的地方。

如果将降压变压器及其过电流防护电器安装在建筑物顶棚内，则应将它们安装在顶棚内便于监视、操作和维护的非挪动构件上。应明示被保护回路的防护电器的所在位置以便于找到该电器进行操作。

（十四）地面下和顶棚内的电加热装置

24.123　为什么地面下和顶棚内的电加热装置也被列为特殊电气装置？

由于电气化水平的提高，现在有些建筑物内已不用热水或电阻丝暖气片来采暖，而是用设置在地面下或顶棚内的加热电缆或辐射薄膜来采暖。这种采暖不占用空间，比较舒适，而且可以随时分区控制，减少能量不必要的消耗。这种加热电缆、辐射薄膜（以下简称加热元件）在使用时也存在电击、烫伤、过热等电气危险，因此 IEC 对其设置也规定有专门的电气安全要求。

24.124　人体接触不到加热元件，是否可以不防范电击事故？

否。加热元件虽然暗藏不露，人体接触不到，但它易被打入地面和顶棚内的铁钉之类的金属物件损坏绝缘，使人体触及加热元件的带电部分而引发人身直接接触电击事故。为此应在加热元件电源线路上安装额定剩余动作电流 $I_{\Delta n}$ 不大于 30mA 的 RCD 用以在发生这类电击事故时迅速切断电源。如果加热元件电压为 220V 功率不大于 7.5kW，或电压为 380V 功率不大于 13kW 时，此 RCD 将不致因加热元件的对地电容泄漏电流过大而误动。此对地电容泄漏电流值可向制造商索取。

24.125　IEC 对加热元件有无防烫伤的规定，其温度限值为多少？

有。IEC 规定与人体皮肤或鞋袜有接触的地面温度应加限制，例如不大于 35℃。

24.126 为限制地面和天花板的过高温度，有何规定和措施？

为限制地面和天花板的过高温度，IEC规定加热元件的温度不得超过80℃。为此需采取下列措施之一：

（1）正确设计加热系统。

（2）按照产品说明书要求正确安装加热元件。

（3）装设过热时能自动切电源的开关电器。

24.127 对加热元件和电气装置线路的连接有何要求？

加热元件应经一段冷连接线与电气装置的线路相连接。冷连接线的连接应紧密可靠，例如采用卷曲连接的方式。

24.128 加热元件如贴近建筑物内的可燃结构件时，有无可能引发火灾？应如何防范？

加热元件正常工作时的温度不足以引燃可燃结构件起火。但它在故障时可能产生高温或电弧而引燃起火，因此加热元件不应贴近可燃结构件。无法避免时应将加热元件置于金属薄板下或置于金属套管内，也可将加热元件与可燃结构件拉开至少10mm的空间距离。

24.129 加热元件的防护等级应至少为哪一级？

加热元件的防护等级当安装在顶棚内时应至少为IPX1，即能防垂直滴落的水滴；当安装在混凝土地面下时应至少为IPX7，即能防短时浸水的有害影响。应注意地面应具有足够的机械强度。

24.130 加热元件的布置应注意什么？

加热元件的布置应使它能安全有效地发挥其加热作用，并避免不应遭受的损伤，例如：

（1）加热元件的布置应尽量避免其热辐射不受结构件或家具之类的物体的遮挡。

（2）不得将加热元件设置在建筑物的伸缩缝处，以免加热元件承受应力而损坏。

（3）加热元件的布置应与其他设施协调配合，避免安装其他设施时的打孔或旋入固定螺栓而损坏加热元件。

24.131 本节所介绍电加热装置除生活取暖外，是否还有其他用途？

有。发达国家在城市公用设施内常将这类电加热装置作其他用途。例如北京曾发生冬天路面结冰打滑，立交桥无法驶行机动车，致使市内交通瘫痪的事故。许多人下班后只能步行，半夜才回家。这种事故在发达国家是不可能发生的，因为他们在立交桥坡面下埋设有加热电缆，使坡面温度略高于零度，坡面不可能结冰打滑。又如他们在建筑物地下车库出入口坡面下也埋设加热电缆来防止机动车入车库时打滑事故。其设计安装要求可参考本节所叙。

石化行业为防寒冷地区输油管道内石油冻结也采用加热电缆防冻。

（十五）游乐园和马戏场

24.132　为什么游乐园和马戏场等娱乐场所被列为电气危险大的场所？

装设有转马等娱乐设施的游乐园和表演马戏、魔术之类的娱乐场所，不论是临时性的或永久性的，由于其用途上的特点或其人员的密集程度，在电气上具有较大的电击和电气火灾危险性，IEC 也将其列为电气危险的特殊场所。

24.133　对游乐园和马戏场等场所在供电电源数量上有何要求？

为避免全部停电而导致的混乱状况，这些场所宜由多个电源供电。

24.134　这类场所的末端回路和电源进线对 RCD 的装用有何要求？

除事故照明回路外，所有末端照明回路和 32A 及以下插座回路以及载流量不大于 32A 的软缆供电的移动式用电设备都应装设额定剩余电流动作值 $I_{\Delta n}$ 不大于 30mA 的瞬动 RCD。

电源进线上 RCD 的 $I_{\Delta n}$ 值不宜大于 300mA，应选用带适当延时的 RCD，以与末端回路上的瞬动 RCD 在时间上有选择性配合。

24.135　这些场所宜采用何种接地系统？

可采用 TN 系统或 TT 系统。采用 TN – C – S 系统时场所内应为 TN – S 系统。应注意在无等电位联结作用的场所内 TN 系统需满足问答 7.6 中式（7.6 – 3）的要求。

24.136　马戏场内的接触电压限值应按多少伏进行防电击设计？

由于动物对接触电压敏感的特点，马戏场内接触电压限值应按 25V 进行设计，为此应缩短防电击保护电器的自动切断电源的时间。例如在 220V TN 系统内将自动切断电源的允许最大时间由 0.4s 缩短为 0.2s。

24.137　娱乐场所内插座的装设应注意什么？

为适应此场所用电多变的特点应安装足够数量的墙上插座，以减少滥装临时性插座板引发电气火灾的危险。

24.138 对电缆的选用应注意什么?

(1)宜尽可能选用软缆。在可能遭受机械损伤处应选用铠装电缆或将电缆套管保护。

(2)载流量不大于125A的临时线路应选用多芯电缆回路而不选用单芯电缆组成的电缆回路。

(3)电缆的额定电压不宜低于450/750V。

24.139 电缆的敷设应注意什么?

地下埋设的电缆应加机械保护,例如,在电缆的上方铺砖或将电缆套管。在电缆走径每隔适当距离应作标记以方便检修。

24.140 线路的连接应注意什么?

首先应尽量减少线路的连接。无法避免时除连接点满足导电良好,不受应力外,线路的连接点应置于防护等级至少为IP4X或IPXXD的外护物中。

24.141 对电气隔离有何要求?

游乐园内的每一娱乐设施的电源进线处应装设各自的四极的或两极的具有隔离功能的开关电器,以保证电气维修的安全。

24.142 对一般灯具的安装和接电有何要求?

(1)灯具应牢固地安装在场所的构筑物或灯具支架上。

(2)悬挂的灯具应由吊链承重而不由电缆或电线承重。

(3)在伸臂范围内的灯具应采取防护措施使不致伤害人体。

(4)除非电缆和灯头是配套的,且灯头和电缆是不能拆开的,不得采用刺穿绝缘的方法来给灯头接电。

24.143 对游乐园内射击场中灯具的安装应注意什么?

对这种灯具应注意加强机械保护措施以防意外。

24.144 对需移动的泛光灯的装用有何要求?

应采取措施避免与人体接触。其供电电缆应为软缆,并应具有适当的机械保护。

24.145 对防电动机、灯具、泛光灯等的起火危险应注意什么?

(1)无人监视的用于自动控制和遥控的电动机应为其设置手动复位的过热防护。

(2)对灯具、泛光灯以及镇流器等热源设备应注意防止其热量聚集而导致的烤燃起火危险。

24.146　对这些娱乐场所的检验有何要求？

应在每一娱乐设施组装完成后进行各自的视检和检测。

（十六）　游艇和轮船的岸电供电装置

24.147　为什么游艇和轮船的岸电供电装置被列为特殊电气装置？

游艇和轮船是水上的交通运输工具。当在水上游弋时以船上的自备发电机供电。当停靠在码头上时则由岸上电网供电，以节约燃料减少污染和延长发电机使用寿命。如果岸电接用不当将引起人身电击和电化学腐蚀等电气事故。因此 IEC 标准将游艇和轮船的岸电供电装置列为特殊电气装置。

24.148　为什么游艇不宜由岸电以 TN 系统供电？

图 24.148 为一游艇由岸电以 TN-S 系统供电。需要说明游艇电气装置的外露导电部分是经船体与水介质的接触电阻 R_A 而接大地的。图 24.148 中的 R_A 用虚线表示，因它并非接地极实物，而只是象征性地表达。R_A 实际上是 TN-S 系统内 R_B 的重复接地。需要注意的是岸上变电站泥土中接地极 R_B 上的电位和水中金属船体的电位是不同的。它们的电位决定于接地极 R_B 和船体的材质以及泥土和水介质的化学成分等因素。由于电位不同它们构成一个电池。水和泥土作为电解质是电池的内电路，而连通船体和接地极 R_B 的 PE 线则是电池的外电路。外电路将此电池短路而产生直流短路电流。成为阳极的金属将遭受电化学腐蚀。这当然是不希望发生的。因此游艇的岸电供电不宜采用 TN-S 系统，也应注意避免船体和 R_B 间有任何无意的导通，以避免发生电化学腐蚀。

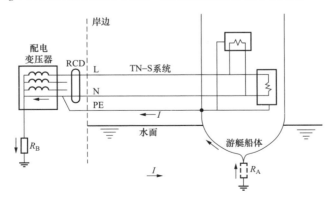

图 24.148　游艇由岸电以 TN-S 系统供电存在电化学腐蚀的危险

需要说明，将一金属置于酸性或碱性介质中它也将受到腐蚀。但那是化学腐蚀而非上述形成电池和产生电流的电化学腐蚀，两者是不同的。

24.149 为什么游艇不宜由岸电以 TT 系统供电？

当游艇由岸电以 TT 系统供电时，如图 24.149 所示，虽然也因电位不同形成电场和电池，但 R_B 和船体间并没有 PE 线做电池外电路的短路连通，不存在电化学腐蚀危险，但存在船岸间水下人体（如在水下作业和游泳的人）遭受电击的危险。需要说明，水下电场内的电击危险远大于陆地上。陆地上人体皮肤一般是干燥的，人体阻抗大，发生电击事故时接触电流小，且一般只考虑两手间或手足间接触电流通路引发的心室纤维性颤动的致死危险。而在水下电场内人体皮肤湿透，人体阻抗大幅下降，接触电流大大增加，且人体全部与水下电场带不同电位的水介质接触，有多个接触电流通路，其中以通过大脑的接触电流尤为危险。常用的 RCD 的 30mA 额定剩余电流动作值是按心室纤维性颤动阈值规定的，不适用于水下人体阻抗小接触电流通路多的电击事故。水下电击致死危险比陆地上要大得多。

图 24.149 所示的 TT 系统供电的游艇电气装置内发生接地故障时，故障电流 I_d 是经船体和水介质返回电源的。这时如有人在水下，I_d 将流过人体的多个接触电流通路，而电源回路上的 RCD 却难以保证人身安全。

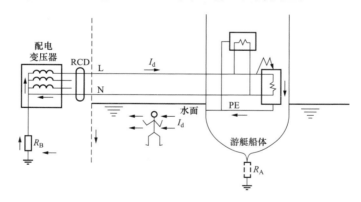

图 24.149 游艇由岸电以 TT 系统供电存在水下电击伤人危险

另一水下电场致死危险是当水下人体接触电流超过 5mA 时，人体可能因肌肉痉挛无法动弹丧失游泳逃生能力。这时死亡原因是因电击而溺水致死。

综上所述，出于对水下人身安全的考虑游艇不宜由岸电以 TT 系统供电。

24.150 游艇的岸电供电以何种方式为好？

游艇的岸电供电以经隔离变压器供电的方式为好。本书问答 10.3 所叙的用隔离变压器作保护分隔的供电方式对防电击是非常安全有效的。游艇也可经岸上的（或船上的）隔离变压器实现岸电供电，如图 24.150 所示，但它需接 PE 线，且 PE 线是与隔离变压器二次侧连通的。它类似保护分隔但不完全相同，暂且称之为准保护分隔。

从图 24.150 可知游艇的直接电源已非岸上的 10/0.4kV 配电变压器，而是二次侧绕组不接地的变比为 1∶1 的隔离变压器。游艇电源回路与岸上电网分隔而无联系。游艇电气装置内发生绝缘损坏接地故障时由 RCD 或过电流防护电器切断电源来防电击。

游艇电气装置的外露导电部分仍通过船体与水的接触而接地，但由于隔离变压器的分隔作用，船体与图 24.150 中配电变压器接地极 R_B 间虽形成电池但没有外电路的短路，自然不致引起电化学腐蚀危险。当游艇电气装置内发生接地故障时，故障电流是通过 PE 线而非通过船岸间水介质的传导而返回隔离变压器电源的。水下不存在电流和它引起的电压梯度自然不会发生电击事故。TN 系统和 TT 系统岸电供电方式中电化学腐蚀和人身电击等电气危险在此准保护分隔供电方式中都不存在。因此它是 IEC 标准推荐的游艇岸电供电方式。

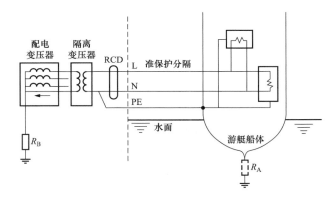

图 24.150 游艇由岸电以准保护分隔方式供电可避免电化学腐蚀和水下电击危险

这种供电方式需设置专用的隔离变压器，增加了电气投资。因此它只适用于耗电功率小的游艇岸电供电，不适用于耗电功率大的轮船的岸电供电。

24.151 轮船的岸电供电以何种方式为好？

轮船的岸电供电以采用 IT 系统供电的方式为好。轮船与游艇都是水上交通运输工具，其电气装置有许多类似处，但也有许多不同。轮船除耗电功率大外，它还具有较高的不间断供电要求。轮船内包括发电设备在内的电气装置大都是采用发生一个接地故障时不跳闸，不停电也不电击伤人的 380V 三相三线电源端不作系统接地的 IT 系统的。其单相 220V 或特低电压设备则由降压变压器供电。关于 IT 系统的设置要求见第 9 和 19 等章，此处不多赘述。

　　既然轮船电气装置采用了 IT 系统，与之相适应作为岸电电源的 10/0.4kV 配电变压器中性点就不作系统接地或经高阻接地以满足 IT 系统的设置要求，如图 24.151 所示。当轮船电气装置发生一个接地故障时，因电源中性点不接地，故障电流仅为电源回路中无故障带电导体的对地电容电流。其值不足以使电源回路防护电器跳闸停电，也不足以在船内电击伤人，从而保留原轮船电气装置 IT 系统用电安全的优点。

　　采用图 24.151 所示的 IT 系统后，由于岸电电源不接地，轮船电气装置内发生接地故障时船岸间的水下电流仅为微量电容电流。前文所述 TN 系统、TT 系统岸电供电中电化学腐蚀和水下电击伤人等电气危险在 IT 系统岸电供电中都不存在。

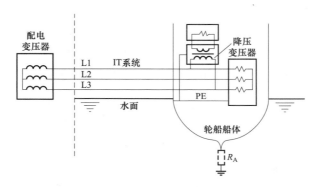

图 24.151　轮船由岸电以 IT 系统供电可避免电化学腐蚀和水下电击危险

　　综上所述，轮船的岸电供电以采用不引出中性线的 IT 系统为好。

附　　录

附录 A　名词说明

以下为本书中常用名词的一些概念性的简单说明。

1. 电气设备（electrical equipment）

由制造厂生产的用于发电、变电、输电、配电、用电的设备。例如旋转电机、变压器、保护电器、开关电器、测量仪表、敷线设备、用电器具等。

2. 电气装置（electrical installation）

为某一用途将若干特性互相配合的电气设备在现场用电气线路组合在一起的一个组合整体，IEC 称之为电气装置。例如在一个住宅楼内将配电箱、开关、插座等用电气线路组合在一起，使住户安全有效地使用电能，这一组合整体即为住宅电气装置。建筑物内可包含若干用途不同的电气装置，例如由降压变压器特低电压回路和灯具组成的特低电压照明装置，由接地极、接地线、接地母排组成的接地装置，由接闪器、引下线、接地极组成的外部防雷装置等。它是指在现场施工安装成的组合整体，并非在工厂生产的产品。例如配电用的箱、盘、柜不是配电装置，而是成套设备。又如 RCD 不是防护装置而是防护电器。

3. 开关电器（switching device）

用以开合或控制电气回路的电气设备，例如负荷开关，电源转换开关等功能性电器。

4. 保护电器（protective device）

用以保护电气装置和防范电气灾害的电气设备，例如熔断器、断路器、RCD、SPD 等。

5. 用电器具（appliance）

用以实现某种生活和工作用途的电气设备，其使用需消耗电能，它主要指家用电器，例如电冰箱、洗衣机等。

注：在 IEC 标准中，appliance 和 device 是有区别的，前者消耗电能，后者则只通过电流而基本上不消耗电能。在我国两者统称低压电器，常难以区分。

6. 线路附件（wiring accessory）

指附属于电气线路的小型电气设备，例如墙上的插座、微型开关、分线盒等。

7. 手持式设备（handheld equipment）

使用时要用手持握的电气设备，例如手电钻，吹风机等。

8. 移动式设备（portable equipment）

使用时有时需要用手来移动位置的电气设备，例如落地灯、落地扇等。

9. 固定式设备（stationary equipment）

泛指固定在一处不能移动的设备，或没有操作手柄或搬运手柄且其质量又使人难以移动的设备。例如空调器、电冰箱等。

10. 0类设备（class 0 equipment）

仅依靠基本绝缘作为电击防护的电气设备，其可触及的导电部分不与电气装置的 PE 线相连接。如果基本绝缘失效，其安全性能只能靠环境条件来保证，例如所在场所的地板和墙需具有足够的绝缘电阻，且不存在可同时触及的带地电位的可导电部分等。老式的具有金属外壳又不接 PE 线的台灯、台扇等都属这类设备。这类设备现时几趋淘汰。

11. Ⅰ类设备（class Ⅰ equipment）

具有基本绝缘和能将外露导电部分与电气装置的 PE 线相连接而接地的接线端子的设备。这种设备在绝缘损坏发生碰金属外壳接地故障时，借接触电压的降低和电源的自动切断而起到电击防护的作用。例如现时广泛应用的具有金属外壳，电源插头带 PE 线插脚的落地灯、电冰箱等电气设备都属Ⅰ类设备。

12. Ⅱ类设备（class Ⅱ equipment）

具有双重绝缘（基本绝缘加附加绝缘）或与其等效的加强绝缘的电气设备。这种设备由于提高了绝缘水平，不可能因绝缘失效而发生接地故障，因此不需为防电击而接 PE 线和采取其他防电击措施。例如带塑料绝缘外壳没有外露导电部分的台灯、台扇等都属Ⅱ类设备。

13. Ⅲ类设备（class Ⅲ equipment）

采用特低电压供电的设备。由于这类设备工作电压低于接触电压限值，在正确设计、安装电气装置条件下不可能发生直接接触电击和间接接触电击事故。例如用特低电压供电的儿童玩具和检修用的特低电压手提灯都属Ⅲ类设备。

14. 外露导电部分（exposed conductive part）

电气设备日常使用中可能被触及的导电部分。它正常情况下不带电压，但在基本绝缘损坏发生接地故障时可能带电压，例如用电器具本身的金属外壳以及敷设线路用的钢管，金属梯架、托盘、槽盒等外护物都是外露导电部分。

15. 装置外导电部分（extraneous conductive part）

不属于电气装置的其他装置或设施的可导电部分。它易引入电位，通常为地电位，例如金属水暖管道、建筑物钢结构等。如果不求简炼，它应称作"电气装置外导电部分"。

16. 中性点（neutral point）

星形接线多相系统的公共点。例如配电变压器低压侧星形接线三相绕组的公共点。在用电技术中它被称作星形结点（star point）。

17. 带电部分（live part）

正常时通过电流的导体，它包括相线和中性线，通常不包括 PEN 线（PEN 线通常归之于保护线）。

18. 中性线（neutral conductor）

自电源的中性点引出并能输送电能的电气回路带电导体。

注：过去常用的"零线"一词因表达不清楚，容易误解，已停止使用。为便于表达，"中性线中断"在本书中仍沿用"断零"一词，但加以引号。

19. 相线（line conductor）

正常工作时带电压，能输送电能但非中性线的电气回路带电导体。

20. 保护线（protective conductor）

为了安全的目的，将电气设备的外露导电部分与电气装置的接地母排相连接的回路导体，它通常紧靠相线敷设，使接地故障回路具有较小的阻抗。广义上它泛指 PE 线、PEN 线、联结线和接地线。

21. 保护中性线（PEN 线，protective and neutral conductor）

兼有保护线和中性线两种功能的回路导体。

22. 联结线（bonding conductor）

即等电位联结线。它不是回路导体，有保护性联结线和功能性联结线之分。保护性联结线在电气上与 PE 线并联，但因它距相线较远，发生接地故障时故障电流在其上分流很少。故它只能传递电位而不能传送故障电流。保护性联结线传递的是工频电位，它只要求联结系统的电阻小。用于信息技术系统的功能性联结线传递的是高频电位，它要求联结系统内包括电抗在内的阻抗小。

23. 接地故障（earth fault）

由于回路带电导体与地非正常的导通，或对地绝缘变得小于规定值而引起的故障。它能使外露导电部分和装置外导电部分对地带故障电压，也能产生故障电流，从而引起电击、电气火灾、电气爆炸和设备损坏等电气事故。

24. 电击（electric shock）

人或动物的躯体与不同电位的导电部分同时接触时，过量的电流通过人或动物的躯体，且持续时间过长，以致引起的心室纤颤、心脏停搏、肌肉痉挛、器官损伤等病态生理效应，称为电击。

25. 直接接触电击（direct contact）

人或动物与带电部分直接接触引起的电击。例如人在检修电气线路时没有切断电源，人手直接接触相线而引起的电击。

26. 间接接触电击（indirect contact）

电气设备的外露导电部分因绝缘损坏而带故障电压，这时人或动物接触此外露导电部分而遭受的电击。例如人体接触绝缘破损，相线线芯碰接地的金属外壳的电气设备时遭受的电击。

27. 遮栏（barrier）

能对某一个或某几个接近方向提供防直接接触电击的安全措施。例如对离地高度小于 2.5m 的裸母线在人体可接近和接触的方向设置的铁丝网或挡板，用以防范人体不慎触及带电的裸母线。

28. 外护物（enclosure）

能防止电气设备受某些外部影响，并能在各个方向防直接接触电击的物件。例如工厂生产的配电箱和用电设备的外壳以及在电气装置施工中在现场设置的外罩和敷线用的套管、槽盒等。外护物包括外壳，它有较外壳更广泛的含义，可以是绝缘的，也可以是可导电的。

29. 穿线套管（conduit）

将绝缘电线或电缆作封闭式敷设的圆形截面的管子。它可将电线或电缆穿入或更换。

30. 管槽（duct）

将绝缘电线或电缆作封闭式敷设的方形截面的管子。它可将电线或电缆穿入或更换。

31. 电缆梯架（cable ladder）

用以敷设电缆的梯形结构，它对线路有很好的散热条件和较差的机械保护功能。

32. 电缆槽盒（cable trunking）

用以封闭式敷设电线、电缆、护套电线的方形截面的外护物。其顶盖可以开启。它的散热条件较差，但有最好的机械保护功能。

33. 电缆托盘（cable tray）

用以敷设电缆的构件，其边缘突起但不带盖子。其散热条件和机械保护功能居于槽盒和梯架之间。

需要说明，在我国电气规范里有用所谓桥架敷设电缆的方式。但"桥架"是指梯架还是槽盒或托盘则众说纷纭，莫衷一是。规范里也没有"桥架"一词的定义。显然它是个不规范的名词。名不正则言不顺，电气名词不准确可能导致技术上的差错。在电气规范和设计文件中应停止使用"桥架"这类不规范的电气名词。

34. 电缆横担（cable bracket）

一端插入墙内，间隔装设的用以沿墙架设电缆的横担。其散热条件和机械保护功能类似电缆梯架。

35. 防护（protection against）与保护（protection for）

"防护"和"保护"的对象是很不同的。"防护"的对象是电气事故或不正常工作状况；"保护"的对象则是人身和财产。例如电击防护用来实现人身保护，短路和过电压防护用来实现绝缘保护。IEC 对此二者在用词上有明确的区别，以避免正反颠倒，敌我不分。

36. 故障电压（fault voltage）

因绝缘损坏在电气装置某点和参考地之间出现的电压。例如电气设备发生相线碰外壳接地故障时，外壳与大地间出现的电压。

37. 接触电压（touch voltage）

在低压电气装置内人体同时触及不同电位部分时，不同电位部分间的电压之差。例如两手之间，一手和两足之间的电压差。

38. 预期接触电压（prospective touch voltage）

在电气装置发生故障点阻抗可忽略不计的接地故障时，可能出现的最高接触电压。

当发生接地故障时，如为故障点被熔焊的阻抗可忽略不计的金属性短路，人体预期接触电压为 PE 线、PEN 线上的电压降（TN 系统），或 PE 线和保护接地的接地电阻上的电压降（TT 系统）。如果故障点具有一定的阻抗，例如故障电弧的阻抗，则相当大一部分电压降落在故障点电弧阻抗上，这时人体的预期接触电压相对减小而不出现高接触电压，主要电气危险不是电击而是电气火灾。

站在地面上的人体发生电击事故时，对地故障电压分配在人体阻抗、地面及鞋袜电阻上。地面及鞋袜电阻约 $200\sim1000\Omega$，其值难以估计。在实际估算中将其上的电压降并入人体的接触电压内，两者之和称作预期接触电压。它是接触电压的可能最大值，其结果偏于安全。

39. 接触电压限值（touch voltage limit）

在规定的外界环境条件下，允许长时间接触而不引发心室纤颤致死的接触电压最大值。例如在干燥的环境条件下允许长时间接触的最高电压交流为 50V，直流为 120V；在一般的潮湿环境条件下，交流为 25V，直流为 60V。

40. 特低电压（extra-low voltage 或 ELV）

50V 及以下的交流电压或 120V 及以下的直流电压。在一般干燥环境条件下人体接触此特低电压不致因引发心室纤颤而致死。

41. SELV 回路（SELV circuit）

由隔离变压器或发电机、蓄电池等隔离电源供电的交流或直流特低电压回路。其回路导体不接地，电气设备外壳不有意连接 PE 线接地，但可与地接触（例如将设备置于地面上）。在发生单故障情况下，即使其他电路已发生接地故障，例如隔离变压器一次侧已发生接地故障而使 PE 线带故障电压，此回路由于具有完全的电气分隔，不会引入此故障电压而出现大于其回路标称特低电压的对地危险电压。实现这点不需增加其他措施就可保证人身安全，所以 SELV 的第一个字母"S"有 self-sufficient（自满足）的含义。

42. PELV 回路（PELV circuit）

由与 SELV 回路相同的隔离电源供电的交流或直流特低电压回路，其回路导体和设备外壳因某种原因不得不接地（接 PE 线）。在正常情况下，PELV 回路内发生一个接地故障时不会出现大于回路标称特低电压的对地故障电压。但如其他回路，例如隔离变压器一次侧的回路也发生接地故障，则由于 PE 线传导转移故障电压，此回路内仍将出现大于该回路标称特低电压的对地故障电压，为此需在该回路处实施等电位联结作附加防护，以防电击事故的发生。PELV 的第一个字母"P"的含义为"保护"（protective）。为确保人身安全，在可能条件下电气装置应采用 SELV 回路而不采用 PELV 回路。

43. 暂时过电压（temporary overvoltage）

在低压电气装置或其一部分内，持续时间较长且不衰减的工频过电压。例如，在经小电阻接地的 10kV 网络内的共用一个接地装置的配电变电所内，高压侧发生接地故障直至自动切断电源的一段短暂时间内，低压侧对地电压升高的过电压。又如低压三相四线回路内发生单相短路时，在切断电源前另两非故障相的相电压短时间的升高。

44. 瞬态过电压（transient overvoltage）

在低压电气装置或其一部分内持续时间以微秒或毫秒计的高衰减的振荡的或非振荡的高频过电压。例如雷击引起的或开关切合引起的高频过电压。

45. 标称电压（nominal voltage）

电气网络、电气装置、电气回路的名义上的电压，例如低压配电回路的标称电压为 220/380V。它只说明此回路电压等级为 220/380V，而运行中的实际电压在大部分时间内是在一定范围内偏离此电压的。

46. 额定电压（rated voltage）

电气设备制造商用来说明设备性能而给设备标定的准确的电压。例如给一三相电动机标定其额定电压为 380V，则该电动机铭牌上标定的诸技术参数，如轴功率、电流、效率、功率因数、滑差率等的额定值均以施加电压为380V来标定。

47. 电压扰动（voltage disturbance）

交流工频电压的频率、幅值、波形偏离正常状况的电气现象。过大的电压扰动降低了电能质量，是损坏电气设备和影响其正常工作的一个重要原因，尤其是对信息技术设备。

48. 故障电流（fault current）

因绝缘损坏而流经故障点的电流。例如电气设备相线绝缘损坏，自相线经故障点通过 PE 线或大地返回电源的电流。

49. 过电流（overcurrent）

大于额定电流的电流，例如过载电流、短路电流。

50. 泄漏电流（leakage current）

正常工作状况下，流经非正规路径的电流。例如流经绝缘介质和对地电容的电流。

51. 接触电流（touch current）

人体接触电压产生的通过人体的电流。

52. 剩余电流（residual current）

电气回路任一点在同一时间内所有带电导体电流的代数和。

53. 备用电源（standby power supply，SPS）

正常电源供电中断后用以维持一般电气设备用电的非安全目的的自备电源，其中断供电不引起严重后果。例如郊区小别墅内在地区电网停电时供一般照明等用电的小功率柴油发电机或蓄电池电源。

54. 应急电源（emergency power supply，EPS）

正常电源供电中断后用以维持重要电气设备用电的以保证安全的自备电源，其中断供电将引起严重后果。例如高层建筑内供电给消防泵和逃离照明等消防用电的柴油发电机电源，当高层建筑起火正常电源无法供电时用这一电源保证消防用电。这种电源宜采用 IT 系统以提高其供电不间断性。它也称作安全设施的电源（electric source for safety service）。

55. 装置的隔离（isolation of an installation）

为保证电气装置维修时的安全，将电气装置或部分电气装置与电源隔离，即将电源回路的所有带电导体（包括中性线，但不包括 PEN 线）切断。例如为了电气检修安全采用满足隔离要求的四极（三相）或两极（单相）开关来实现装置的隔离。TN－C 系统无法实现电气隔离，除非将它转换为 TN－C－S 系统。

56. 电气分隔（electrical separation）

用绝缘介质将危险带电部分与其他回路或地间进行分隔。

57. 简单分隔（simple separation）

采用基本绝缘的电气分隔。例如在信息技术系统中用双绕组变压器作简单分隔来净化电能。

58. 保护分隔（protective separation）

采用双重（加强）绝缘的电气分隔。例如采用隔离变压器供电以实现保护分隔来防电击。

59. 接地（earthing）

电气回路的导体或电气设备的外露导电部分与大地或与代替大地的导体间的电气连接。

60. 系统接地（system earthing）

为使系统正常和安全运行在带电导体上某点所做的接地。例如在配电变压器低压侧某点或低压发电机出线端某点的接地。

61. 保护接地（protective earthing）

为消除或减少发生接地故障时的电气事故，对电气装置的外露导电部分所做的接地。例如将Ⅰ类电气设备的金属外壳通过与 PE 线的连接而接地。

62. 接地极（earth electrode）

埋入地下用来与大地做电气连接并具有泄放和汇集电流等电气功能的导电部分。

63. 接地母排（earthing bar）

将 PE 线、联结线、接地线等汇集连通的母排，也称总接地端子。

64. 接地线（earthing conductor）

将接地极与接地母排连通的导体。

65. 接地装置（earthing arrangement）

接地极、接地母排、接地线的组合，用以实现建筑物电气装置的接地。

66. 等电位联结（equipotential bonding）

为达到电位相等或接近的目的而进行的电气连接。

67. 保护性等电位联结（protective-equipotential-bonding）

用于安全目的的等电位联结。例如，在建筑物内为防电击、电气火灾、电火花引爆等电气事故而实施的等电位联结。

68. 功能性等电位联结（functional-equipotential-bonding）

非为安全目的，而是为实现某一用途的等电位联结。例如，为一信息技术系统正常工作不受电磁干扰而设置的高频的等电位联结。

69. 总等电位联结（main equipotential bonding）

在建筑物内将电气装置电源进线总配电箱内的 PE 母排以及接地线、装置外导电部分等在靠近总配电箱处用联结线汇集连通，使电气装置内各导电部分电位相等或接近，从而降低建筑物电气装置内的电位差。借等电位联结的作用，也可防止从外部导入的转移故障电压在建筑物内引发的事故，例如防止 TN 系统建筑物内自外部沿 PE 线导入转移故障电压引发的电气事故。

70. 局部等电位联结（local equipotential bonding）

根据具体条件和需要，在建筑物部分电气装置的局部范围内，将外露导电部分和装置外导电部分互相连通，使该局部范围内故障情况下的电位差较总等电位联结进一步减小至小于接触电压限值。例如，在浴室或一个楼层的局部范围内做局部等电位联结。将故障时的电位差分别降低至 12V 或 50V 以下。

71. 辅助等电位联结（supplementary equipotential bonding）

将人体可同时触及的两可导电部分直接连通，使该两部分故障情况下的电位相等。例如将可能带危险故障电压的电气设备外壳和与其相距小于 2.5m 的带地电位的金属管道等直接连通。

72. IP 编码（ingress protection code）

表明防止人体触及带电部分，以及防止固体异物或水进入电气设备内部的防护等级和有关数据的代码。IP 为 ingress protection 的缩写，所附数字中第一个数字表明防人体触及设备内带电部分和防固体异物进入设备内的等级，第二个数字表明防止水进入设备内的等级。例如牛棚、马厩内电气设备的防护等级要求最低为 IP35，说明它应能防大于 2.5mm 的固体异物进入和防喷水。如只表明一种防护要求时，则未被表明的防护要求的数字用"X"来代替。例如浴室内 2 区要求电气设备的防护等级为 IPX4，说明它要求防溅水，对防固体异物进入没有表明要求。防护等级也可用附加字母或补充字母来表达，见附录 B。

73. 电气装置的始点（origin of the electrical installation）

在一建筑物内，发出（deliver）电能给电气装置的始发点称为电气装置的始点。例如当建筑物由电网供电，电源进线处就是发出电能给该建筑物电气装置的始点。当建筑物不由电网供电，而由其内的柴油发电机供电时，柴油发电机出线处就是发出电能给该建筑物电气装置的始点。在医院内供电给另起的局部医疗 IT 系统的隔离变压器二次绕组出线处就是另起一个局部 IT 系统发出电能给该局部 IT 系统电气装置的始点。同理，为降低某部分信息技术装置共模电压或过大 PE 线电流的双绕组变压器二次绕组亦为发出电能给该部分装置的始点。

需注意，建筑物电气装置内的始点不限于其电网电源的进线点。一个电气装置内有众多个始点。例如，一个配电回路的首端也即是该回路的始点（origin of the circuit）。我国建筑电气术语标准将"电气装置的始点"误译为"电气装置受电点"显然曲解了 IEC 的定义。

74. 另起的系统 (separately derived system)

一个电气系统经电—机—电或电—磁—电或其他方式的转换而成为另一电气系统，被转换成的系统即是另起的系统。例如，工厂内的交流电源系统经电动机－发电机组转换为直流电源系统，一个医院内的 TN－S 接地系统经隔离变压器转换为局部医疗 IT 接地系统。该等被转换成的直流电源系统、局部医疗 IT 接地系统即是另起的系统。

75. 基本防护 (basic protection)

电气装置内用以防止人体与带电部分接触招致电击而设置完好有效的绝缘、外护物等的防电击措施称之为基本防护。

76. 故障防护 (fault protection)

在电气装置基本防护失效时，例如，电气设备绝缘损坏发生带电导体碰金属外壳接地故障时，装用 RCD、断路器、熔断器之类的开关电器来自动切断电源的防电击措施称之为故障防护。

77. 附加防护 (additional protection)

为防基本防护和（或）故障防护失效而补充的防电击措施称之为附加防护。例如我国广泛采用的作为故障防护的电子式 RCD 因所在回路"断零"失电压或因欠电压而拒动失效，不能自动切断电源，如在该部分电气装置内做局部等电位联结的附加防护，使人体接触电压低于接触电压限值，就可避免电击致死事故的发生。

78. 应电压 (stress voltage)

在力学中单位面积承受的力称作应力。同理，在电学中单位绝缘厚度承受的电压称作应电压。为此在问答 1.26 内使用"应电压"一词而非我国的习惯用词"应力电压"。问答 13.9 中 10kV 小电阻接地系统发生故障，低压 TT 系统内设备绝缘承受的过电压 $U_s = U_f + 220V$ 也应属应电压而非应力电压，因它与机械应力毫无关系。我国"应力电压"一词有欠严谨。

79. 转移故障电压 (transfer fault voltage)

此种故障电压非因本回路发生故障而产生的故障电压，而是沿 PE 线或其他导体传导来的别处的故障电压。开关防护电器不能防范此种故障电压的危害，只能藉等电位联结消除电位差来避免危害。

附录 B　IP 防护等级的编码分级

防固体异物进入（第一位数字）的技术要求见表 B1，防水进入（第二位数字）的技术要求见表 B2。附加和补充字母的含义见表 B3。

表 B1　　　　　防固体异物进入（第一位数字）的技术要求

防护等级	技术要求	说明
0	无防护	不要求专门的防护
1	防范≥50mm 的固体	能防范直径≥50mm 的固体异物进入 能防范人手偶然或无意识地进入并触及带电部分或运动部分
2	防范≥12.5mm 的固体	能防范直径≥12.5mm 的固体异物进入 能防范手指触及内部带电部分或运动部分
3	防范≥2.5mm 的固体	能防范直径≥2.5mm 的固体异物进入 能防范厚度（或直径）≥2.5mm 的工具、导体等触及内部带电部分或运动部分
4	防范≥1mm 的固体	能防范直径≥1mm 的固体异物进入 能防范厚度（或直径）大于1mm 的细丝、导体等触及内部带电部分或运动部分
5	防尘	能防范灰尘进入量达到影响设备功能的程度 完全防止人体触及内部带电部分或运动部分
6	尘密	完全防范灰尘进入 完全防范人体触及内部带电部分或运动部分

表 B2　　　　　　防水进入（第二位数字）的技术要求

防护等级	技术要求	说明
0	无防护	没有专门的防护
1	防垂直滴落	垂直的滴水不能进入
2	15°防滴落	与铅垂线成15°范围内的滴水不能进入
3	防淋水	与铅垂线成60°范围内的滴水不能直接进入
4	防溅水	任何方向的溅水无有害影响
5	防喷水	任何方向的喷水无有害影响
6	防海浪或强力喷水	猛烈的海浪或强力喷水无有害影响
7	防短时浸水影响	在规定的压力和时间内浸在水中，进水量无有害影响
8	防持续潜水影响	在规定的压力和长时间浸在水中，进水量无有害影响

表 B3　　　　　　　　IP 防护等级的附加和补充字母的含义

组成	字母	对人身保护的含义	对设备保护的含义
附加字母		防止人体直接或间接触及带电部分	
	A	手	—
	B	手指	
	C	工具	
	D	金属线	
补充字母			专门补充的信息
	H	—	高压设备
	M		做防水试验时试品运动
	S		做防水试验时试品静止
	E		气候条件

附录 C　IEC 对某些外界环境影响条件的分类

表 C　　　　　　　　　　IEC 对某些外界环境影响条件的分类

代号	类别	电气设备选用时需考虑的因素	所在场所举例
1. 雷电水平			
AQ1	可忽略的	≤25 雷暴日/年	
AQ2[①]	间接雷击	>25 雷暴日/年 由电源系统传导来的电涌引起的危险	由架空线路供电的电气装置
AQ3[①]	直接雷击	电气装置上直接落雷	位于户外的部分电气装置
2. 人的能力			
BA1	普通人	未受过电气培训的一般人	
BA2	儿童	指常在该场所活动的儿童，但不一定指在家庭住宅内的儿童	幼儿园
BA3	残疾人	在生理上和智能上有缺陷的人（病人、老人）	医院
BA4	受过电气培训的人	经电气技术人员培训或受其监管，从而能不引发电气危险的人（操作人员或维护人员）	进行电气工作的场所
BA5	电气技术人员	具有电气技术知识和丰富的经验，足以避免发生电气危险的人（工程师和技师）	关闭的进行电气工作的场所
3. 人与地电位接触的频繁程度			
BC1	不接触	人在绝缘场所内	绝缘场所
BC2	少接触	人不常接触装置外导电部分或不常站立在导电的表面上	
BC3	频繁接触	人经常接触装置外导电部分或经常站立在导电的表面上	具有众多的或大面积的装置外导电部分的场所
BC4	持续接触	人持续与周围金属物体接触，且难以与其隔离	人的周围基本上为金属物体，例如在金属罐体内

续表

代号	类别	电气设备选用时需考虑的因素	所在场所举例
4. 紧急时逃离的难易程度			
BD1	一般	人员密度小且易于逃离	不高的住宅
BD2	难以逃离	人员密度小但难以逃离	高层建筑物
BD3	拥挤	人员密度大，但易于逃离	公共场所（剧院、影院、商场等）
BD4	难以逃离且拥挤	人员密度大，难以逃离	高层的公共场所建筑（宾馆、医院等）
5. 加工或储存的物质的性质			
BE1	不引发危险的		
BE2	有起火危险的	生产、加工、储存可燃物以及多粉尘的场所	木材厂、纸厂、麦秸稻草堆积处
BE3	有爆炸危险的	加工或储存易爆或低闪点物质以及多粉尘的场所	炼油厂、碳化氢库
BE4	有污染危险的	存放有制作食品、药品等的原料，但没有防污染措施的场所	食品加工厂、厨房。为防加工原料不受电气设备污染（例如因气体放电灯管破裂而污染食品原料）可能需要采取防范措施
6. 建筑物的结构材料			
CA1	不燃的		
CA2	可燃的	建筑物基本由可燃材料建成	木质建筑物
7. 建筑物设计特点			
CB1	几乎无危险		
CB2	易蔓延火势的	建筑物的形状和尺寸易使火势蔓延	高层建筑，有强迫通风系统的建筑物
CB3	会移位的	建筑物移位能引起危险（例如建筑物各部分间的伸缩，地基或基础的沉陷）	很长的建筑物或建在不稳定地基上的建筑物
CB4	柔性的或不稳定的	强度弱的或能动的（例如能摆动的）结构	帐篷、空悬结构、吊顶、可挪位置的间壁，由结构本身承重的站台

① AQ2 和 AQ3 的雷击危险发生在雷暴活动多的地区。

　　不同的外界环境条件有不同的性质和不同程度的电气危险，需根据不同的危险性质和程度采取不同的防范措施。为了区分和说明这种差异，IEC 将各种外界环境条件以不同代号予以分类并加说明，以便分别选用合适的电气设备和采取合适的电气事故防范措施，这样做还可大大简化标准条文的文字。

　　例如，CB4 类建筑物的特征是建筑物的长度很长，建筑物可能因很大的季节温差而移位，为此在建筑设计中留有伸缩缝。与此相适应，电气线路敷设中就需采取措施使建筑物伸缩时电气线路避免受应力。又如 BE2 类建筑物不同于一般的 BE1 类建筑物，它是存在大量可燃物质的火灾危险场所，其防火 RCD 的额定动作电流 $I_{\Delta n}$ 要求不得大于 0.3A，因 0.3A 以下的接地故障电弧的能量不足以引燃可燃物起火，而对一般 BE1 类建筑物则无此要求，其 $I_{\Delta n}$ 可取大于 0.3A 的值。又如 BC4 类场所是人体与地电位大面积持续接触的电击危险大的场所，其发生电击的概率和接触电压都高于上述表列的 BC1、BC2 和 BC3 类场所，需为它采取更严格的防电击措施。

　　IEC 对外界环境影响条件的分类内容很多，限于篇幅上表内只列举常用的数例，以便了解梗概。其详细分类可查阅 IEC 60364 – 5 – 51 标准（见本书附录 D）。

附录 D IEC/TC 64 标准和转化为我国国家标准的目录

表 D　　　　　　　　IEC/TC 64 标准和转化为我国国家标准的目录

IEC 标准编号	标准名称	已转化为我国国家标准的编号
IEC 60364－1：2005	低压电气装置　第 1 部分：基本原则、一般特性评估和定义	GB/T 16895.1—2008
IEC 60364－4－41：2005	建筑物电气装置　第 4－41 部分：安全防护　电击防护	GB 16895.21—2011
IEC 60364－4－42：2010	建筑物电气装置　第 4－42 部分：安全防护　热效应保护	GB 16895.2—2005
IEC 60364－4－43：2008	建筑物电气装置　第 4 部分：安全防护　第 43 章过电流保护	GB 16895.5—2012
IEC 60364－4－44：2007	低压电气装置　第 4－44 部分：安全防护　电压骚扰和电磁骚扰防护	GB/T 16895.10—2010
IEC 60364－5－51：2005	建筑物电气装置　第 5－51 部分：电气设备的选择和安装　通用规则	GB/T 16895.18—2010
IEC 60364－5－52：2009	建筑物电气装置　第 5 部分：电气设备的选择和安装　第 52 章：布线系统	GB 16895.6—2014
IEC 60364－5－53：2002 IEC 60364－5－537：1981	建筑物电气装置　第 5 部分：电气设备的选择和安装　第 53 章：开关设备和控制设备	GB 16895.4—1997
IEC 60364－5－534：2002	建筑物电气装置　第 5－53 部分：电气设备的选择和安装——隔离开关、控制设备　第 534 节：过电压保护电器	GB 16895.22—2004
IEC 60364－5－54：2011	建筑物电气装置　第 5－54 部分：电气设备的选择和安装　接地配置和保护导体	GB 16895.3—2004
IEC 60364－5－55：2011	建筑物电气装置　第 5－55 部分：电气设备的选择和安装　其他设备	GB 16895.20—2003
IEC 60364－5－56：2009	建筑物电气装置　第 5－56 部分：电气设备的选择和安装，安全设施	—
IEC 60364－6－61：2006	建筑物电气装置　第 6－61 部分：检验——初检	GB/T 16895.23—2012
IEC 60364－7－701：2006	建筑物电气装置　第 7 部分：特殊装置或场所的要求　第 701 节：装有浴盆或淋浴盆的场所	GB 16895.13—2012

续表

IEC 标准编号	标准名称	已转化为我国国家标准的编号
IEC 60364 - 7 - 702：2010	建筑物电气装置 第7部分：特殊装置或场所的要求 第702节：游泳池及喷水池	GB 16895.19—2002
IEC 60364 - 7 - 703：2004	建筑物电气装置 第7－703部分：特殊装置或场所的要求 装有桑拿浴加热器的房间或小间	GB 16895.14—2010
IEC 60364 - 7 - 704：2005	低压电气装置 第7－704部分：特殊装置或场所的要求 施工和拆除场所的电气装置	GB 16895.7—2009
IEC 60364 - 7 - 705：2012	建筑物电气装置 第7部分：特殊装置或场所的要求 第705节：农业和园艺设施的电气装置	GB 16895.27—2012
IEC 60364 - 7 - 706：2005	低压电气装置 第7－706部分：特殊装置或场所的要求 活动受限制的可导电场所	GB 16895.8—2010
IEC 60364 - 7 - 707：1984	建筑物电气装置 第7部分：特殊装置或场所的要求 第707节：数据处理设备用电气装置的接地要求	GB/T 16895.9—2000
IEC 60364 - 7 - 708：2007	建筑物电气装置 第7部分：特殊装置或场所的要求 第708节：居游车及其停车场的电气装置	—
IEC 60364 - 7 - 709：2007	建筑物电气装置 第7部分：特殊装置或场所的要求 第709节：游艇码头及类似场所	—
IEC 60364 - 7 - 710：2002	建筑物电气装置 第7－710部分：特殊装置或场所的要求 医疗场所	GB 16895.24—2005
IEC 60364 - 7 - 711：1998	建筑物电气装置 第7－711部分：特殊装置或场所的要求——展览会、陈列室和展位	GB 16895.25—2005
IEC 60364 - 7 - 712：2008	建筑物电气装置 第7－712部分：特殊装置或场所的要求 太阳能光伏（PV）电源供电系统	GB/T 16895.32—2008
IEC 60364 - 7 - 713：2013	建筑物电气装置 第7－713部分：特殊装置或场所的要求 家具	GB 16895.29—2008
IEC 60364 - 7 - 714：2011	建筑物电气装置 第7－714部分：特殊装置或场所的要求 户外照明装置	GB 16895.28—2008
IEC 60364 - 7 - 715：2011	建筑物电气装置 第7－715部分：特殊装置或场所的要求 特低电压照明装置	GB 16895.30—2008
IEC 60364 - 7 - 717：2009	建筑物电气装置 第7－717部分：特殊装置或场所的要求 移动的或可搬运的单元	GB 16895.31—2008

续表

IEC 标准编号	标准名称	已转化为我国国家标准的编号
IEC 60364 - 7 - 718：2011	建筑物电气装置　第7部分：特殊装置或场所的要求　第718节：众多人员聚集或工作的场所	—
IEC 60364 - 7 - 721：2007	建筑物电气装置　第7部分：特殊装置或场所的要求　第721节：居游车和自驱动居游车	—
IEC 60364 - 7 - 729：2007	建筑物电气装置　第7部分：特殊装置或场所的要求　第729节：操作和维护通道	—
IEC 60364 - 7 - 740：2000	建筑物电气装置　第7 - 740部分：特殊装置或场所的要求　游乐场和马戏场中的构筑物、娱乐设施和棚屋	GB 16895.26—2005
IEC 60364 - 7 - 753：2005	建筑物电气装置　第7部分：特殊装置或场所的要求　第753节：地板和顶篷电热系统	—
IEC 60449：1973	建筑物电气装置的电压区段	GB/T 18379—2001
IEC 60479 - 1：2005	电流对人体和家畜的效应　第1部分：通用部分	GB/T 13870.1—2008
IEC 60479 - 2：2007	电流通过人体的效应　第2部分：特殊情况	GB/T 13870.2—2012
IEC 60479 - 3：1998	电流对人和家畜的效应　第3部分：电流通过家畜躯体的效应	GB/T 13870.3—2003
TR 60479 - 4：2011	雷电闪击于人和家畜躯体上的效应　第4部分：雷击效应	—
IEC/TR 60479 - 5：2007	接触电压生理效应阈值	—
IEC 61140：2001	电击防护　装置和设备的通用部分	GB/T 17045—2008
IEC 61200 - 52：2013	电气装置导则　第52部分：电气设备的选择和安装，布线系统	—
IEC 61200 - 53：1994	电气装置导则　第53部分：电气设备的选择和安装，开关设备和控制设备	—
IEC 61200 - 413：1996	电气装置导则　第413条：用自动切断电源的防间接接触电击措施的说明	—
IEC 61200 - 704：1996	电气装置导则　第704部分：施工和拆除场所的电气装置	—
IFC 60050 - 826：2004	电工术语　电气装置	GB/T 2900.71—2008
IEC 60050 - 195：1998	电工术语　接地与电击防护	GB/T 2900.73—2008